1000
CERVEAUX

JEFF HAWKINS

1000 CERVEAUX

Une nouvelle compréhension du cerveau
et de l'intelligence artificielle

Préface de Mackenzie Weygandt Mathis
Avant-propos de Richard Dawkins
Traduit de l'anglais (États-Unis)
par Anatole Muchnik

quanto

Version originale : *A thousand Brains – A New Theory of Intelligence*
First published by Basic Books
ISBN : 978-1-5416-7581-0
Copyright © 2021 by Jeffrey C. Hawkins
Avant-propos : copyright © 2021 by Richard Dawkins
All rights reserved.

Traduction française : Anatole Muchnik

Éditorial : Sylvain Collette
Révision scientifique : Yohann Thenaisie
Maquette et mise en page : Kim Nanette
Illustration de couverture : Gerd Altmann, Pixabay

Première édition française 2023
© Presses polytechniques et universitaires romandes, Lausanne
Quanto est un label des Presses polytechniques et universitaires romandes
ISBN 978-2-88915- 520-0

Les Presses polytechniques et universitaires romandes bénéficient d'un soutien structurel de l'Office fédéral de la culture pour les années 2021-2024.

Tous droits réservés
Reproduction, même partielle, sous quelque forme ou sur quelque support que ce soit, interdite sans l'accord écrit de l'éditeur

Imprimé en France

Table des matières

Préface ... 7
Avant-propos ... 11

Première partie
UNE NOUVELLE VISION DU CERVEAU ... 19

1. Cerveau ancien-cerveau nouveau ... 31
2. La grande idée de Vernon Mountcastle ... 41
3. Vous avez un modèle du monde dans la tête ... 49
4. Le cerveau livre ses secrets ... 59
5. Des cartes dans le cerveau ... 77
6. Concepts, langage et pensée de haut niveau ... 91
7. Théorie de l'intelligence des mille cerveaux ... 111

Deuxième partie
L'INTELLIGENCE MACHINE ... 133

8. Pourquoi il n'y a pas de « I » dans l'IA ... 139
9. Quand les machines sont conscientes ... 157
10. L'avenir de l'intelligence machine ... 167
11. Les risques existentiels que pose l'intelligence machine ... 185

Troisième partie
L'INTELLIGENCE HUMAINE ... 197

12. Fausses croyances ... 201
13. Les risques existentiels de l'intelligence humaine ... 215
14. La fusion du cerveau et de la machine ... 229
15. La planification successorale de l'humanité ... 239
16. Les gènes ou le savoir ... 255

Dernières réflexions ... 275
Suggestions de lectures ... 281
Remerciements ... 289
Crédit des illustrations ... 293

Préface

Mackenzie Weygandt Mathis
Brain Mind Institute
École polytechnique fédérale de Lausanne (EPFL)

Notre monde est une série de prédictions élaborées dans notre esprit. Autrement dit, le monde tel que nous le percevons est une construction, bâtie conceptuellement à partir de milliers de prédictions. Lorsque nous sommes allongés sur le sable d'une plage, nos yeux captent des photons, nos oreilles des ondes sonores, tandis que l'on ressent le vent et d'autres vibrations sur notre visage. Le tout est combiné pour nous donner la perception d'une journée chaude et ensoleillée, et d'un rivage battu par les vagues de l'océan. Notre cerveau réside quant à lui dans les sombres confins de notre crâne, où des dizaines de milliards de cellules cérébrales (les neurones), baignant dans un milieu de substances chimiques, communiquent entre elles au travers de signaux électriques. Les multiples informations sensorielles qui nous parviennent ne sont toutefois pas toutes traitées au même instant ; elles imposent à notre cerveau un léger délai pour les compiler, projetant de fait la réalité, telle que nous la percevons, dans le passé – à savoir quelques dizaines de précieuses millisecondes. Comme il nous faut agir rapidement, notre cerveau a, de toute évidence, développé des solutions pour s'accommoder de ce décalage. Les expérimentateurs et les théoriciens ont élaboré de nouveaux cadres mathématiques pour comprendre la façon dont ce système de prédiction global est le plus susceptible de fonctionner. Mais le mystère demeure quant aux mécanismes à l'origine de notre perception consciente et comment nous utilisons celle-ci pour agir dans le monde. De nouvelles théories, comme celle proposée dans ce livre, participent à relever ce défi complexe.

Depuis Aristote au moins, on s'interroge (tant philosophiquement que scientifiquement) sur la façon dont notre cerveau construit des modèles du monde. Comment combinons-nous les informations sensorielles sous forme d'une perception ? Combien de temps cela prend-il ? Avons-nous toujours des dizaines, voire des centaines, de millisecondes de retard sur la réalité ? Comment notre cerveau pourrait-il établir des prédictions du monde afin d'agir plus rapidement ? Pourquoi prenons-nous généralement conscience de ce décalage lorsque notre perception du monde viole nos prédictions ? Si l'océan nous apparaissait soudainement silencieux, nous nous inquiéterions immédiatement d'avoir perdu l'ouïe plutôt que d'imaginer que l'océan ait complètement changé.

Ce livre expose une théorie puissante susceptible de répondre à de telles questions. Jeff Hawkins présente une nouvelle théorie de l'esprit, soulignant la dépendance du cerveau aux milliers de calculs issus d'autant de mini-cerveaux pour établir une perception complète de notre réalité. Il n'existerait pas de contrôleur central unique, mais plutôt une série de microdécisions aboutissant à un consensus, semblable à un vote, quant à ce qui deviendra notre perception du monde. En explorant ces concepts, le livre emmène le lecteur dans un voyage scientifique au cours duquel il revisite les années de recherche mathématique et de découvertes expérimentales réalisées par de nombreux scientifiques de premier plan, et qui ont abouti à l'émergence d'idées nouvelles. L'hypothèse des « Mille cerveaux » prend racine dans les années 1970, lorsqu'à la suite de travaux fondamentaux, l'éminent neuroscientifique Vernon Mountcastle décrit un cadre remarquable du principe d'organisation du néocortex – cette feuille de neurones extraordinairement puissante, nouvelle d'un point de vue évolutif, et probablement à l'origine de ce qui nous rend, nous et certains autres animaux, si adaptatifs et intelligents. Il démontre que la principale division fonctionnelle du néocortex n'est pas en zones « sensorielle » ou « motrice », mais plutôt en colonnes néocorticales verticales, l'unité de calcul de base. Le modèle d'entrée-sortie ne fait que dicter l'espace d'information sur lequel chacune d'elle agit – autrement dit, le néocortex « auditif », « visuel » ou « moteur » possède le même échafaudage cellulaire et ne devrait être considéré comme une région particulière qu'en fonction du type d'entrée sensorielle dont il fait l'objet.

Hawkins s'appuie sur ces preuves solides pour proposer une théorie selon laquelle le néocortex pourrait élaborer de nombreux modèles d'objets de notre quotidien, par le biais de représentations comme celles dont les cellules grilles sont à l'origine. Ces « cellules GPS du cerveau » nous permettent de cartographier et de naviguer dans le monde physique. Elles sont devenues célèbres lorsque les scientifiques May-Britt et Edvard Moser ont reçu le prix Nobel en 2014 pour leur découverte. Ici, Hawkins étend ce concept simple et élégant à une nouvelle vision : « la théorie des mille cerveaux » postule ainsi que chaque colonne néocorticale apprend des modèles de la relation entre et à travers les objets dans leur référentiel (par exemple, l'espace tactile ou visuel). Et je pense que cette hypothèse pourrait être étendue à de nombreux référentiels cachés (latents) présents dans tous nos sens, nos actions et nos pensées complexes. Les référentiels peuvent être physiques, comme ceux associés aux cellules grilles, mais pas seulement : ils peuvent également être utilisés pour naviguer dans nos propres pensées.

Après avoir soigneusement élaboré cette hypothèse, le livre confronte le lecteur à une série de questions passionnantes quant à la manière dont cette nouvelle théorie de l'esprit pourrait conduire à une intelligence artificielle (IA) plus performante, et sur les conséquences et les promesses d'un tel outil. S'il est impossible de savoir en quoi l'IA de demain affectera l'humain, il est très clair en revanche que nous vivons dans un monde où ses réalisations sont largement présentes. Qu'il s'agisse de *deepfakes* de photos et d'œuvres d'art du monde réel (comme DALL-E) ou de robots conversationnels capables de tromper l'humain en lui faisant croire qu'il discute avec l'un de ses semblables (comme ChatGPT), il est urgent de réfléchir aux implications éthiques et sociétales de tels outils. Et comme les théories de l'esprit influencent depuis longtemps le développement de ces IA, le lecteur avisé trouvera ce livre éclairant tout autant que provocant, au travers de multiples exemples issus du monde réel. Ces nouvelles théories de l'esprit changeront-elles fondamentalement la façon dont nous élaborons l'IA ? Nous permettront-elles de construire des IA plus performantes, pourvues de modèles du monde plus réalistes ? Je le pense. C'est peut-être un parti pris de ma part, dans la mesure où mes propres recherches à l'École polytechnique fédérale de Lausanne (EPFL) s'attachent à la compréhension de la nature des modèles du monde et à la façon dont nous pouvons apprendre des animaux biologiquement intelligents, comme les souris, pour concevoir une meilleure IA. Ce qui est clair, c'est que la théorie présentée dans ce livre prépare le terrain pour changer la façon dont nous interprétons les séries complexes de modèles que les neurones produisent, qu'ils soient biologiques ou artificiels.

Enfin, le lecteur se trouvera confronté à de nouvelles idées passionnantes, et à des défis tout aussi inconfortables. Nous sommes dotés de cerveaux extraordinaires, capables d'un comportement intelligent et adaptatif grâce à des systèmes neuronaux complexes et sophistiqués. Mais si notre espèce venait à disparaître, quel rôle pourrait jouer notre intelligence ? Devrions-nous la préserver, en la faisant voyager au-delà de la Terre, ou nous contenter de signaler notre existence, laissant la biologie poursuivre son chemin aléatoire – désormais dépourvu de notre présence – et devenir sa propre métaphore : peut-être ne sommes-nous finalement qu'une petite partie des milliards de cerveaux de l'évolution.

Avant-propos

Richard Dawkins
Professeur émérite au New College de l'Université d'Oxford
Auteur de *Le Gène égoïste* et *Pour en finir avec Dieu*

Ne lisez pas ce livre au lit. Non qu'il soit effrayant – aucun risque que vous fassiez des cauchemars –, mais il est prenant, stimulant au point de déclencher dans votre esprit un maelström d'idées si délicieusement provocantes que vous aurez moins envie de dormir que d'aller immédiatement en parler à quelqu'un. L'auteur de ces lignes est lui-même sous l'emprise de ce maelström, et je pense que ça va se voir.

Charles Darwin se distinguait des autres scientifiques par le fait qu'il pouvait accomplir ses travaux hors des universités et sans dotation de l'État. Jeff Hawkins appréciera peut-être moyennement que je le dépeigne comme une version du savant-gentilhomme accommodée à la sauce Silicon Valley mais bon, vous voyez le rapprochement. L'idée formidable de Darwin était trop révolutionnaire pour s'imposer au moyen d'un bref article, au point que les papiers coécrits par Darwin et Wallace en 1858 sont passés totalement inaperçus. Darwin l'a dit lui-même : sa vision exigeait toute l'étendue d'un livre. Et dès l'année suivante, son chef-d'œuvre allait ébranler les fondations de la société victorienne. Un livre tout entier, c'est aussi ce que réclame la théorie des mille cerveaux de Jeff Hawkins. Et sa notion de référentiels – « l'acte même de la pensée est une forme de mouvement » – met dans le mille ! La profondeur de ces deux idées justifie à elle seule tout un ouvrage. Mais il n'y a pas que cela.

L'anecdote est célèbre : en refermant *L'Origine des espèces*, le biologiste-philosophe britannique Thomas Henry Huxley a dit « Comme c'est stupide de ma part de ne pas y avoir pensé. » Je n'irai pas prétendre que les neurobiologistes vont nécessairement en dire autant en refermant ce livre. C'est un ouvrage qui contient beaucoup d'idées enthousiasmantes, alors que celui de Darwin n'en contenait plutôt qu'une seule, colossale.

Quelque chose me dit que T. H. Huxley n'aurait pas été le seul à apprécier ce livre : ses trois illustres petits-enfants l'auraient eux aussi adoré. Andrew, parce qu'il a découvert comment fonctionnent les impulsions nerveuses (Hodgkin et Huxley sont les Watson et Crick du système nerveux) ; Aldous, pour ses voyages visionnaires et poétiques aux confins de l'esprit et Julian, parce qu'il a écrit le poème suivant, exaltant la capacité du cerveau à construire un modèle du réel, un microcosme de l'Univers :

The world of things entered your infant mind
To populate that crystal cabinet.
Within its walls the strangest partners met,
And things turned thoughts did propagate their kind.

For, once within, corporeal fact could find
A spirit. Fact and you in mutual debt
Built there your little microcosm – which yet
Had hugest tasks to its small self assigned.

Dead men can live there, and converse with stars :
Equator speaks with pole, and night with day ;
Spirit dissolves the world's material bars –
A million isolations burn away.
The Universe can live and work and plan,
At last made God within the mind of man.[1]

---

[1] « Le monde des choses a pénétré ton esprit naissant/ Pour peupler ce cabinet de cristal./ Entre ses murs se sont croisés les plus étranges partenaires,/ Et les choses devenues pensée se sont multipliées./ Car, une fois dedans, le fait corporel a rencontré/ Un esprit. Le fait et toi, mutuellement redevables/ Avez construit là ton petit microcosme – qui pourtant/ Avait les plus immenses tâches assignées à son petit être./ Les hommes morts peuvent y vivre, et converser avec les étoiles ;/ l'équateur parler avec le pôle, la nuit avec le jour ;/ L'esprit dissout les barreaux matériels du monde –/ Un million d'isolements partent en fumée./ L'Univers peut vivre et travailler et planifier,/ Dieu enfin constitué dans l'esprit de l'homme. »

Le cerveau repose dans l'obscurité, il n'appréhende le monde qu'à travers le déluge des impulsions nerveuses d'Andrew Huxley. Une impulsion nerveuse de l'œil n'est guère différente d'une impulsion nerveuse de l'oreille ou du gros orteil. C'est leur destination dans le cerveau qui les distingue. Jeff Hawkins n'est pas le premier scientifique ou philosophe à suggérer que la réalité que nous percevons est une construction, un modèle tenu à jour et informé par les bulletins qui affluent par les sens. Mais Hawkins est le premier, me semble-t-il, à vraiment faire une place à l'idée qu'il n'existe pas un modèle de ce type, mais des milliers, un pour chacune des nombreuses colonnes bien distinctes qui composent le cortex cérébral. Nous possédons environ 150 000 de ces colonnes, qui sont les protagonistes de la première partie de l'ouvrage, avec ce que l'auteur appelle les « référentiels ». La thèse de Hawkins au sujet des premières comme des seconds est provocante, et il sera intéressant de voir quel accueil lui feront les autres neurobiologistes ; pour tout dire j'ai ma petite idée à ce sujet. Parmi les thèses ici proposées, la moins fascinante n'est pas celle postulant que les colonnes corticales, dans leurs activités de modélisation du monde, travaillent de manière semi-autonome. Ce que « nous » percevons est une sorte de consensus démocratique qui s'en dégage.

Une démocratie dans le cerveau ? Le consensus, ou même le débat ? Quelle idée épatante ! C'est l'un des grands thèmes de l'ouvrage. Nous, mammifères humains, sommes pris dans une querelle récurrente, une empoignade entre le vieux cerveau reptilien, qui pilote inconsciemment la machine à survivre, et le néocortex mammifère, en quelque sorte installé au-dessus dans le siège du pilote. Ce nouveau cerveau mammifère – le cortex cérébral – pense. C'est le siège de la conscience. Il sait qu'il y a un passé, un présent et un avenir, et il envoie des instructions au vieux cerveau, qui les exécute.

Éduqué pendant des millions d'années par la sélection naturelle alors que le sucre était rare et précieux pour la survie, le vieux cerveau dit : « Gâteau. Moi vouloir gâteau. Miam-miam gâteau. Donner gâteau à moi. » Éduqué pendant quelques petites dizaines d'années par des livres et des médecins alors que le sucre est surabondant, le nouveau cerveau dit « Non, non. Pas de gâteau. Il ne faut pas. Ne mange pas ce gâteau s'il te plaît. » Le vieux cerveau dit « Douleur, douleur, douleur atroce, arrêter douleur *immédiatement*. » Le nouveau dit « Non, non, supporte la douleur, ne trahis pas ton pays en y cédant. La loyauté envers ton pays et tes camarades passe avant même ta propre vie. »

Le conflit entre le vieux cerveau reptilien et le nouveau cerveau mammifère permet d'expliquer des énigmes comme « Pourquoi faut-il que la douleur soit douloureuse à ce point ? » Car au fond, à quoi sert la douleur ? La douleur est une émissaire de la mort. Un avertissement adressé au cerveau. « Ne refais jamais ça : ne va pas taquiner un serpent, ramasser un charbon ardent, sauter de tout là-haut. Tu t'en tires avec de la douleur pour cette fois ; la prochaine, tu pourrais en mourir. » Un ingénieur concepteur nous dirait aujourd'hui qu'un signal indolore dans le cerveau fonctionnerait aussi bien. Dès son apparition, on arrête de faire ce qu'on vient de faire. Or, au lieu du signal simple et indolore de notre ingénieur, ce que nous avons, c'est la douleur – souvent atroce, insoutenable. Pourquoi ? Qu'est-ce qui ne va pas avec le signal raisonnable ?

La réponse tient probablement à la nature discutailleuse des processus de prise de décision du cerveau ; à la querelle entre cerveau ancien et cerveau nouveau. Le nouveau étant trop facilement capable d'outrepasser le vote de l'ancien, le système du signal indolore serait voué à l'échec. Tout comme le serait la torture.

Le cerveau nouveau s'estimerait libre d'ignorer mon signal hypothétique et de supporter toutes les piqûres de guêpe du monde, les chevilles tordues ou les vis à ailettes du tortionnaire si pour quelque raison il « le voulait ». Les protestations du cerveau ancien, qui au fond n'a d'autre « souci » que de survivre pour transmettre ses gènes, seraient vaines. Peut-être que la sélection naturelle, dans l'intérêt de la survie, a assuré la « victoire » du cerveau ancien en rendant la douleur si fichtrement douloureuse que le cerveau nouveau est bien obligé d'en tenir compte. Autre exemple : si le cerveau ancien était « conscient » du fait que la sexualité s'est détournée de son propos darwinien, l'acte même d'enfiler un préservatif serait épouvantablement douloureux.

Hawkins se situe dans le camp de la majorité des scientifiques et des philosophes éclairés qui ne veulent rien savoir d'un quelconque dualisme : il n'y a pas de fantôme dans la machine, pas d'âme étrange tellement dissociée du matériel qu'elle survit à la mort du matériel, pas de théâtre cartésien (l'expression est de Dan Dennett) où, sur un écran en couleurs, passe un film du monde pour un moi spectateur. À la place, Hawkins propose plusieurs modèles du monde, des microcosmes construits, informés et réglés par la pluie d'impulsions nerveuses que déversent les sens. Au fait, Hawkins n'exclut pas totalement l'idée qu'on puisse un jour échapper à la mort en téléversant notre cerveau dans un ordinateur, mais il ne pense pas que ce serait franchement amusant.

Parmi les principaux modèles qu'abrite le cerveau, il y a ceux du corps proprement dit, bien forcés de se débrouiller avec les changements de perspective qu'induisent en nous les mouvements du corps proprement dit sur le monde qui existe à l'extérieur des murs de la prison crânienne. Et cela nous renvoie au sujet qui occupe la partie centrale du livre, l'intelligence des machines. Jeff Hawkins, comme moi-même, éprouve beaucoup de respect pour ces gens brillants, ses amis comme les miens, qui redoutent l'arrivée de machines super intelligentes capables de nous remplacer, de nous soumettre, voire de se débarrasser de nous. Mais Hawkins ne partage pas leurs craintes, notamment parce que les facultés nécessaires à la maîtrise des échecs ou du jeu de go ne sont pas celles qu'il faut pour gérer les complexités du monde réel. Des enfants pourtant incapables de jouer aux échecs « savent comment se renversent les liquides, comment roulent les balles et comment les chiens aboient. Ils savent se servir d'un crayon, d'un feutre, du papier et de la colle. Ils savent comment ouvrir un livre et n'ignorent pas que le papier se déchire. » Et puis ils ont une image d'eux-mêmes, une image corporelle qui les situe dans le monde de la réalité physique et leur permet d'y évoluer sans effort.

Non que Hawkins sous-estime la puissance de l'intelligence artificielle et des robots de demain. Bien au contraire. Mais il estime que pour l'essentiel, la recherche actuelle dans le domaine fait fausse route. Mieux vaudrait, selon lui, chercher à comprendre comment fonctionne le cerveau et en emprunter les modalités, mais en les accélérant énormément.

Et il n'y a aucune raison (d'ailleurs, de grâce, abstenons-nous-en) d'emprunter au cerveau ancien ses manières, ses désirs et ses appétits, ses envies insatiables et ses colères, ses sensations et ses craintes, toujours susceptibles de nous mettre sur des voies que le nouveau jugerait néfastes. Néfastes du moins selon la perspective que nous adoptons Hawkins et moi, et presque certainement vous aussi. Car il ne fait aucun doute que nos valeurs éclairées tranchent nettement avec les valeurs primaires et primitives de nos gènes égoïstes – l'impératif brut de la reproduction à tout prix. En l'absence de cerveau ancien, Hawkins explique (j'entends déjà poindre la controverse) qu'il n'y a aucune raison de s'attendre à voir une IA nourrir à notre endroit des sentiments malveillants. De même, et peut-être de façon aussi controversée, il ne pense pas que débrancher une IA consciente constitue un meurtre : pourquoi, en l'absence de cerveau ancien, éprouverait-elle la peur ou la tristesse ? Pourquoi souhaiterait-elle survivre ?

Le chapitre intitulé « Les gènes ou le savoir » ne nous laisse aucun doute quant à la disparité des objectifs du cerveau ancien (au service de gènes égoïstes) et du nouveau (le savoir). Tout ce que le cortex cérébral humain a de glorieux tient à sa capacité – unique dans le règne animal et sans précédent dans le passé géologique – d'ignorer les diktats des gènes égoïstes. Nous jouissons du sexe sans procréation. Nous consacrons librement notre existence à la philosophie, aux mathématiques, à la poésie, à l'astrophysique, à la musique, à la géologie ou à la chaleur de l'amour humain, au grand dam de l'empressement génétique du vieux cerveau pour qui tout cela n'est que perte de temps – un temps qu'il « faudrait » consacrer à combattre des rivaux et à chercher de multiples partenaires sexuels : « Nous avons selon moi un choix profond à effectuer. Il consiste à favoriser le cerveau ancien ou le cerveau nouveau. Plus concrètement, voulons-nous un avenir régi par les processus qui nous ont conduits jusqu'ici, à savoir la sélection naturelle, la concurrence et le moteur de gènes égoïstes ? Ou bien souhaitons-nous un avenir où règne l'intelligence et sa soif de comprendre le monde ? »

J'ai commencé par le commentaire touchant d'humilité qu'a eu T. H. Huxley en refermant *L'Origine* de Darwin. Je conclurai par l'une des nombreuses idées fascinantes de Jeff Hawkins – il la résume en à peine deux ou trois pages, celles qui m'ont poussé à citer Huxley. Évoquant la nécessité de laisser une sorte de pierre tombale cosmique, une chose qui fasse savoir au cosmos que nous avons existé et que nous avons été capables de l'annoncer, Hawkins souligne que toutes les civilisations sont éphémères. À l'échelle du temps universel, l'intervalle séparant l'invention par une civilisation de la communication électromagnétique de son extinction est une étincelle. Les chances qu'une étincelle de ce type coïncide avec une autre sont malheureusement faibles. Ce qu'il nous faut, par conséquent – et c'est ce qui me conduit à parler de pierre tombale –, c'est un message qui ne dise pas « nous sommes là », mais « nous avons été là ». Et il faut que la durabilité de cette pierre tombale soit à l'échelle cosmique : il ne suffit pas qu'elle soit visible à quelques parsecs, il faut qu'elle dure des millions, des milliards d'années, qu'elle continue de brandir son message quand d'autres éclairs d'intelligence l'intercepteront, longtemps après notre extinction. Diffuser des nombres premiers ou les décimales de π ne suffira pas. En tout cas, pas sous forme de signal radio ou de faisceau laser à impulsions. Ces choses témoignent sans doute de l'intelligence biologique, et c'est ce qui fait d'elles la monnaie d'échange du programme SETI (en quête d'une intelligence extraterrestre) et de la science-fiction, mais elles sont trop brèves, trop coincées dans le présent. Quel signal durerait assez longtemps pour être détectable à de très grandes distances dans toutes les directions ? C'est là que Hawkins a réveillé le Huxley qui sommeille en moi.

Ce n'est pas encore à notre portée, mais un jour, avant que s'éteigne notre éclair de luciole, nous pourrions placer en orbite autour du Soleil une série de satellites « qui masquent la lumière du Soleil selon un motif qui n'apparaîtrait pas naturellement. Ces écrans solaires en orbite continueraient de graviter autour du Soleil pendant des millions d'années, longtemps après notre disparition et seraient détectables de très loin. » Même si l'espacement de ces satellites masquant ne constitue pas littéralement une série de nombres premiers, le message pourrait être limpide : « Il y a eu ici de la vie intelligente ».

Ce que je trouve plutôt charmant – et j'offre ici cette vignette à Jeff Hawkins pour le remercier du plaisir que m'a procuré son brillant ouvrage –, c'est qu'un message cosmique codé sous forme de motif d'intervalles entre des pics (des creux, en l'occurrence, puisque ses satellites estompent la luminosité solaire) utiliserait le même type de codage que le neurone.

Ceci est un livre sur le fonctionnement du cerveau. Il fait fonctionner le cerveau d'une façon tout à fait exaltante.

Première partie
UNE NOUVELLE VISION DU CERVEAU

Les cellules dans votre tête sont en train de lire ces lignes. Songez un peu à quel point c'est remarquable. Une cellule est une chose simple. Une cellule seule ne peut ni lire, ni penser, ni vraiment faire quoi que ce soit. Mais aussitôt qu'on en réunit suffisamment pour composer un cerveau, elles ne sont pas seulement capables de lire un livre, mais de l'écrire. Elles conçoivent des bâtiments, inventent des technologies et déchiffrent les mystères de l'Univers. La façon par laquelle un cerveau constitué de simples cellules crée de l'intelligence est une question extrêmement intéressante, qui demeure mystérieuse.

Comprendre le fonctionnement du cerveau est l'un des grands défis qui se posent à l'humanité. C'est une quête qui a récemment suscité des dizaines d'initiatives nationales et internationales, comme le Human Brain Project européen ou l'initiative internationale BRAIN. Des dizaines de milliers de spécialistes des neurosciences représentant des dizaines de spécialités dans à peu près tous les pays du monde s'efforcent de comprendre le cerveau. S'ils étudient le cerveau de différents animaux et posent des questions de tout type, leur objectif ultime est de découvrir comment le cerveau humain engendre l'intelligence des humains.

Peut-être avez-vous trouvé surprenante mon affirmation que le cerveau humain demeure un mystère. Chaque année, des découvertes sont annoncées à son sujet, de nouveaux livres paraissent et les chercheurs de domaines connexes comme l'intelligence artificielle affirment que leur création approche l'intelligence de la souris, par exemple, ou du chat. Il serait facile d'en conclure que la recherche se fait une idée assez précise de la façon dont fonctionne le cerveau. Mais si vous leur posez la question, les chercheurs en neurosciences diront presque tous qu'on est encore dans les ténèbres. Malgré la quantité phénoménale de faits isolés découverts à propos du cerveau, nous ne comprenons que mal son fonctionnement global.

En 1979, déjà rendu célèbre par ses travaux sur l'ADN, Francis Crick a écrit un article sur l'état des sciences du cerveau intitulé « Thinking About the Brain » (Penser le cerveau). Il y décrit l'abondance de faits récoltés par les chercheurs sur le cerveau, mais n'en conclut pas moins que « malgré l'accumulation constante de connaissances détaillées, le fonctionnement du cerveau humain demeure profondément mystérieux. » Et de poursuivre : « Ce qui manque de façon criante, c'est un cadre conceptuel général au sein duquel interpréter ces résultats. »

Crick avait constaté qu'après des décennies de récolte de données sur le cerveau, la communauté scientifique connaissait un grand nombre de faits. Mais nul n'avait trouvé comment assembler ces faits pour composer quelque chose de significatif. Le cerveau était un puzzle géant de milliers de pièces étalées sous nos yeux, mais dont on ne parvenait à rien tirer de cohérent. On était même loin d'imaginer à quoi pourrait ressembler une solution. Selon Crick, le mystère du cerveau n'était pas dû à quelque manque de données, mais à notre incapacité d'assembler les pièces en notre possession. Quarante années ont passé depuis cet article de Crick, et malgré les nombreuses découvertes importantes accomplies depuis, dont j'évoquerai certaines plus loin, son observation reste globalement vraie. La façon dont l'intelligence émerge des cellules dans notre tête demeure profondément mystérieuse. Et alors que s'accumulent les nouvelles pièces du puzzle, année après année, on a parfois le sentiment de s'éloigner de la compréhension du cerveau au lieu de s'en approcher.

J'ai lu cet article de Crick quand j'étais jeune, et il m'a profondément inspiré. Persuadé depuis que le mystère du cerveau serait résolu de mon vivant, je n'ai cessé de poursuivre cet objectif. Voici quinze ans que je dirige dans la Silicon Valley une équipe de chercheurs qui étudie une partie du cerveau nommée néocortex. Le néocortex occupe environ 70 % du volume d'un cerveau humain, il est responsable de tout ce qu'on associe à l'intelligence ; cela va de notre sens de la vision, du toucher et de l'ouïe à la pensée abstraite qui constitue les mathématiques ou la philosophie en passant par le langage sous toutes ses formes. Notre entreprise vise à comprendre le fonctionnement du néocortex de manière suffisamment détaillée pour expliquer la biologie du cerveau et bâtir des machines opérant selon les mêmes principes.

Début 2016, nos travaux se sont considérablement accélérés. Notre entendement a fait un bond. Nous avons saisi que nous, et avec nous l'ensemble de la recherche, étions passés à côté d'un ingrédient essentiel. Cette prise de conscience nous a permis de voir comment assembler les pièces du puzzle. Autrement dit, je pense que nous avons découvert le cadre conceptuel dont parlait Crick, qui n'explique pas seulement les principes de base du fonctionnement du néocortex, mais qui ouvre toute une nouvelle façon de se représenter l'intelligence. Nous ne possédons pas encore de théorie complète du cerveau – et nous en sommes loin. En général, au moment d'aborder un nouveau champ de la science, on s'arme d'un cadre théorique pour ne se consacrer aux détails qu'ensuite. Le plus bel exemple de ceci nous est peut-être fourni par la théorie de l'évolution. Darwin a commencé par proposer une manière nouvelle et audacieuse de considérer l'origine des espèces, mais les détails, tels que le rôle des gènes et de l'ADN, ne seraient connus que bien plus tard.

Pour être intelligent, le cerveau doit apprendre beaucoup de choses au sujet du monde. Pas seulement celles que l'on apprend à l'école, mais des choses élémentaires, comme l'aspect, le son ou la sensation que nous procurent les choses du quotidien. Il faut apprendre comment se comportent les objets, de l'ouverture à la fermeture d'une porte à ce que font les applis de nos smartphones quand on touche l'écran. Il faut apprendre où se trouvent toutes les choses du monde, que ce soit l'endroit de la maison où nous conservons nos effets personnels ou celui où se situent le bureau de poste et la bibliothèque de notre ville. Et puis, bien entendu, nous acquérons aussi des concepts plus élevés, comme la « compassion » ou l'« État ». Par-dessus tout cela, chacun de nous apprend encore le sens de dizaines de milliers de mots. Nous possédons tous une quantité phénoménale de connaissances à propos du monde. Certaines de nos facultés élémentaires, comme manger ou éviter la douleur, sont déterminées par nos gènes. Mais l'essentiel de ce que nous savons du monde est acquis.

La recherche nous dit que le cerveau acquiert un modèle du monde. Le terme « modèle » suppose que notre savoir n'est pas entreposé sous forme d'un empilement de faits, mais qu'il est organisé d'une façon qui est le reflet de la structure du monde et de tout ce qu'il contient. Pour savoir ce qu'est un vélo, par exemple, on ne retient pas une liste de faits concernant les vélos. Notre cerveau crée un modèle de vélo qui comprend ses différentes pièces, leur disposition les unes par rapport aux autres et la façon dont elles se meuvent et opèrent ensemble. Pour reconnaître une chose, il faut d'abord apprendre à quoi elle ressemble et la sensation qu'elle procure. Et pour accomplir quelque chose, il faut apprendre comment se comportent généralement les choses du monde lorsqu'on interagit avec elles. L'intelligence est intimement liée au modèle du monde que contient notre cerveau ; par conséquent, pour comprendre comment le cerveau crée de l'intelligence, il nous faut découvrir comment cet organe constitué de simples cellules acquiert un modèle du monde et de tout ce qui s'y trouve.

Ce que nous avons découvert en 2016 permet d'expliquer cette acquisition. Nous en sommes venus à comprendre que le néocortex entrepose tout ce que nous connaissons, notre savoir tout entier, à l'aide de ce qu'on appelle des référentiels. J'y reviendrai plus loin, mais établissons pour l'instant une analogie avec un plan sur papier. Un plan est un type de modèle : le plan d'une ville est un modèle de cette ville et les lignes du quadrillage, comme la latitude et la longitude, sont un certain référentiel. Ce quadrillage, ce référentiel, procure à la carte sa structure. Le référentiel situe les choses les unes par rapport aux autres, il vous dit par exemple comment remplir l'objectif consistant à se rendre d'un point à un autre. Nous avons alors compris que le cerveau se fabrique son modèle du monde en usant de référentiels similaires à ceux d'une carte. Il n'y a pas qu'un référentiel, mais des centaines de milliers. Pour tout dire, nous sommes en train de découvrir que la plupart des cellules du néocortex sont dédiées à la création et à la manipulation des référentiels qu'utilisera le cerveau pour planifier et réfléchir.

Sous ce nouveau jour, nous avons vu poindre les réponses à certaines des grandes questions que se posent les neurosciences. Comment nos diverses entrées sensorielles s'unissent-elles pour donner lieu à une expérience unique ? Que se passe-t-il quand on pense ? Comment deux personnes peuvent-elles aboutir à des croyances différentes à partir des mêmes observations ? Et pourquoi sommes-nous dotés d'une conscience de soi ?

Ce livre décrit ces découvertes et leurs implications pour l'avenir. L'essentiel de son contenu a paru dans des revues scientifiques dont vous trouverez les références en fin d'ouvrage. Mais les articles scientifiques n'ont pas pour vocation d'expliquer des théories de grande envergure, et certainement pas d'une manière qui soit compréhensible aux profanes.

J'ai organisé ce livre en trois parties. La première est une description de notre théorie des référentiels, que nous appelons la « théorie des mille cerveaux ». Étant donné qu'elle se fonde en partie sur la logique de déduction, je vous emmènerai pas à pas sur la voie qui nous a conduits à nos conclusions. Je vous fournirai aussi un minimum de contexte historique pour que vous ayez une idée de la façon dont notre théorie s'inscrit dans l'histoire de l'étude du cerveau. J'espère que vers la fin de la première partie, vous comprendrez un peu mieux ce qu'il se passe dans votre tête quand vous pensez et agissez dans le monde, et ce qu'être intelligent veut dire.

La deuxième partie traite de l'intelligence des machines. Le XXIe siècle sera transformé par les machines intelligentes comme le XXe l'a été par l'ordinateur. La théorie des mille cerveaux explique pourquoi l'IA d'aujourd'hui n'est pas encore de l'intelligence et comment rendre les machines vraiment intelligentes. Je décrirai à quoi ressembleront ces machines de demain et quels usages nous pourrions en faire. J'expliquerai pourquoi certaines d'entre elles seront conscientes et ce qui mérite d'être fait à ce sujet, si tant est qu'il faille absolument faire quelque chose. Enfin, beaucoup s'inquiètent aujourd'hui de voir les machines intelligentes constituer un risque existentiel, du fait que nous soyons sur le point de créer une technologie qui conduira l'humanité à sa perte. Je ne le crois pas. Ce que nous avons découvert explique pourquoi l'intelligence des machines est en soi inoffensive. Il n'en s'agit pas moins d'une technologie très puissante, dont le risque réside en vérité dans l'usage qu'en feront les humains.

Dans la troisième partie de ce livre, j'observerai la condition humaine sous la perspective du cerveau et de l'intelligence. Le modèle du monde que contient notre cerveau comporte un modèle de notre soi. Et cela conduit à cette étrange vérité que vos perceptions et les miennes, à chaque instant, sont une simulation du monde, pas le monde réel. L'une des conséquences de la théorie des mille cerveaux est que nos croyances au sujet du monde peuvent être fausses. J'expliquerai comment c'est possible, pourquoi les fausses idées peuvent être tenaces et comment les fausses croyances associées aux plus primitives de nos émotions risquent de menacer notre survie à long terme.

Il sera question dans les derniers chapitres de ce qui m'apparaît comme le choix le plus fondamental qui s'offre à notre espèce. Nous avons deux façons de nous représenter nous-mêmes. Nous sommes des organismes biologiques issus de l'évolution et de la sélection naturelle. Sous cet angle, l'humain se définit par ses gènes, et la vie a pour objectif de les répliquer. Mais nous sommes en train d'émerger de notre passé purement biologique. Nous sommes devenus une espèce intelligente. La première espèce sur la Terre à connaître la taille et l'âge de l'univers. La première à savoir comment la Terre a évolué et comment nous sommes venus à l'existence. La première à développer des outils qui nous permettent d'explorer l'Univers et d'en mettre au jour les secrets. Sous cet angle-là, ce sont notre intelligence et notre savoir qui nous définissent, pas nos gènes. Face à l'avenir, le choix s'offre à nous de continuer à nous laisser mener par notre passé biologique ou d'embrasser notre intelligence récemment apparue.

Il n'est pas dit que nous puissions faire l'un et l'autre à la fois. Nous élaborons des technologies assez puissantes pour profondément altérer la planète, manipuler la biologie et, bientôt, créer des machines plus intelligentes que nous. Mais nous possédons encore les comportements qui nous ont conduits jusqu'ici. Cette combinaison constitue le véritable risque existentiel, celui qui mérite toute notre attention. En choisissant de nous définir par l'intelligence et le savoir plutôt que par nos gènes, peut-être pourrons-nous forger un avenir plus durable et aux finalités plus nobles.

Le parcours qui nous a menés à la théorie des mille cerveaux a été long et tortueux. Après des études supérieures d'ingénieur électricien, je venais de décrocher mon premier emploi chez Intel quand j'ai lu l'article de Francis Crick. L'effet qu'il a produit sur moi était tel que j'ai changé de voie et choisi de consacrer ma vie à l'étude du cerveau. Après avoir vainement tenté d'obtenir un poste dans ce domaine chez Intel, j'ai postulé à une place d'étudiant de troisième cycle dans le laboratoire d'intelligence artificielle du MIT. (Il me semblait que pour construire des machines intelligentes, mieux valait commencer par étudier le cerveau.) Les enseignants du MIT qui m'ont fait passer les entretiens d'admission ont rejeté ma proposition de créer des machines intelligentes en se fondant sur la théorie du cerveau. On m'a expliqué que le cerveau n'était qu'un ordinateur cafouilleux et qu'il ne rimait à rien de l'étudier. Déçu, mais pas dissuadé, je me suis inscrit au programme de doctorat de l'Université de Californie, à Berkeley. J'y ai entamé mes études en janvier 1986.

Dès mon arrivée à Berkeley, je me suis adressé au Dr Frank Werblin, détenteur de la chaire du groupe de troisième cycle de neurobiologie. Il m'a demandé de décrire dans un article les recherches que je souhaitais conduire pour ma thèse. Dans ce papier, j'ai expliqué que je voulais travailler à une théorie du néocortex en abordant la question sous l'angle de la façon dont le néocortex fait des prédictions. Le professeur Werblin a fait lire mon article à plusieurs de ses confrères, qui l'ont favorablement accueilli. Reconnaissant que mes ambitions étaient admirables, que mon approche était bien fondée et que le problème auquel je m'attaquais avait un jour été parmi les plus importants de la science, il m'a dit – et ça, je ne l'avais pas vu venir – qu'il ne voyait pas de quelle façon je pourrais poursuivre mon objectif à cette époque-là. En tant qu'étudiant de troisième cycle en neurosciences, je serais appelé à m'occuper pour le compte d'un professeur des choses sur lesquelles lui-même travaillerait. Or, personne à Berkeley, ni où que ce soit à sa connaissance, ne s'intéressait de près ou de loin à ce qui m'habitait.

Développer une théorie générale de la fonction du cerveau paraissait trop ambitieux, et par conséquent trop risqué. Un étudiant qui y consacrerait cinq ans sans faire de réels progrès n'obtiendrait pas son diplôme. Le risque était réel pour l'enseignant également, qui pourrait y perdre sa titularisation. Et les agences qui distribuent le financement de la recherche auraient elles aussi trouvé cela trop risqué. Toute proposition d'études s'articulant sur une théorie était systématiquement rejetée.

J'aurais alors pu travailler dans un laboratoire expérimental, mais j'ai compris après quelques entretiens que ce n'était pas pour moi. J'y aurais consacré l'essentiel de mes heures à entraîner des animaux, à construire du matériel expérimental et à collecter des données. Toute théorie que je développerais serait limitée à la portion du cerveau qu'étudierait ce laboratoire.

J'ai passé les deux années suivantes à hanter les bibliothèques universitaires, dévorant les articles de neurosciences les uns après les autres. J'en ai ainsi lu des centaines, et notamment les plus importants des cinquante dernières années. J'ai également lu ce qu'avaient écrit à propos du cerveau et de l'intelligence les psychologues, les linguistes, les mathématiciens et les philosophes. La formation que j'ai reçue est certes peu conventionnelle, mais de tout premier ordre. Après deux ans d'études en autodidacte, un changement s'imposait. J'ai élaboré un plan. Je retournerais travailler dans l'industrie pendant quatre ans, après quoi je réévaluerais mes chances dans les études. Je suis donc revenu dans la Silicon Valley travailler sur les ordinateurs individuels.

C'est là que j'ai rencontré mes premiers succès en tant qu'entrepreneur. Entre 1988 et 1992, j'ai créé l'une des premières tablettes numériques, le GridPad. Puis, en 1992, j'ai fondé Palm Computing, inaugurant une décennie qui me verrait concevoir certains des premiers ordinateurs de poche et smartphones, comme le PalmPilot ou le Treo. Tous mes collaborateurs chez Palm savaient que mon cœur battait pour les neurosciences, que mon travail dans l'informatique portable était provisoire. Concevoir certains des premiers ordinateurs de poche et smartphones a été une activité passionnante, et je ne doutais pas que des millions de gens finiraient par adopter ces appareils, mais l'étude du cerveau était plus importante encore à mes yeux. Je sentais qu'une théorie du cerveau aurait plus de répercussions positives pour l'avenir de l'humanité que l'informatique. Il fallait donc absolument que je retourne à la recherche sur le cerveau.

Il n'y avait pas de bon moment pour s'en aller, alors j'ai choisi une date au hasard et je me suis retiré des entreprises que j'avais contribué à créer. En 2002, avec le concours et les encouragements de quelques amis travaillant dans les neurosciences (notamment

Bob Knight à UC Berkeley, Bruno Olshausen à UC Davis et Steve Zornetzer à NASA Ames Research), j'ai fondé le Redwood Neuroscience Institute. Tout entier voué à la théorie du néocortex, le RNI employait dix chercheurs à plein temps. Nous étions tous passionnés par les théories générales du cerveau, et le RNI a été l'un des seuls endroits du monde où cette optique n'était pas seulement permise, mais attendue. Pendant les trois ans que j'ai passés à la tête du RNI, nous avons reçu plus de cent collaborateurs visiteurs, pendant quelques jours ou quelques semaines. Nous avons organisé des conférences hebdomadaires, ouvertes au public, qui donnaient généralement lieu à des débats qui se prolongeaient pendant des heures.

Tous ceux qui ont travaillé au RNI, moi le premier, ont trouvé cela formidable. J'ai eu l'occasion de rencontrer et de passer du temps avec bon nombre des principaux spécialistes en neurosciences du monde. Cela m'a permis de me constituer un savoir dans diverses branches des neurosciences, ce qui n'est pas évident lorsqu'on occupe un poste universitaire ordinaire. Le problème, c'est que je cherchais la réponse à un ensemble précis de questions, et que je ne voyais pas l'équipe s'orienter vers un consensus à leur sujet. Chacun des chercheurs se bornait à faire sa cuisine de son côté. Alors, après trois années passées à la tête d'un institut, j'ai compris que le meilleur moyen d'atteindre mes objectifs serait de diriger ma propre équipe de chercheurs.

À tous autres égards, le RNI se portait à merveille, au point qu'on a décidé de le transférer à l'Université de Berkeley. Oui, l'institution même qui m'avait dit que je ne pouvais pas étudier la théorie du cerveau a décidé, dix-neuf ans plus tard, qu'un centre dédié à la théorie du cerveau était très exactement ce dont elle avait besoin. Le RNI existe encore aujourd'hui sous le nom de Redwood Center for Theoretical Neuroscience.

C'est lorsque le RNI s'est établi à Berkeley qu'avec plusieurs collègues j'ai lancé Numenta. C'est une société de recherche indépendante, dont le premier objectif est de mettre au point une théorie du fonctionnement du néocortex. Le second est d'appliquer ce que nous apprenons du cerveau à l'apprentissage machine et à l'intelligence des machines. Numenta ressemble à un laboratoire de recherche universitaire ordinaire, mais en plus souple. Je peux y diriger une équipe, veiller à ce que nous ramions tous dans le même sens et tester de nouvelles idées aussi souvent qu'il le faut.

À l'heure où j'écris ces lignes, malgré plus de quinze ans d'âge, Numenta demeure à bien des égards une start-up. L'étude du fonctionnement du néocortex est particulièrement ardue. Elle exige un niveau de souplesse et de focalisation qu'on rencontre généralement dans une start-up. Il faut aussi beaucoup de patience, ce qui en revanche n'est pas le propre des start-up. Notre première découverte d'importance – la façon dont un neurone fait des prédictions – n'a eu lieu qu'en 2010, soit cinq ans après la fondation. Il faudrait encore en attendre six pour que survienne celle dans le néocortex de référentiels similaires à des cartes, en 2016.

En 2019, nous avons entamé notre deuxième mission, l'application des principes cérébraux à l'apprentissage machine. C'est aussi l'année où je me suis mis à écrire ce livre, pour communiquer ce que nous découvrions.

Je trouve fascinant que la seule chose dans l'Univers qui sache que l'Univers existe soit cette masse d'un peu plus de deux kilos de cellules qui flotte en suspension dans notre tête. Ça me rappelle cette ancienne énigme : lorsqu'un arbre tombe dans la forêt, s'il n'y a personne pour l'entendre, a-t-il vraiment fait du bruit ? On peut pareillement se demander : si l'Univers venait à entrer et sortir de l'existence sans qu'il y ait de cerveaux pour le savoir, aurait-il vraiment existé ? Comment en être sûr ? Les quelques milliards de cellules qui flottent sous votre crâne savent non seulement que l'Univers existe, mais qu'il est vaste et ancien. Ces cellules ont appris un modèle du monde, un savoir qui, pour autant qu'on sache, n'existe nulle part ailleurs. J'ai passé ma vie à me démener pour comprendre comment le cerveau s'y prend, et cela m'a fait découvrir des choses exaltantes. J'espère aujourd'hui vous transmettre cette exaltation. Alors, commençons sans attendre.

1 Cerveau ancien-cerveau nouveau

Pour comprendre comment le cerveau crée l'intelligence, il faut d'abord établir quelques principes fondamentaux.

Peu après la publication par Charles Darwin de la théorie de l'évolution, les biologistes ont pris conscience que le cerveau humain avait lui aussi évolué dans le temps et que l'histoire de cette évolution était visible à l'œil nu. À la différence des espèces qui souvent disparaissent lorsque de nouvelles apparaissent, le cerveau a évolué en ajoutant de nouvelles parties sur les anciennes. Certains des systèmes nerveux les plus anciens et les plus élémentaires sont par exemple les groupes de neurones qu'on trouve le long du dos de vers minuscules. Ces neurones offrent à ces vers la capacité d'effectuer des mouvements simples, et ils sont l'ancêtre de notre moelle épinière, à qui nous devons similairement une bonne part de nos mouvements basiques. Est ensuite apparu à une extrémité du corps un petit grumeau de neurones contrôlant les fonctions telles que la digestion et la respiration. Ce grumeau est le prédécesseur de notre tronc cérébral, qui gère lui aussi la digestion et la respiration. Le tronc cérébral a prolongé ce qui se trouvait déjà là, mais sans s'y substituer. Au fil du temps, le cerveau est devenu capable de comportements d'une complexité croissante, à mesure que l'évolution superposait de nouvelles parties sur les anciennes. Ce mode de croissance par addition s'applique au cerveau de la plupart des animaux complexes. Il n'est pas difficile de comprendre pourquoi les anciennes parties demeurent. Si malins et sophistiqués que nous soyons, il reste indispensable à notre survie de respirer, de manger, de copuler et d'avoir des réflexes.

La partie la plus récente de notre cerveau s'appelle le néocortex, ce qui signifie « nouvelle couche extérieure ». Tous les mammifères en sont dotés, et seulement eux. Celui des humains est particulièrement grand, puisqu'il constitue environ 70 % du volume de notre cerveau. Si l'on retirait le néocortex de votre tête et qu'on le passait au fer à repasser, il aurait la taille d'une grande serviette de table et serait deux fois plus épais (environ 2,5 mm). Il enveloppe si complètement les parties anciennes que lorsqu'on regarde le cerveau humain, c'est essentiellement lui qu'on voit (reconnaissable aux plis et replis qui le caractérisent), avec juste un peu du cerveau ancien et de la moelle épinière qui jaillit à la base.

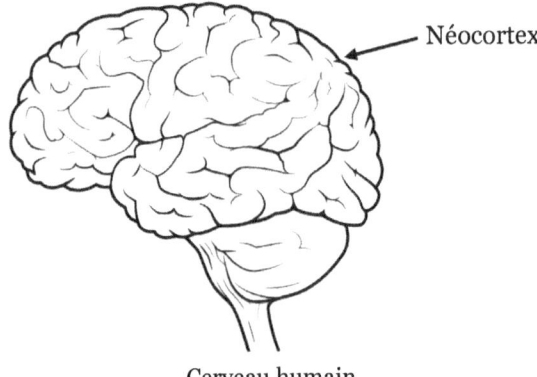

Cerveau humain

Le néocortex est l'organe de l'intelligence. Presque toutes les facultés que nous associons à l'intelligence – la vision, le langage, la musique, les mathématiques, les sciences et l'ingénierie – sont la création du néocortex. Aussitôt qu'on pense à quelque chose, c'est fondamentalement le néocortex qui est à l'œuvre. Votre néocortex est en train de lire ou d'écouter ce livre, et le mien est en train de l'écrire. Si nous voulons comprendre l'intelligence, il faut savoir ce que fait le néocortex et comment il le fait.

Un animal n'a pas besoin de néocortex pour mener une vie complexe. Le cerveau du crocodile est grossièrement équivalent en volume au nôtre, mais il n'a pas de néocortex digne de ce nom. Le crocodile montre des comportements sophistiqués, il se soucie de ses petits et sait évoluer dans son environnement. Nous dirions pour la plupart que le crocodile possède un certain degré d'intelligence, mais rien qui approche celle des humains.

Le néocortex et les parties anciennes du cerveau sont raccordés par des fibres nerveuses ; on ne peut donc pas considérer qu'il s'agit d'organes complètement distincts. Ce sont plutôt des colocataires, qui n'ont pas les mêmes objectifs ni la même personnalité, mais sont tenus de coopérer pour le bon fonctionnement de l'ensemble. Le néocortex est victime d'une réelle injustice puisqu'il n'exerce aucun contrôle direct sur le comportement. Contrairement à d'autres parties du cerveau, aucune de ses cellules n'est directement reliée à un muscle, si bien qu'il ne peut, de lui-même, en exercer aucun. Lorsqu'il souhaite faire quelque chose, le néocortex est obligé d'envoyer un signal au cerveau ancien, il lui demande en quelque sorte d'agir en son nom. La respiration, par exemple, est une fonction du tronc cérébral qui ne requiert aucune intervention de la pensée ni du néocortex. Le néocortex peut certes temporairement prendre le contrôle de la respiration, comme lorsqu'on la retient volontairement, mais aussitôt que le tronc cérébral décèle que le corps a besoin d'oxygène, il court-circuite le néocortex et reprend les commandes. Pareillement, le néocortex peut toujours penser : « Ne mange pas cette part de gâteau. Elle n'est pas bonne pour ta santé », mais si les parties plus anciennes, plus primitives, du cerveau disent « Ça a l'air bon, ça sent bon, mange-le », il sera difficile de résister. Cette bataille entre cerveau nouveau et ancien est l'un des fils rouges de ce livre. Elle deviendra particulièrement importante lorsque nous aborderons les grands risques existentiels que rencontre l'humanité.

Le cerveau ancien compte plusieurs dizaines d'organes distincts, chacun doté d'une fonction propre. Ils sont d'aspect différent et leur forme, leur taille et leurs connexions semblent indiquer ce qu'ils font. L'amygdale, par exemple, qui est une partie ancienne, comporte plusieurs organes de la taille d'un petit pois qui engendrent plusieurs types d'agression, notamment préméditée ou impulsive.

Le néocortex s'en démarque à un point étonnant. Il a beau occuper près des trois quarts du volume cérébral et produire une myriade de fonctions cognitives, on n'y distingue aucune division flagrante. Les plis et replis servent à faire rentrer le néocortex dans le crâne, un peu comme si l'on fourrait une grande serviette de table dans un verre à pied. Si on lui supprime les plissures, le néocortex est une grande feuille de cellules sans division apparente.

Il s'y trouve pourtant plusieurs dizaines d'aires, ou régions, aux fonctions différentes. Certaines sont chargées de la vision, d'autres de l'ouïe et d'autres encore du toucher. Certaines s'occupent du langage ou de la planification. Lorsque le néocortex est endommagé, les déficits que cela entraîne varient selon la partie atteinte. Une lésion derrière la tête provoquera par exemple la cécité ; sur le côté gauche, ce pourrait être la perte du langage.

Les régions du néocortex sont reliées entre elles par des faisceaux de fibres nerveuses qui courent sous lui – c'est ce qu'on appelle la substance blanche du cerveau. En suivant précisément le cheminement de ces fibres, les chercheurs peuvent déterminer le nombre des régions et la façon dont elles sont raccordées. La possibilité d'examiner directement des cerveaux humains n'allant pas de soi, le premier mammifère complexe à avoir ainsi été étudié est le macaque. En 1991, deux chercheurs, Daniel Felleman et David Van Essen, ont croisé les données de dizaines d'études distinctes pour produire une illustration devenue célèbre du néocortex du macaque. Voici l'un des schémas qu'ils ont réalisés (un plan du néocortex humain serait différent par ses détails, mais similaire par sa structure d'ensemble).

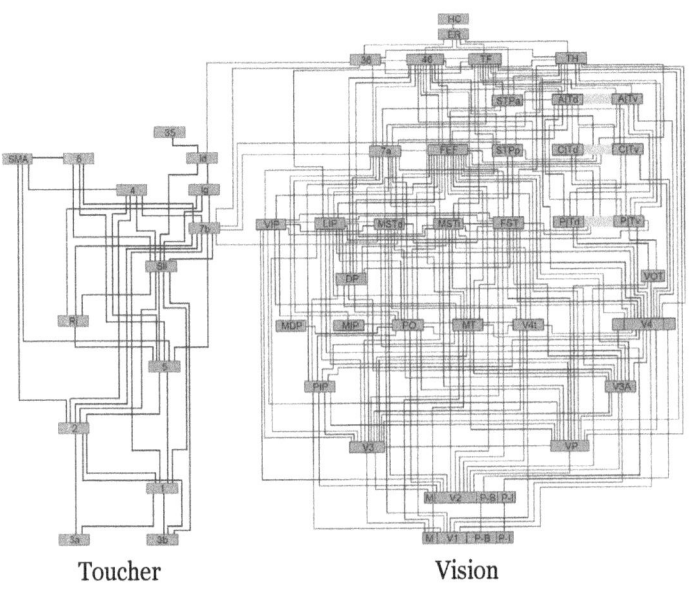

Les connexions au sein du néocortex

Les dizaines de petits rectangles correspondent aux différentes régions du néocortex et les lignes représentent le flux d'informations d'une région à une autre par l'intermédiaire de la substance blanche.

L'une des interprétations courantes de ce schéma veut que le néocortex soit hiérarchisé, comme un organigramme. Ce qui provient des sens pénètre par le bas (dans ce diagramme, ce qui vient de la peau est représenté à gauche et ce qui vient des yeux à droite). Le traitement des messages entrants s'effectue en une série d'étapes extrayant successivement des caractéristiques de plus en plus complexes. La première région qui reçoit un message des yeux, par exemple, ne décèlera peut-être que des caractéristiques simples, comme des grandes lignes ou des contours. Ces informations sont ensuite envoyées à la région suivante, qui relèvera des caractéristiques plus subtiles, comme les coins ou certaines formes plus nettes. Ce processus se poursuit pas à pas jusqu'à ce que certaines régions détectent un objet complet.

Cette interprétation d'un organigramme hiérarchisé est étayée par de nombreux indices. Lorsque les chercheurs observent les cellules des régions inférieures de la hiérarchie, par exemple, ils constatent qu'elles réagissent mieux à des caractéristiques simples, alors que celles de la région suivante réagissent à des caractéristiques plus complexes. Et ils rencontrent parfois des cellules des régions supérieures qui réagissent aux objets entiers. Mais il y a aussi beaucoup de signes qui montrent que le néocortex n'est pas comme un organigramme. On constate dans le diagramme que les régions ne sont pas disposées les unes au-dessus des autres, comme elles le seraient dans un vrai organigramme. Chaque niveau compte plusieurs régions, raccordées pour la plupart à plusieurs niveaux de la hiérarchie. À vrai dire, la plupart des connexions entre régions ne s'accommodent pas du tout d'un modèle hiérarchique. En outre, seules certaines cellules de chaque région agissent comme des détecteurs de caractéristiques ; la recherche n'a pas encore établi ce que fait le gros des cellules de chaque région.

Nous voici donc en présence d'une énigme. L'organe de l'intelligence, le néocortex, est divisé en des dizaines de régions qui accomplissent des choses différentes, mais se ressemblent toutes à la surface. Les connexions de ces régions constituent un méli-mélo aux vagues airs d'organigramme, mais pas plus que cela. L'aspect que présente l'organe de l'intelligence ne révèle rien d'évident au premier regard.

C'est donc à l'intérieur du néocortex qu'il faut regarder pour observer le détail du circuit déployé sur ses 2,5 mm d'épaisseur. On pourrait penser que malgré l'uniformité extérieure des différents secteurs du néocortex, le détail des circuits neuronaux qui créent la vision, le toucher et le langage offre un autre aspect à l'intérieur. Il n'en est rien.

Le premier à s'être penché d'assez près sur les circuits que contient le néocortex est Santiago Ramón y Cajal. À la fin du XIXe siècle, on a découvert les techniques de teinture permettant de voir individuellement les neurones du cerveau au microscope. Cajal a utilisé ces teintures pour faire ressortir chaque partie du cerveau. Il a ainsi créé des milliers d'images qui ont montré pour la première fois au monde à quoi ressemblait le cerveau au niveau cellulaire. Chacune des belles images complexes de Ramón y Cajal a été dessinée à la main et ses travaux finiraient par lui valoir le prix Nobel. Voici deux illustrations du néocortex par Ramón y Cajal. Celle de gauche ne montre que le corps cellulaire des neurones. Celle de droite inclut les connexions entre cellules. Ce sont deux représentations d'un segment transversal des 2,5 mm d'épaisseur du néocortex.

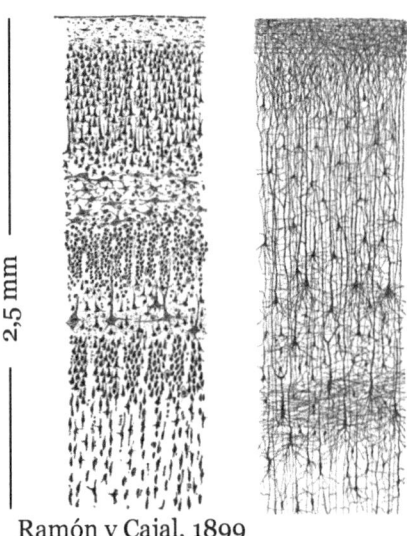

Ramón y Cajal, 1899

Les neurones d'une tranche de néocortex

Les teintures employées pour réaliser ces images ne colorent qu'une faible part des cellules. C'est tant mieux, parce que si chaque cellule était représentée, on n'y verrait que du noir. N'oublions pas que le nombre réel de neurones est très supérieur à ce que vous voyez ici.

La première chose qu'ont remarquée Ramón y Cajal et d'autres, c'est que les neurones du néocortex semblent disposés en couches. Ces couches, qui sont parallèles à la surface (horizontales dans notre illustration), naissent de la différence de taille des neurones et leur densité. Imaginez un tube de verre dans lequel on verse 3 cm de petits pois, 3 cm de lentilles et 3 cm de germes de soja. De côté, on voit trois couches dans le tube. On distingue aussi des couches dans les illustrations qui précèdent. Leur nombre dépendra de la personne qui les observe et des critères utilisés pour les discerner. Ramón y Cajal en a compté six. L'interprétation simple veut que chaque couche de neurones accomplisse quelque chose de différent.

On sait aujourd'hui qu'il n'existe pas six types de neurones dans le néocortex, mais des dizaines. Pourtant, les chercheurs utilisent encore la terminologie des six couches. On trouvera par exemple un type donné de cellule dans la troisième couche et un autre dans la cinquième. La première couche du néocortex est la plus extérieure, la plus proche du crâne ; elle occupe le sommet du dessin de Ramón y Cajal. La sixième couche est proche du centre du cerveau, c'est la plus éloignée de la boîte crânienne. Il faut absolument garder à l'esprit que ces couches ne sont qu'un guide indiquant approximativement quel type de neurone on peut s'attendre à trouver. Il est beaucoup plus important de savoir à quoi un neurone est raccordé et comment il se comporte. Aussitôt que l'on classe les neurones en fonction de leur connectivité, on en repère des dizaines de types différents.

La deuxième remarque qu'appellent ces images est que la plupart des connexions entre neurones sont verticales, elles traversent les couches. Un neurone est doté d'appendices arborescents, les axones et les dendrites, par lequel il échange des informations. Ramón y Cajal a constaté que la plupart des axones s'étiraient entre les couches, perpendiculairement à la surface du néocortex (de haut en bas et de bas en haut dans l'illustration de la p. 36). Les neurones de certaines couches établissent des liens horizontaux sur de longues distances, mais la plupart des connexions sont verticales. Cela signifie que les informations parvenant à une région du néocortex se déplacent essentiellement vers le haut et le bas entre les couches avant d'être envoyées ailleurs.

Au cours des cent vingt ans écoulés depuis la première représentation du cerveau par Ramón y Cajal, des centaines de chercheurs ont examiné le néocortex afin d'en apprendre autant que possible de ses neurones et circuits. Des milliers d'articles scientifiques ont été consacrés à la question, bien plus que je ne pourrais en résumer. Permettez-moi toutefois trois observations d'ordre général.

Les circuits locaux du néocortex sont complexes

Sous un millimètre carré de néocortex (soit quelque 2,5 mm^3), on trouve environ cent mille neurones, cinq cents millions de points de connexion entre neurones (les synapses) et plusieurs kilomètres d'axones et de dendrites. Imaginez-vous déroulant plusieurs kilomètres de fil le long d'une route puis tentant de caser le tout dans deux millimètres cubes, soit à peu près le volume d'un grain de riz. On trouve sous chaque millimètre carré des dizaines de types distincts de neurone. Chacun de ces types établit des connexions prototypiques avec d'autres. Il n'est pas rare d'entendre des chercheurs dire des régions du néocortex qu'elles accomplissent une fonction simple, comme la détection de caractéristiques. Mais la détection de caractéristiques ne mobilise qu'une poignée de neurones. Les circuits neuronaux précis et extrêmement sophistiqués que l'on rencontre partout dans le néocortex nous révèlent que chaque région accomplit quelque chose de bien plus complexe que la détection de caractéristiques.

Le néocortex a le même aspect partout

Les circuits complexes du néocortex des régions visuelles, du langage et du toucher se ressemblent beaucoup. Ils sont même très semblables entre des espèces telles que le rat, le chat et l'humain.

Ils présentent toutefois certaines différences. Certaines régions du néocortex sont par exemple plus riches en cellules d'un type donné que d'un autre, et certaines abritent un type de cellule qu'on ne trouve pas ailleurs. On peut supposer que l'activité de ces régions du néocortex, quelle qu'elle soit, exploite ces différences. Mais dans l'ensemble, la variation entre régions est relativement faible par rapport aux ressemblances.

Chaque partie du néocortex génère du mouvement

On a longtemps cru que les informations pénétrant le néocortex par les « régions sensorielles » circulaient de haut en bas et de bas en haut dans la hiérarchie des régions avant d'aller finir dans la « région motrice » ; et que les cellules de la région motrice se projetaient ensuite vers des neurones de la moelle épinière qui actionnent les muscles et les membres. On sait aujourd'hui que cette description est trompeuse. Dans chacune des régions qu'ils ont examinées, les chercheurs ont trouvé des cellules se projetant vers une partie ou une autre du cerveau ancien associée au mouvement. Les régions visuelles qui reçoivent les informations des yeux, par exemple, émettent un signal jusqu'à la partie du cerveau ancien qui s'occupe du mouvement oculaire. Similairement, les régions auditives qui reçoivent les informations des oreilles émettent des données vers la partie du cerveau ancien qui s'occupe de faire bouger la tête. Le mouvement de la tête modifie ce qu'on entend de la même façon que celui des yeux modifie ce qu'on voit. Les données en notre possession indiquent que le circuit complexe que l'on rencontre partout dans le néocortex accomplit une tâche sensori-motrice. Il n'existe pas de région purement motrice ni purement sensorielle.

Récapitulons : le néocortex est l'organe de l'intelligence. C'est une feuille de tissu neuronal de la taille d'une serviette de table, divisée en des dizaines de régions. Certaines de ces régions sont chargées de la vision, de l'ouïe, du toucher et du langage. Certaines, moins faciles à étiqueter, sont chargées de la pensée de haut niveau et de la planification. Ces régions sont connectées entre elles par des faisceaux de fibres nerveuses. Certaines de ces connexions sont hiérarchiques, ce qui prête à penser que les informations circulent d'une région à l'autre de façon ordonnée, comme en suivant un organigramme. Mais d'autres connexions entre régions semblent très peu ordonnées, et cela laisse entendre que les informations déferlent sur elles d'un coup. Quelle que soit leur fonction, toutes les régions se ressemblent dans le détail.

Nous ferons au prochain chapitre la rencontre de la première personne à avoir donné un sens à ces observations.

*
* *

Le moment est bien choisi pour brièvement évoquer le style de ce livre. Je m'adresse au lecteur commun doté d'une certaine curiosité intellectuelle. Mon propos est de vous transmettre tout ce qu'il y a à savoir pour comprendre la nouvelle théorie, mais pas beaucoup plus que cela. Je pars du principe que la plupart des lecteurs n'auront qu'une connaissance préalable limitée des neurosciences. Si toutefois vous en savez un peu plus long que d'autres, vous constaterez que j'omets certains détails ou qu'il m'arrive de simplifier une question complexe. Dans ce cas, je fais appel à votre compréhension. Vous trouverez une bibliographie commentée en fin d'ouvrage où figurent des sources plus détaillées pour ceux que cela intéresserait.

2 La grande idée de Vernon Mountcastle

The Mindful Brain (Le cerveau conscient) est un petit livre d'à peine une centaine de pages. Paru en 1978, il contient deux essais sur le cerveau écrits par deux chercheurs éminents. L'un de ces essais, celui signé Vernon Mountcastle, chercheur en neurosciences à l'Université Johns-Hopkins, demeure à ce jour l'une des monographies les plus importantes jamais parues sur le cerveau. La représentation que propose Mountcastle est élégante – ce qui est l'apanage des grandes théories –, mais aussi tellement déroutante qu'elle continue de polariser la communauté neuroscientifique.

J'ai lu *The Mindful Brain* en 1982. Le texte de Mountcastle m'a tout de suite profondément affecté et, comme vous le verrez, sa thèse a lourdement influencé la théorie que je présente ici.

La plume de Mountcastle est précise et érudite, mais elle constitue aussi une lecture difficile. Le titre de son essai est déjà assez peu attrayant en soi : « Principe d'organisation de la fonction cérébrale : le module unitaire et le système décentralisé ». Les premières lignes sont particulièrement âpres ; permettez-moi de les citer ici pour vous donner une idée de l'effet que produit l'essai.

> Il ne fait guère de doute que la révolution darwinienne du milieu du dix-neuvième siècle a exercé sur les notions de structure et de fonction du système nerveux une influence prépondérante. Les idées de Spencer, comme celles de Jackson, Sherrington et tous ceux qui leur ont emboîté le pas, prenaient racine dans la théorie évolutionniste selon laquelle le cerveau se développe par addition successive de parties céphaliques. Cette théorie voulait que chaque ajout ou agrandissement s'accompagnât de l'élaboration d'un comportement plus complexe, et dans le même temps, qu'il imposât une règlementation aux parties plus caudales et primitives, ainsi qu'au comportement censément plus primitif qu'elles contrôlent.

Ce que dit Mountcastle par ces trois phrases initiales, c'est que le cerveau s'est développé au fil de l'évolution par ajout de nouvelles parties sur les anciennes. Ces dernières contrôlent des comportements plutôt primaires, tandis que les premières en créent de plus sophistiqués. J'espère que cela vous rappelle quelque chose, parce que j'ai évoqué cette idée au chapitre précédent.

Mais Mountcastle poursuit en disant que si une part importante du cerveau a grandi par ajout de nouvelles parties sur d'anciennes, ce n'est pas ce qui a conduit le néocortex à constituer 70 % de notre cerveau. Le néocortex s'est développé en produisant beaucoup de copies de la même chose : un circuit élémentaire. Imaginez une vidéo de notre cerveau en train d'évoluer. Au début, il est petit. Un nouveau morceau apparaît à une extrémité, puis un autre par-dessus, puis encore un autre par-dessus les précédents. À un moment donné, il y a des millions d'années, apparaît le nouveau morceau que nous appelons désormais néocortex. Lui aussi est petit au départ, puis il croît, non pas en créant quelque chose de nouveau, mais en copiant et recopiant un circuit élémentaire à l'envi. Dans sa croissance, le néocortex gagne en surface, mais pas en épaisseur. Selon Mountcastle, si le néocortex de l'humain est nettement plus grand que celui du rat ou du chien, tous sont constitués du même élément – c'est juste que nous possédons des copies de cet élément en plus grand nombre.

Le texte de Mountcastle me rappelle *L'Origine des espèces* de Darwin. Craignant le tumulte que risquait de susciter sa théorie de l'évolution, Darwin a commencé par aborder beaucoup de questions très denses et sans grand intérêt sur les variations observées dans le règne animal, avant d'exposer enfin sa théorie, vers la fin de l'ouvrage. Mais même alors, il ne dit jamais explicitement que l'évolution s'applique aux humains. La lecture du texte de Mountcastle me fait la même impression. On a le sentiment que, conscient de la résistance que rencontrera sa proposition, il marche sur des œufs. Voici une autre citation de son essai :

> Pour résumer, le cortex moteur n'a rien de moteur et le cortex sensoriel n'a rien de sensoriel. Par conséquent, l'élucidation du mode opératoire du circuit modulaire local en n'importe quel point du néocortex aura une très grande portée généralisatrice.

En deux phrases, Mountcastle résume l'idée-force de son essai. Il dit que toutes les parties du néocortex obéissent au même principe. Tout ce que nous concevons comme de l'intelligence – la vision, le toucher, le langage, mais aussi la pensée de haut niveau – est fondamentalement identique.

Rappelons ici que le néocortex compte des dizaines de régions, dont chacune remplit une fonction différente. Ces régions ne sont pas visibles de l'extérieur ; on n'y décèle aucune démarcation, comme une photo satellite ne montre pas les frontières politiques. Si l'on tranche dans le néocortex, on découvre une architecture complexe et détaillée. Mais ces détails ont un aspect similaire, quelle que soit la région dans laquelle on a tranché. Une lamelle de cortex responsable de la vision ressemble à une lamelle de cortex chargée du toucher ainsi qu'à une lamelle du cortex où siège le langage.

Mountcastle a avancé que ces régions se ressemblent à ce point parce qu'elles font toutes la même chose. Elles ne se distinguent pas par leur fonction intrinsèque, mais par ce à quoi elles sont connectées. Connectez une région corticale aux yeux et vous aurez la vision ; connectez-la aux oreilles et vous obtenez l'ouïe ; connectez-la à d'autres régions, vous obtenez la pensée supérieure, comme le langage. Mountcastle signale ensuite que si nous parvenons à découvrir la fonction basique de n'importe quelle partie du néocortex, nous comprendrons comment fonctionne le tout.

L'idée de Mountcastle n'est pas moins inattendue ni profonde que la découverte de l'évolution par Darwin. Darwin a proposé un mécanisme – un algorithme si vous voulez – expliquant l'incroyable diversité de la vie. Ce qui en surface a l'apparence de nombreux types d'animaux et de plantes, de nombreux types de choses vivantes, n'est en fait que les multiples manifestations du même algorithme évolutionniste sous-jacent. Mountcastle avance quant à lui que tout ce que nous associons à l'intelligence, qui en surface paraît divers, est en réalité les multiples manifestations du même algorithme cortical sous-jacent. J'espère que vous mesurez combien la proposition de Mountcastle est à la fois inattendue et révolutionnaire. Darwin a attribué la diversité du vivant à un algorithme fondamental. Mountcastle attribue la diversité de l'intelligence à un algorithme fondamental lui aussi.

Comme souvent lorsqu'il s'agit d'événements ayant une importance historique, le fait que Mountcastle ait été le premier à émettre cette proposition prête à débat. Selon ma propre expérience, n'importe quelle idée possède au moins un précédent. Mais pour autant que je sache, Mountcastle est le premier à avoir clairement et soigneusement exposé la thèse d'un algorithme cortical commun.

Les propositions de Mountcastle et de Darwin comportent toutefois une différence intéressante. Darwin savait en quoi consistait son algorithme : l'évolution repose sur la variation aléatoire et la sélection naturelle. Mais il ne savait pas où loger cet algorithme dans le corps. Il faudrait attendre la découverte de l'ADN, bien plus tard, pour le savoir. De son côté, Mountcastle ne savait pas ce qu'était l'algorithme cortical ; il ignorait les principes de l'intelligence. En revanche, il savait où résidait son algorithme dans le cerveau.

Quel était alors selon Mountcastle le siège de l'algorithme cortical ? Il a dit que l'unité fondamentale du néocortex, l'unité de l'intelligence, est une « colonne corticale ». Si l'on regarde la surface du néocortex, une colonne corticale occupe environ un millimètre carré. Elle s'étire sur les 2,5 millimètres d'épaisseur, ce qui lui donne un volume de 2,5 millimètres cubes. Selon cette définition, le néocortex humain compte environ 150 000 colonnes corticales empilées côte à côte. On peut se représenter une colonne corticale comme un petit bout de spaghetti fin. Le néocortex humain ressemble à 150 000 spaghettis verticaux, tassés les uns à côté des autres.

L'épaisseur des colonnes corticales varie d'une espèce à l'autre et d'une région à l'autre. Chez la souris et le rat, par exemple, il y a une colonne corticale pour chaque vibrisse de moustache et elles font environ un demi-millimètre de diamètre. Chez le chat, le diamètre des colonnes de la vision est apparemment d'un millimètre. Nous manquons de données sur l'épaisseur des colonnes du cerveau humain. Par souci de simplicité, je continuerai de me référer à des colonnes d'un millimètre carré, ce qui dote chacun de nous d'environ 150 000 colonnes corticales. Il est probable que leur nombre réel soit différent, mais cela ne changera rien pour nous ici.

Les colonnes corticales ne sont pas visibles au microscope. À quelques exceptions près, on n'aperçoit entre elles aucune délimitation.

On en connaît l'existence parce que toutes les cellules d'une colonne réagissent à la même partie de la rétine, ou à la même petite parcelle de peau, alors que celles de la colonne voisine réagissent à une autre partie de la rétine ou un autre point de la peau. C'est ce groupement des réactions qui définit la colonne. On l'observe partout dans le néocortex. Mountcastle a indiqué que chaque colonne est à son tour subdivisée en quelques centaines de « mini colonnes ». Si une colonne corticale est un vermicelle, on peut se représenter les mini colonnes comme des fibres plus fines encore, des cheveux fagotés ensemble au sein du vermicelle. Chaque mini colonne est constituée d'une grosse centaine de neurones qui traversent toutes les couches. À la différence de la colonne corticale proprement dite, la mini colonne est physiquement distinguable et visible au microscope.

Mountcastle ignorait ce que font colonnes et mini colonnes, et il s'est gardé d'avancer quoi que ce soit à ce sujet. Il a simplement proposé que chaque colonne fait la même chose et que les mini colonnes en sont un composant important.

Récapitulons. Le néocortex est une feuille de tissu de la taille d'une grande serviette de table. Il est divisé en des dizaines de régions qui accomplissent des choses différentes. Chaque région compte des milliers de colonnes. Chaque colonne contient plusieurs centaines de mini colonnes aux airs de cheveu, elles-mêmes composées d'une grosse centaine de cellules. Mountcastle a proposé que d'un bout à l'autre du néocortex, colonnes et mini colonnes accomplissent la même chose : elles exécutent un algorithme fondamental qui est à l'origine de tous les aspects de la perception et de l'intelligence.

L'hypothèse de l'algorithme qu'émet Mountcastle repose sur plusieurs séries d'indices. D'abord, on l'a dit, les circuits complexes que l'on rencontre partout dans le néocortex sont remarquablement similaires. Si je vous montrais deux puces électroniques aux circuits quasi identiques, vous pourriez déduire sans trop de risque qu'elles accomplissent des choses quasi identiques. Cela vaut aussi pour les circuits complexes du néocortex. Ensuite, l'expansion formidable du néocortex humain moderne s'est produite très rapidement à l'échelle de l'évolution, en à peine quelques millions d'années. Cela n'est sans doute pas assez long pour que l'évolution découvre une foule de capacités complexes nouvelles, mais largement assez pour qu'elle fasse des copies de la même chose. Troisièmement, la fonction des régions néocorticales n'est pas gravée dans le marbre. Chez les personnes atteintes de cécité congénitale, par exemple, les zones visuelles du néocortex ne tirent aucune information utile des yeux. Elles peuvent donc endosser un nouveau rôle associé à l'ouïe ou au toucher. Enfin, il y a l'argument de l'extrême flexibilité. Les humains sont capables d'accomplir beaucoup de choses ne répondant à aucune pression évolutionniste. Notre cerveau, par exemple, n'a pas évolué pour programmer des ordinateurs ni faire des glaces – il s'agit dans les deux cas d'une invention récente. Le fait que nous soyons malgré tout capables de ces choses indique que le cerveau s'appuie sur une méthode d'apprentissage générale. Ce dernier argument est à mes yeux le plus convaincant. La capacité d'apprendre à peu près n'importe quoi exige du cerveau qu'il opère selon un principe universel.

D'autres indices plaident en faveur de la thèse de Mountcastle. Cela n'a pas empêché son idée d'être très controversée lorsqu'il l'a proposée, ni de le demeurer quelque peu aujourd'hui. Il y a selon moi deux raisons à cela. La première, c'est que Mountcastle ne savait pas ce que faisaient les colonnes corticales. Il a émis une hypothèse étonnante, fondée sur beaucoup d'indices indirects, mais n'a pas expliqué comment une colonne corticale pouvait concrètement accomplir toutes les choses qu'on associe à l'intelligence. La seconde raison, c'est que cette proposition a des implications difficilement admissibles pour certains. On peut par exemple avoir du mal à croire que la vision et le langage sont fondamentalement la même chose. Ce n'est pas l'impression qu'ils donnent. Devant tant d'incertitude, certains chercheurs rejettent l'idée de Mountcastle en signalant qu'il existe des différences entre les régions du néocortex. Ces différences sont relativement faibles par rapport aux similitudes, mais si l'on s'attarde dessus, on peut dire que différentes régions du néocortex ne sont pas identiques.

La proposition de Mountcastle plane sur les neurosciences à la façon d'un graal. Quel que soit l'animal ou la partie du cerveau qu'il étudie, tout neurobiologiste, qu'il l'admette ou qu'il s'en cache, veut savoir comment fonctionne le cerveau humain. Et cela suppose de savoir comment fonctionne le néocortex. Ce qui suppose à son tour de savoir ce que font les colonnes néocorticales. En fin de compte, notre quête de connaissance du cerveau, de l'intelligence, se résume à comprendre ce que font les colonnes corticales et comment elles le font. Les colonnes corticales ne sont pas le seul mystère du cerveau ni le seul mystère associé au néocortex. Mais la compréhension de la colonne corticale est de loin la plus grande et la plus importante pièce du puzzle.

$$*\atop* \; *$$

En 2005, on m'a invité à donner une conférence sur nos recherches à l'Université Johns-Hopkins. J'y ai évoqué nos travaux sur le néocortex, la façon dont nous abordions la question, et les progrès que nous avions accomplis. Il est fréquent, au sortir de ce type de conférence, que l'intervenant rencontre individuellement des professeurs. Cette fois-là, ma dernière visite a été pour Vernon Mountcastle, accompagné du doyen de son département. J'étais honoré de me trouver face à l'homme qui m'avait tant inspiré. Dans la conversation, Mountcastle, qui avait assisté à ma conférence, m'a suggéré de venir travailler à Johns-Hopkins, où il me trouverait un poste. L'offre était inattendue et inusitée. Je n'ai pas vraiment pu l'envisager parce que mes obligations professionnelles et familiales me retenaient en Californie, mais cela m'a aussitôt renvoyé à 1986, quand l'Université de Berkeley avait rejeté ma proposition d'étudier le néocortex. À l'époque, j'aurais évidemment bondi sur sa proposition.

Avant de partir, j'ai demandé à Mountcastle de signer mon exemplaire très défraîchi de *The Mindful Brain*. J'étais heureux et triste à la fois. Heureux de l'avoir connu et soulagé qu'il ait pensé du bien de moi. Triste de savoir que je risquais de ne plus jamais le revoir. Même si je finissais par trouver ce que je cherchais, rien ne garantissait que je puisse le lui montrer ni solliciter son aide ou ses commentaires. En marchant vers le taxi qui m'attendait, j'étais déterminé à mener à bien la mission qu'il avait entreprise.

3 Vous avez un modèle du monde dans la tête

Ce qu'accomplit le cerveau peut vous sembler aller de soi. Le cerveau reçoit des signaux entrants de ses capteurs, il les traite, puis il agit. C'est en fin de compte la façon dont un animal réagit à ce qu'il ressent qui détermine sa réussite ou son échec. Ce lien direct entre l'entrée sensorielle et l'action vaut sans aucun doute pour certaines parties du cerveau. Toucher accidentellement une surface brûlante entraîne par réflexe la rétraction du bras. Le circuit d'entrée et de sortie concerné se trouve dans la moelle épinière. Mais qu'en est-il du néocortex ? Peut-on dire que le néocortex a pour fonction de s'emparer des signaux qui entrent par les capteurs pour agir aussitôt ? En gros, non.

Vous êtes en train de lire ce livre ou de l'écouter et il n'entraîne aucune autre action immédiate que celle de tourner les pages ou de toucher un écran. Les mots affluent par milliers dans votre néocortex et, pour la plupart, ils ne vous poussent pas à l'action. Peut-être ce livre vous incitera-t-il plus tard à modifier votre comportement. Peut-être vous inspirera-t-il certaines conversations sur la théorie du cerveau et l'avenir de l'humanité que vous n'auriez pas eues si vous ne l'aviez pas lu. Peut-être que vos pensées et vos choix de mots futurs auront subtilement été influencés par mon propos. Peut-être vous consacrerez-vous à la création de machines intelligentes en partant des principes du cerveau, et que mes paroles vous auront inspirés à suivre cette voie. Mais pour l'heure, vous êtes simplement en train de lire. Si nous persistons à décrire le néocortex comme un système d'entrée-sortie, le mieux qu'on puisse dire, c'est que le néocortex reçoit beaucoup de signaux entrants, qu'il s'en informe, puis, plus tard – après plusieurs heures ou plusieurs années –, qu'il agit différemment en fonction de ces signaux précédemment entrés.

Dès l'instant où je me suis intéressé au fonctionnement du cerveau, j'ai compris que cette représentation du néocortex en tant que système où les entrées débouchent sur les sorties allait être infructueuse. Par bonheur, lorsque j'étudiais à Berkeley, une idée m'est venue qui m'a mis sur une voie plus productive. J'étais chez moi, assis à mon bureau. Devant moi et dans la pièce se trouvaient des dizaines d'objets. J'ai perçu que si l'un de ces objets changeait ne serait-ce qu'un tout petit peu, je m'en rendrais compte. Mon pot à crayons se trouvait toujours du côté droit de ma table ; si un jour je le trouvais à gauche, je m'en apercevrais et me demanderais comment il est arrivé là. Si l'agrafeuse changeait de longueur, je m'en rendrais compte, que ce soit en la touchant ou en la regardant. Je remarquerais même si l'agrafeuse produisait un son différent lorsqu'on l'actionne. Si l'horloge au mur changeait de place ou d'aspect, je le verrais. Si le curseur de l'écran de mon ordinateur se déplaçait vers la gauche quand je déplace la souris vers la droite, je me dirais immédiatement qu'il y a quelque chose qui cloche. Ce qui m'a frappé, c'est que j'aurais remarqué ces changements sans même m'attarder sur les objets concernés. Parcourant la pièce du regard, je ne me suis à aucun moment demandé « l'agrafeuse a-t-elle la bonne longueur ? » Je ne me suis pas dit « vérifie que l'aiguille des heures de l'horloge est toujours plus courte que celle des minutes ». Les changements survenus m'auraient sauté aux yeux, mon attention y aurait été attirée. Il y avait dans mon environnement des milliers de changements possibles que mon cerveau aurait presque immédiatement remarqués.

Il ne pouvait y avoir qu'une explication à cela. Mon cerveau, plus précisément mon néocortex, produisait simultanément tout un tas de prédictions de ce qu'il était sur le point de voir, d'entendre et de toucher. À chaque mouvement de mes yeux, le néocortex faisait des prédictions concernant ce que j'étais sur le point de voir. À chaque fois que je m'emparais d'un objet, mon néocortex faisait des prédictions concernant ce que mes doigts allaient sentir. Et chacun de mes actes suscitait des prédictions du son qu'il était censé émettre. Mon cerveau prédisait ainsi le moindre stimulus, comme la texture de l'anse de ma tasse à café, mais aussi de grandes idées conceptuelles, comme le mois qu'est censé afficher le calendrier. Ces prédictions surviennent dans toute la gamme des modalités sensorielles, aussi bien pour les caractéristiques minimes que pour les concepts de niveau supérieur, et me disent que chaque partie du néocortex, et donc chaque colonne corticale, effectue des prédictions. La prédiction est une fonction omniprésente du néocortex.

À l'époque, très peu de chercheurs en neurosciences auraient décrit le cerveau comme une machine à prédire. Se pencher sur nombreuses prédictions parallèles du néocortex était une nouvelle façon d'en étudier le fonctionnement. Je savais bien que la prédiction n'était pas la seule activité du néocortex, mais elle offrait un moyen systémique de s'attaquer aux mystères de la colonne corticale. Je pouvais poser des questions précises sur la façon dont les neurones font des prédictions dans différentes conditions. La réponse à ces questions révèlerait peut-être ce que font les colonnes corticales, et comment elles le font.

Pour faire ces prédictions, le néocortex doit d'abord apprendre ce qui est normal – à savoir, ce qui est censé être selon l'expérience passée. Mon livre précédent, *Intelligence* (Campus Press, Paris, 2005), explorait ces notions d'apprentissage et de prédiction. J'y faisais appel à un « cadre de mémoire-prédiction » pour décrire l'idée générale, et j'évoquais les implications de cette vision du cerveau. J'estimais que l'étude de la façon dont le néocortex fait ses prédictions nous permettrait de lever le voile sur son fonctionnement.

J'ai renoncé à l'expression « cadre de mémoire-prédiction ». Je préfère décrire la même idée en disant que le néocortex apprend un modèle du monde et qu'il établit des prédictions à partir de ce modèle. Je préfère le terme « modèle » parce qu'il décrit mieux le type d'informations qu'acquiert le néocortex. Mon cerveau possède par exemple un modèle de mon agrafeuse. Ce modèle inclut l'apparence de l'agrafeuse, la sensation qu'elle produit au toucher et le son qu'elle émet quand on l'utilise. Le modèle du monde dans notre cerveau comprend l'emplacement des objets et la façon dont ils changent lorsqu'on interagit avec. Mon modèle d'agrafeuse, par exemple, comprend la façon dont bouge le haut de l'objet par rapport à la base et celle dont sort l'agrafe lorsqu'on exerce une pression. Ces actions paraissent simples, mais vous n'êtes pas né en les connaissant. Vous les avez acquises en chemin et elles sont à présent entreposées dans votre néocortex.

Le cerveau crée un modèle prédictif. Cela signifie simplement que le cerveau ne cesse de prédire ce que vont être ses signaux entrants. La prédiction n'est pas une chose qu'accomplit le cerveau de temps à autre ; c'est une propriété intrinsèque qui jamais ne s'interrompt et qui joue un rôle essentiel dans l'apprentissage. Lorsque les prédictions du cerveau se vérifient, cela signifie que le modèle cérébral du monde est correct. La moindre prédiction erronée vous pousse à y regarder de plus près et à mettre le modèle à jour.

Ces prédictions sont pour l'immense majorité inconscientes, sauf lorsque le signal entrant dans le cerveau ne correspond pas. Lorsque ma main se tend machinalement vers ma tasse de café, je ne suis pas conscient que mon cerveau est en train de prédire ce qu'éprouvera chaque doigt, le poids de la tasse, sa température ou le son qu'elle émettra lorsque je la reposerai sur la table. Mais si la tasse était soudain plus lourde, plus froide, ou si elle émettait un couinement, je le remarquerais. On est sûr que ces prédictions ont bien lieu parce que le moindre changement de n'importe lequel de ces signaux entrants ne passera pas inaperçu. Mais lorsqu'une prédiction est juste, comme le sont la plupart, on ne se rend même pas compte qu'elle a existé.

À la naissance, le néocortex ne sait quasiment rien. Il ne connaît aucun mot, ne sait pas à quoi ressemble un immeuble, utiliser un ordinateur, à quoi sert une porte ou comment elle pivote sur ses gonds. Il doit apprendre une infinité de choses. La structure générale du néocortex n'est pas le fruit du hasard. Sa taille, le nombre de ses régions et la façon dont celles-ci sont interconnectées sont essentiellement déterminés par nos gènes. Ce sont eux qui disent par exemple quelles parties du néocortex sont raccordées aux yeux, lesquelles sont raccordées aux oreilles, et comment elles sont raccordées entre elles. On peut donc dire que le néocortex est structuré à la naissance pour voir, entendre, et même apprendre le langage. Il n'en est pas moins vrai que le néocortex ignore ce qu'il va voir et entendre ainsi que les langages précis qu'il pourrait acquérir. On peut se dire que le cortex se lance dans la vie avec certains présupposés intégrés sur le monde, mais sans rien savoir de particulier. C'est l'expérience qui lui fait acquérir un modèle riche et complexe du monde.

Le nombre de choses qu'apprend le néocortex est vertigineux. Je suis actuellement assis dans une pièce où se trouvent des centaines d'objets. Choisissons-en un au hasard : l'imprimante. J'ai acheté un modèle d'imprimante doté d'un bac papier et je sais comment ce bac se retire et se replace dans l'appareil. Je sais modifier le format du papier, comment déballer une nouvelle ramette et la placer dans le bac. Je connais les étapes à suivre en cas de bourrage. Je sais que le cordon d'alimentation s'achève à une extrémité par une fiche en forme de D qui ne s'insère que dans un sens. Je connais le son de l'imprimante et je sais qu'il n'est pas le même si l'impression se fait sur une face de la feuille ou sur les deux. Il y a aussi dans la pièce un petit meuble de rangement à deux tiroirs. Je peux citer des dizaines de choses que je sais au sujet de ce meuble, notamment ce que contient chaque tiroir et comment tout cela est rangé. Je sais qu'il possède une serrure, où se trouve la clé et comment insérer cette dernière et la tourner pour verrouiller le meuble. Je connais la sensation que procurent la clé et la serrure au toucher, ainsi que le son qu'elles produisent quand on s'en sert. La clé est accrochée à un petit anneau et je sais me servir de mon ongle pour forcer l'ouverture de l'anneau et y mettre ou en retirer d'autres clés.

Parcourez mentalement les pièces de votre logement, une à une. Dans chacune, des centaines de choses vous viennent à l'esprit et de chacune découle une cascade de connaissances acquises. Vous pouvez faire de même avec la ville où vous vivez, en vous souvenant des immeubles, des parcs, des pistes cyclables et de tel ou tel arbre situé à tel ou tel endroit. À chacun de ces éléments sont liés des souvenirs et des interactions vous concernant. Le nombre de choses que vous savez est énorme, et il semble qu'un nombre infini de liens de savoir y soient associés.

Nous acquérons aussi beaucoup de concepts de niveau supérieur. On estime que nous connaissons tous en moyenne quelque quarante mille mots. Nous sommes capables d'apprendre le langage parlé, le langage écrit, celui des signes, le langage mathématique et celui de la musique. Nous apprenons à remplir des formulaires électroniques, la fonction d'un thermostat et même ce que signifient des choses comme l'empathie ou la démocratie, même si le sens que nous leur donnons peut varier. Sans entrer dans les autres facultés du néocortex, on peut dire avec certitude qu'il apprend un modèle extraordinairement complexe du monde. C'est sur ce modèle que se fondent nos prédictions, nos perceptions et nos actes.

Apprendre par le mouvement

Les signaux qui atteignent le cerveau changent constamment, et ce pour deux raisons. D'abord, le monde lui-même change. Lorsqu'on écoute de la musique, par exemple, ces signaux changent rapidement, au gré de la musique. De même, le mouvement d'un arbre dans le vent entraîne des changements visuels et parfois auditifs. Dans ces deux cas, les signaux accédant au cerveau changent d'un instant à l'autre, non parce que l'on bouge soi-même, mais parce que les choses du monde bougent et changent.

La deuxième raison, c'est que nous bougeons nous aussi. À chaque pas que nous faisons, à chaque mouvement d'un membre, des yeux, de la tête ou quand nous émettons un son, les messages qui entrent par nos capteurs changent. Nos yeux, par exemple, effectuent un mouvement rapide, la saccade oculaire, environ trois fois par seconde. À chaque fois, nos yeux fixent un autre point du monde et les informations qu'ils transmettent au cerveau changent complètement. Ce changement n'aurait pas lieu si l'on ne bougeait pas les yeux.

C'est en observant les changements dans le temps des signaux entrants que le cerveau constitue son modèle du monde. Il n'y a pas d'autre manière d'apprendre. On ne peut, comme avec l'ordinateur, télécharger un fichier dans le cerveau. La seule façon d'apprendre quoi que ce soit passe par les changements survenant dans les signaux entrants. Si ces signaux étaient statiques, on n'apprendrait jamais rien.

Certaines choses, comme une mélodie, peuvent s'apprendre sans mouvement du corps. On est assis, parfaitement immobile, les yeux clos, et on apprend la mélodie en écoutant les sons changer au fil du temps. Mais la plupart des apprentissages exigent du mouvement et une recherche active. Admettons que vous entrez dans une maison où vous n'avez jamais mis les pieds. Si vous ne bougez pas, il n'y aura pas de changements dans les messages sensoriels entrants et vous ne pourrez rien apprendre de la maison. Pour acquérir un modèle de cette maison, vous devez regarder dans différentes directions et vous déplacer d'une pièce à l'autre. Vous devez ouvrir des portes, regarder dans les tiroirs et remarquer des objets. La maison et son contenu sont essentiellement immobiles, ils ne bougent pas d'eux-mêmes. Pour acquérir un modèle de la maison, c'est vous qui devez bouger.

Prenons un objet aussi simple qu'une souris d'ordinateur. Pour connaître la sensation que procure une souris au toucher, il faut passer les doigts dessus. Pour savoir à quoi elle ressemble, il faut la regarder sous plusieurs angles en posant les yeux à divers endroits. Pour savoir à quoi elle sert, il faut actionner ses boutons, ouvrir le compartiment des piles ou la déplacer sur un tapis de souris pour voir, ressentir et entendre ce que cela produit.

C'est ce qu'on appelle l'apprentissage sensori-moteur. Le cerveau acquiert un modèle du monde en observant la façon dont changent les signaux sensoriels entrants quand nous bougeons. L'apprentissage d'une chanson ne réclame pas de mouvement parce qu'à la différence de l'ordre dans lequel on peut se déplacer d'une pièce à l'autre d'une maison, celui des notes d'une mélodie est fixe. Mais le monde, pour l'essentiel, n'est pas comme ça ; il faut généralement se déplacer pour découvrir la composition des objets, des lieux et des actes. Dans l'apprentissage sensori-moteur, contrairement à celui d'une mélodie, l'ordre des sensations n'est pas fixé. Ce que je vois en entrant dans une pièce dépend du sens où j'oriente la tête. Ce que ressent mon doigt quand je tiens une tasse à café dépend du fait que je bouge le doigt vers le haut, vers le bas ou latéralement.

À chaque mouvement, le néocortex prédit ce que sera la prochaine sensation. Si je déplace le doigt vers le haut sur ma tasse de café, je m'attends à rencontrer le bord ; si je le déplace latéralement, je rencontrerai l'anse. Si je tourne la tête à gauche en entrant dans la cuisine, je m'attends à voir le frigo, si je la tourne à gauche, ce sera la cuisinière. Si je pose les yeux sur le brûleur avant-gauche, je m'attends à voir l'allumeur cassé que je suis censé réparer. Si aucun signal entrant ne correspond aux prédictions du cerveau – peut-être mon épouse a-t-elle réparé l'allumeur –, mon attention est attirée vers l'endroit de la fausse prédiction. Le néocortex est ainsi averti qu'il faut actualiser le modèle de cette partie du monde.

Nous pouvons à présent reformuler plus précisément la question sur le fonctionnement du néocortex : *comment le néocortex, qui est composé de milliers de colonnes corticales quasi identiques, acquiert-il un modèle prédictif du monde à travers le mouvement ?*

C'est la question à laquelle mon équipe et moi-même nous sommes proposés de répondre. Il nous semblait qu'en cas de succès nous pourrions effectuer la rétro-ingénierie du néocortex pour comprendre ce qu'il fait, mais aussi comment il le fait. Puis que nous pourrions construire des machines procédant de la même façon.

Deux principes des neurosciences

Avant de songer à répondre à la question qui précède, il vous faut encore acquérir quelques notions fondamentales. D'abord, comme toutes les parties du corps, le cerveau est composé de cellules. Les cellules du cerveau, les neurones, ressemblent beaucoup à toutes les autres. Le neurone est par exemple doté d'une membrane cellulaire qui définit sa limite et d'un noyau contenant l'ADN. Mais le neurone possède aussi quelques caractéristiques uniques, qu'on ne trouve dans aucune autre cellule du corps.

La première, c'est qu'il ressemble à un arbre. Il est doté d'extensions de la membrane en forme de branches, les axones et les dendrites. Groupées près de la cellule, les dendrites reçoivent les signaux entrants. L'axone, lui, est la sortie. Il établit une multitude de connexions avec les neurones voisins, mais s'étire parfois aussi très loin, que ce soit d'un extrême à l'autre du néocortex, ou de ce dernier jusqu'à la moelle épinière.

La deuxième différence, c'est que les neurones produisent des impulsions, des pics électriques qu'on appelle potentiels d'action. Un signal électrique part à proximité du corps cellulaire et court le long de l'axone pour atteindre l'extrémité de chaque branche.

La troisième caractéristique unique, c'est que l'axone d'un neurone établit des connexions avec les dendrites d'autres neurones. Leurs points de raccordement sont les synapses. Lorsqu'une impulsion court le long d'un axone et atteint une synapse, elle libère une substance chimique qui se lie à la surface de la dendrite du neurone récepteur. Selon la nature de la substance ainsi libérée, le neurone récepteur a plus ou moins de chances de générer sa propre impulsion.

Le fonctionnement des neurones nous invite à énoncer deux grands principes. Ces principes vont jouer un rôle important dans notre entendement du cerveau et de l'intelligence.

Principe numéro un : les pensées, les idées et les perceptions sont l'activité des neurones

À tout moment donné, certains neurones du néocortex produisent activement des impulsions et d'autres ne le font pas. Le nombre de neurones simultanément actifs est généralement faible, autour de 2 %. Vos pensées et perceptions sont déterminées par l'identité de ces neurones. Lorsqu'un médecin accomplit un acte chirurgical sur le cerveau, par exemple, il a parfois besoin d'activer certains neurones du cerveau d'un patient éveillé. Il insère une sonde minuscule dans le néocortex et en stimule électriquement quelques-uns. Cela peut amener le patient à entendre, voir ou penser quelque chose. Lorsque le médecin interrompt la stimulation, ce qu'éprouvait le patient s'arrête aussitôt. Si le médecin stimule d'autres neurones, le patient éprouve une perception ou une pensée différentes.

Toute pensée ou expérience vécue est toujours le fruit de l'activité simultanée d'un ensemble de neurones. Le même neurone peut intervenir dans beaucoup de pensées ou d'expériences très différentes. Chaque pensée qui vous vient est l'activité de neurones. Tout ce que vous voyez, entendez ou ressentez est aussi l'activité de neurones. Nos états mentaux et l'activité de nos neurones ne sont qu'une seule et même chose.

*Principe numéro deux : tout ce qu'on sait
est stocké dans les connexions entre neurones*

Le cerveau se souvient de beaucoup de choses. Certains souvenirs sont définitifs, comme l'endroit où l'on a grandi, d'autres sont temporaires, comme ce que vous avez dîné hier soir. Et puis il y a le savoir fondamental, comme comment ouvrir une porte ou épeler le mot « dictionnaire ». Toutes ces choses sont entreposées à l'aide des synapses, les connexions entre neurones.

Voici l'idée-force concernant l'apprentissage du cerveau : chaque neurone possède des milliers de synapses qui le relient à des milliers d'autres neurones. Si deux neurones émettent une impulsion en même temps, cela renforce leur lien. Lorsqu'on apprend quelque chose, les liens se renforcent ; lorsqu'on oublie quelque chose, les liens s'affaiblissent. L'idée ayant été avancée dans les années 1940 par Donald Hebb, on parle aujourd'hui d'apprentissage hebbien.

On a longtemps cru que les liens entre neurones dans le cerveau adulte étaient figés. L'apprentissage, pensait-on, supposait le renforcement ou l'affaiblissement des synapses. C'est donc ainsi que s'effectue l'apprentissage dans la plupart des réseaux neuronaux artificiels.

Mais les chercheurs ont découvert au cours des dernières décennies que dans de nombreuses parties du cerveau, dont le néocortex, de nouvelles synapses se forment et d'anciennes disparaissent. Chaque jour, un grand nombre des synapses d'un neurone disparaissent et sont remplacées par de nouvelles. Bonne part de l'apprentissage s'accomplit donc par la formation de nouveaux liens entre des neurones qui n'en possédaient pas. L'oubli survient quand des liens anciens ou inutilisés sont entièrement supprimés.

Les connexions dans notre cerveau abritent le modèle du monde qu'on a appris à travers l'expérience. Nous vivons chaque jour de nouvelles choses et ajoutons de nouveaux éléments à notre savoir en formant de nouvelles synapses. Les neurones qui sont activés à tel ou tel moment donné représentent nos pensées et perceptions en cours.

Nous avons évoqué certaines des briques de construction du néocortex – certaines pièces de notre puzzle. Nous allons maintenant commencer à assembler ces pièces pour faire apparaître le fonctionnement du néocortex dans son ensemble.

4 Le cerveau livre ses secrets

On entend souvent dire qu'il n'y a dans l'Univers rien de plus complexe que le cerveau. Ce qui invite à conclure qu'il n'y aura jamais d'explication simple de son fonctionnement, voire qu'on ne le comprendra jamais. L'histoire de la science nous dit que c'est faux. Les grandes découvertes sont presque toujours précédées d'observations déconcertantes et complexes. Une fois qu'on possède le bon cadre théorique, cette complexité ne disparaît pas, mais elle cesse d'être déroutante ou intimidante.

Le cas du mouvement des planètes, par exemple, est bien connu. Pendant des millénaires, les astronomes ont soigneusement observé leur danse autour des étoiles. La trajectoire d'une planète au cours de l'année est complexe, elle file par ici, fait demi-tour, décrit des boucles dans le ciel. Il était difficile d'imaginer une explication à ces mouvements désordonnés. Aujourd'hui, on apprend aux enfants la notion fondamentale que les planètes tournent en orbite autour du Soleil. Le mouvement des planètes n'est pas devenu moins complexe, et la prédiction de leur cours exige des calculs mathématiques ardus, mais si l'on possède le bon cadre, cette complexité perd son mystère. Rares sont les découvertes scientifiques difficilement compréhensibles au niveau élémentaire. Un enfant peut apprendre que la Terre gravite autour du Soleil. Un lycéen peut apprendre les principes de l'évolution, de la génétique, de la mécanique quantique ou de la relativité. Chacune de ces grandes percées scientifiques a été précédée d'observations troublantes. Mais ces dernières paraissent à présent évidentes et logiques.

Similairement, j'ai toujours cru que le néocortex nous semblait compliqué parce qu'on ne le comprenait pas, et que nous finirions avec le recul par le trouver assez simple. Une fois que nous aurions la solution, on regarderait en arrière en disant : « Bon sang, c'est pourtant évident ! Pourquoi n'y avions-nous pas pensé ? » À chaque fois que nos travaux piétinaient, ou si j'entendais dire que le cerveau était trop difficile à comprendre, j'imaginais un avenir où la théorie du cerveau serait dans tous les programmes au lycée. Cela m'a permis de rester motivé.

Notre progression dans le déchiffrement du néocortex a connu des hauts et des bas. Pendant dix-huit ans – trois ans au Redwood Neuroscience Institute et quinze chez Numenta –, mes collègues et moi y avons travaillé d'arrache-pied. Nous avons parfois accompli de grandes avancées, parfois de plus modestes, nous avons suivi des idées en apparence prometteuses qui étaient en fin de compte des impasses. Je ne vais pas vous refaire ici cet historique. Mais je voudrais raconter plusieurs moments déterminants où notre compréhension a fait un bond, où la nature nous a soufflé à l'oreille une chose qu'on avait ignorée. Je garde le souvenir vivace de trois « illuminations » de ce type.

Découverte numéro un : le néocortex acquiert un modèle prédictif du monde

J'ai déjà évoqué ce jour de 1986 où j'ai compris que le néocortex apprend un modèle prédictif du monde. Je n'insisterai jamais assez sur cette notion. J'appelle cela une découverte parce que c'est l'impression que j'ai eue à l'époque. Beaucoup de scientifiques et de philosophes dans le passé ont évoqué des idées voisines, et il n'est pas rare aujourd'hui d'entendre les neurobiologistes dire que le cerveau apprend un modèle prédictif du monde. Mais en 1986, les chercheurs et les manuels décrivaient encore le cerveau comme un genre d'ordinateur : les informations entrent, sont traitées, et le cerveau agit. Bien entendu, le néocortex ne se contente pas d'acquérir un modèle du monde et de faire des prédictions. Mais il m'a semblé qu'en étudiant la façon dont il effectue ses prédictions, nous parviendrions à dévoiler le fonctionnement du système tout entier.

Cette découverte a soulevé une question importante. Comment le cerveau accomplit-il ses prédictions ? On peut répondre en disant par exemple que le cerveau possède deux types de neurones : ceux qui émettent une impulsion lorsque le cerveau voit vraiment quelque chose, et ceux qui le font quand le cerveau prédit qu'il va voir quelque chose. Pour éviter les hallucinations, le cerveau doit soigneusement maintenir ses prédictions à l'écart du réel, ce que lui permet le recours à deux ensembles distincts de neurones. Mais cette idée pose deux problèmes.

D'abord, considérant que le néocortex effectue un nombre vertigineux de prédictions, on pourrait s'attendre à rencontrer beaucoup de neurones prédictifs. Ce n'est pas ce qui a été observé jusqu'ici. Les chercheurs ont bien trouvé certains neurones qui s'activent avant l'entrée d'un signal, mais ils ne sont pas aussi répandus qu'on le penserait. Le deuxième problème touche à une observation qui m'a longtemps embêté. Si le cortex produit en permanence des centaines ou des milliers de prédictions, pourquoi celles-ci nous échappent-elles pour la plupart ? Quand ma main s'empare d'une tasse, je ne suis pas conscient que mon cerveau est en train de prédire ce que doit ressentir chaque doigt, sauf si je détecte quelque chose d'inhabituel – une fêlure par exemple. Nous n'avons pas conscience de la plupart des prédictions qu'effectue le cerveau, sauf en cas d'erreur. C'est en cherchant comment les neurones du néocortex font des prévisions que nous est venue la deuxième illumination.

Découverte numéro deux : les prédictions s'effectuent à l'intérieur des neurones

Rappelons que les prédictions du néocortex se présentent sous deux formes. Les unes surviennent parce que le monde change autour de nous. On écoute une mélodie, par exemple. On est assis, les yeux clos, et les sons qui pénètrent nos oreilles changent au gré de la mélodie. Si la mélodie nous est connue, le cerveau prédit en permanence la note suivante et l'on remarque immédiatement la moindre fausse note. L'autre type de prédiction survient parce qu'on bouge soi-même par rapport au monde. Quand je mets le cadenas à mon vélo dans le hall de mon lieu de travail, par exemple, mon néocortex fait des prédictions concernant ce que je vais ressentir par le toucher, la vision et l'ouïe en fonction de mes mouvements. Le vélo et le cadenas ne bougent pas tout seuls. Chacun de mes gestes conduit à un ensemble de prédictions. Si je modifie l'ordre de mes gestes, l'ordre des prédictions change aussi.

La proposition de Mountcastle d'un algorithme cortical commun laissait entendre que chaque colonne du cerveau effectue des prédictions des deux types. S'il en était autrement, les colonnes corticales auraient des fonctions différentes. Mon équipe a aussi compris que les deux types de prédiction sont intimement liés. Cela nous a permis de supposer que tout progrès accompli au sujet d'un sous-problème entraînerait du progrès dans l'autre.

La prédiction de la prochaine note de musique, qu'on appelle aussi la mémoire de séquence, est le plus simple de nos deux problèmes, c'est par là que nous avons commencé. La mémoire de séquence a beaucoup d'autres usages que l'apprentissage de mélodies puisqu'elle sert par exemple à créer des comportements. Lorsque je m'essuie avec une serviette en sortant de la douche, par exemple, j'accomplis presque toujours la même suite de mouvements, qui constitue une forme de mémoire de séquence. La mémoire de séquence sert aussi dans le langage. La reconnaissance d'un mot prononcé est comme celle d'une courte mélodie – le mot est défini par une suite de phonèmes comme la mélodie se définit par une suite d'intervalles musicaux. On pourrait citer ainsi mille exemples encore, mais je m'en tiendrai pour faire simple aux mélodies. En déduisant la façon dont les neurones d'une colonne corticale apprennent les séquences, nous espérions découvrir les principes fondamentaux de la façon dont les neurones font des prédictions à propos de tout.

Nous avons planché plusieurs années sur le problème de la prédiction de mélodies avant d'aboutir par déduction à la solution, qui mettait forcément en œuvre de nombreuses capacités. Les mélodies comportent par exemple souvent des passages répétitifs, comme un refrain, ou le fameux thème de la Cinquième symphonie de Beethoven – *ta ta ta taaaa*. Pour prédire la note qui vient, il ne suffit pas de connaître la note ni même les cinq notes qui précèdent.

La prédiction peut se fonder sur des notes entendues assez longtemps auparavant. C'est aux neurones de déterminer la quantité de contexte nécessaire pour faire la bonne prédiction. Il faut aussi que les neurones jouent à « Name That Tune[2] ». Les premières notes perçues pourraient correspondre à plusieurs mélodies. Il faut donc que les neurones gardent la trace de toutes les mélodies pouvant correspondre à ce qu'on a entendu jusque-là, en attendant qu'il y ait eu assez de notes pour éliminer toutes les mélodies sauf une.

Dégager une solution au problème de la mémoire de séquence allait s'avérer facile, mais il ne l'a pas été de comprendre comment les vrais neurones – disposés comme on le voit dans le néocortex – résolvent cette exigence et d'autres. Nous avons tenté différentes méthodes au fil de plusieurs années. La plupart ont produit quelques résultats, mais aucune ne s'est avérée posséder toutes les capacités que nous recherchions et aucune n'a précisément correspondu aux détails biologiques que nous connaissions du cerveau. Nous ne voulions pas d'une solution partielle ni d'une solution « inspirée de la biologie ». Nous voulions savoir exactement comment les vrais neurones, dans la disposition observée au sein du néocortex, apprennent les séquences et font des prédictions.

Je me souviens du moment où m'est apparue la réponse au problème de la prédiction de mélodie. C'était en 2010, la veille de Thanksgiving. Elle m'est venue d'un coup. Mais alors que j'y réfléchissais, j'ai perçu qu'elle exigeait des neurones des choses dont je n'étais pas sûr qu'ils soient capables. C'est-à-dire que mon hypothèse comportait plusieurs prédictions à la fois précises et surprenantes, que je pouvais tester.

Pour tester une théorie, le chercheur mène habituellement des expériences pour observer si les prédictions qui en découlent se vérifient ou pas. Mais les neurosciences ont une particularité. Chacun de leurs sous-domaines a fait l'objet de centaines ou de milliers d'articles, dont la plupart présentent des données expérimentales qui ne s'inscrivent dans aucune théorie générale. Cela offre aux théoriciens

---

[2] « Name That Tune », jeu télévisé américain où les concurrents doivent donner le nom de l'air que joue un orchestre.

de mon espèce l'occasion de rapidement tester une hypothèse en fouillant les travaux du passé pour y trouver des preuves expérimentales l'appuyant ou l'invalidant. J'ai ainsi trouvé dans les revues quelques dizaines d'articles contenant des données expérimentales susceptibles d'éclairer un peu la nouvelle théorie de la mémoire de séquence. Ma belle-famille était venue pour Thanksgiving, mais j'étais trop excité pour attendre qu'ils soient tous repartis. J'ai le souvenir d'avoir lu des articles en cuisinant et d'avoir parlé neurones et mélodies avec mes beaux-parents. Plus j'avançais dans ma lecture, plus j'étais persuadé d'avoir mis le doigt sur quelque chose d'important.

L'idée essentielle consistait à se représenter les neurones autrement.

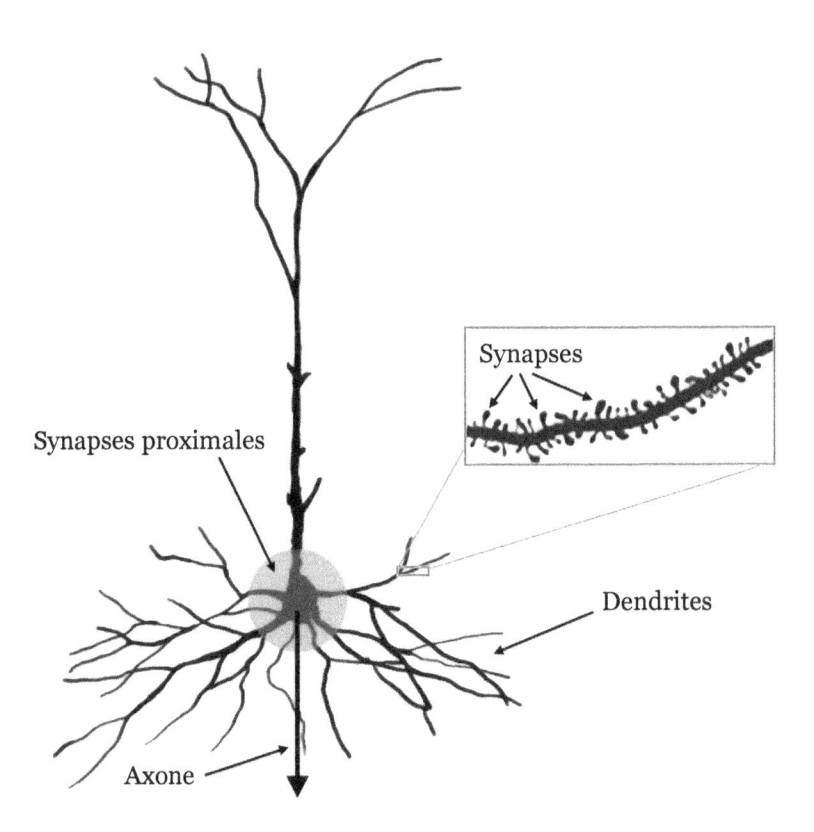

Un neurone ordinaire

Voici une représentation du type le plus courant de neurone dans le néocortex. Il possède des milliers, parfois des dizaines de milliers de synapses espacées le long des branches des dendrites. Certaines dendrites sont proches du corps cellulaire (vers le bas de l'image), d'autres en sont plus éloignées (vers le haut). On voit dans l'encadré le grossissement d'une branche, qui permet de se faire une idée de la petite taille et de la densité des synapses. Chacune des excroissances le long de la dendrite est une synapse. J'ai aussi grisé une zone autour du corps de la cellule : les synapses qui s'y trouvent sont dites synapses proximales. Si elles reçoivent suffisamment de signaux entrants, le neurone émet une impulsion. Cette impulsion part du corps cellulaire et se rend jusqu'aux autres neurones par l'axone. L'axone n'apparaissant pas sur cette représentation, j'ai indiqué d'une flèche vers le bas l'endroit où il se trouverait. Si l'on s'en tient aux synapses proximales et au corps cellulaire, on a la vision classique du neurone. Si vous avez lu quoi que ce soit au sujet des neurones ou étudié des réseaux neuronaux artificiels, cette description ne vous est pas inconnue.

Curieusement, moins de 10 % des synapses de la cellule se trouvent dans la zone proximale. Les 90 % restantes sont trop loin pour provoquer une impulsion. Si l'une de ces synapses distales, celles de l'encadré, reçoit un signal, cela n'a quasiment aucun effet sur le corps cellulaire. Tout ce que pouvaient dire les chercheurs, c'est que les synapses distales jouent une sorte de rôle modulateur. Pendant de nombreuses années, nul n'a su ce que faisaient 90 % des synapses du néocortex.

À partir de 1990, avec la découverte de nouveaux types d'impulsion courant le long des dendrites, les choses ont changé. On n'en connaissait qu'un, qui partait du corps cellulaire et courait le long de l'axone pour atteindre d'autres cellules, mais on apprenait à présent que d'autres impulsions parcouraient les dendrites. Certaines commencent lorsqu'un groupe d'une vingtaine de synapses voisines sur une branche de dendrite reçoivent une impulsion en même temps. Une fois l'impulsion d'une dendrite activée, elle court le long de la dendrite jusqu'au corps cellulaire. Là, elle élève la tension électrique de la cellule, mais pas au point de faire émettre une impulsion au neurone. C'est comme si l'impulsion de la dendrite voulait aguicher le neurone – elle est presque assez forte pour activer le neurone, mais pas tout à fait.

Le neurone reste quelque temps dans cet état induit avant de revenir à la normale. Là encore, les chercheurs étaient désarçonnés. À quoi peuvent bien servir les impulsions des dendrites si elles n'ont pas la puissance nécessaire pour conduire le corps cellulaire à une impulsion ? Ignorant la fonction de ces impulsions, les chercheurs en IA s'appuient sur des simulations de neurone qui en sont dépourvues. Ces simulations sont également dépourvues de dendrites et des milliers et milliers de synapses qu'on trouve sur les dendrites. Or les synapses distales jouent forcément un rôle important dans la fonction cérébrale. Une théorie et un réseau neuronal faisant l'impasse sur 90 % des synapses du cerveau ne peuvent être justes.

La grande illumination qui m'est venue a été de considérer les impulsions des dendrites comme des prédictions. Ces impulsions surviennent lorsqu'un ensemble de synapses voisines sur une dendrite distale reçoivent un message nerveux en même temps, et cela signifie que le neurone a reconnu un patron d'activité chez certains autres neurones. Lorsqu'un tel patron d'activité est détecté, cela crée une impulsion de dendrite, qui élève la tension électrique dans le corps cellulaire, mettant la cellule dans ce qu'on appelle un état prédictif. Le neurone est alors prêt à émettre une impulsion. Un peu comme le coureur qui entend « à vos marques, prêts… » et se prépare à démarrer. Si un neurone se trouvant à l'état prédictif reçoit ensuite suffisamment de messages entrants proximaux pour créer un pic de potentiel d'action, la cellule émet son impulsion un peu plus tôt qu'elle ne l'aurait fait si le neurone n'avait pas été à l'état prédictif.

Imaginons que dix neurones reconnaissent le même patron d'activité sur leurs synapses proximales. C'est comme dix coureurs sur la ligne de départ, attendant tous le même signal pour se mettre à courir. L'un d'eux entend le signal « à vos marques, prêts… » qui le prépare à ce que la course commence. Au signal « partez ! », il sort des starting-blocks un peu plus tôt que ceux qui n'étaient pas prêts, qui n'ont pas entendu le signal préparatoire initial. Voyant le premier coureur partir avant eux, les autres renoncent et ne se lancent même pas à sa poursuite. Ils attendent la prochaine course. Ce type de compétition a lieu partout dans le néocortex.

Dans chaque mini-colonne, plusieurs neurones répondent au même motif entrant. Ce sont nos coureurs sur la ligne de départ, qui attendent tous le même signal. Si celui qu'ils préfèrent arrive, ils veulent tous émettre une impulsion. Mais selon notre théorie, si l'un ou plusieurs d'entre eux sont à l'état prédictif, seuls ceux-là le font, les autres sont inhibés. Ainsi, à l'arrivée d'un message inattendu, plusieurs neurones émettent une impulsion d'un coup. Si le message a été prédit, seuls le font les neurones à l'état prédictif. L'observation est banale concernant le néocortex : les messages inattendus causent beaucoup plus d'activité que les messages attendus.

Prenez quelques milliers de neurones, disposez-les en mini-colonnes, laissez-les établir des connexions entre eux, ajoutez quelques neurones inhibiteurs et ils apprennent des séquences. Les neurones jouent à « Name That Tune », ils ne se laissent pas berner par la répétition de sous-séquences et, collectivement, ils prédisent l'élément suivant de la séquence.

Pour faire en sorte que cela fonctionne, l'astuce consistait à concevoir le neurone autrement. Nous savions jusqu'alors que la prédiction est une fonction omniprésente dans le cerveau. Mais nous ne savions pas comment ni où elle s'effectuait. Cette découverte nous a fait comprendre que la plupart des prédictions se produisent à l'intérieur des neurones. Une prédiction survient lorsqu'un neurone reconnaît un patron d'activité, crée une impulsion de dendrite, et se trouve préparé à l'émettre avant les autres neurones. Chaque neurone étant doté de milliers de synapses distales, il peut reconnaître des centaines de patrons d'activité prédisant quand le neurone deviendra actif. La prédiction fait partie intégrante de ce qui constitue la trame du néocortex, le neurone.

Nous avons passé plus d'un an à tester le nouveau modèle de neurone et le circuit de mémoire de séquence. Nous avons écrit des simulations logicielles pour en tester la capacité et découvert avec étonnement qu'il suffit d'à peine vingt mille neurones pour apprendre des milliers de séquences complètes. Nous avons constaté que la mémoire de séquence continue d'opérer si 30 % des neurones sont morts ou si les signaux entrants sont brouillés. Plus nous testions notre théorie, plus nous estimions qu'elle restituait fidèlement ce qui se passe dans le néocortex. Nous avons aussi trouvé en laboratoire de plus en plus d'indices empiriques soutenant notre idée. La théorie prédit par exemple que les impulsions des dendrites adoptent un comportement donné, mais nous n'en possédions au départ aucune preuve expérimentale concluante. C'est en parlant avec des expérimentalistes que nous avons compris leurs résultats et constaté que leurs données correspondaient à ce que nous avions prédit. Nous avons d'abord publié la théorie dans un livre blanc, en 2011. Puis, en 2016, nous avons rédigé pour une revue à comité de lecture un article intitulé « Pourquoi les neurones possèdent des milliers de synapses, théorie de la mémoire de séquence dans le néocortex » (« Why Neurons Have Thousands of Synapses, a Theory of Sequence Memory in the Neocortex »). La réaction suscitée par cet article a été encourageante, car il est vite devenu l'article le plus consulté de la revue.

Découverte numéro trois : le secret de la colonne corticale réside dans les référentiels

Nous nous sommes ensuite intéressés à la deuxième partie du problème de la prédiction : comment le néocortex prédit-il le prochain message entrant quand nous bougeons ? Contrairement à la mélodie, l'ordre des impulsions entrantes n'est cette fois pas fixe, il dépend de nos mouvements. Quand je regarde vers la gauche, je vois quelque chose ; à droite, je vois autre chose. Pour qu'une colonne corticale prédise le prochain message entrant, elle doit savoir quel mouvement est sur le point de se produire.

La prédiction du prochain intrant d'une séquence et celle du prochain intrant quand c'est nous qui bougeons sont des problèmes similaires. Nous avons perçu que notre circuit de mémoire de séquence pourrait effectuer des prédictions des deux types si les neurones recevaient un message supplémentaire représentant le mouvement du capteur. Mais nous ignorions à quoi ressemblerait ce signal relatif au mouvement.

Nous sommes partis de la plus simple des choses qui nous venaient à l'esprit : et si le signal associé au mouvement n'était que « bouger vers la gauche » et « bouger vers la droite » ? Nous avons testé l'idée, et ça fonctionnait. Nous avons même construit un petit bras robotisé prédisant l'intrant quand il bougeait le bras vers la gauche ou la droite, et nous en avons fait la démonstration lors d'une conférence de neurosciences. Le bras de notre robot avait toutefois certaines limites : il fonctionnait à merveille pour les problèmes simples, comme le mouvement dans deux sens, mais lorsque nous avons tenté de le mettre à l'échelle de la complexité du monde réel, en le faisant par exemple bouger dans plusieurs directions, cela réclamait trop d'entraînement. Nous approchions de la solution, mais quelque chose n'allait pas. Nous avons essayé plusieurs variantes sans succès. C'était agaçant. Après quelques mois, nous étions au point mort. N'apercevant aucune solution au problème, nous l'avons mis de côté et avons vaqué quelque temps à d'autres occupations.

Vers la fin février 2016, j'attendais dans mon bureau mon épouse, Janet, qui venait déjeuner, et j'avais à la main une tasse de café estampillée Numenta. Observant mes doigts qui la touchaient, je me suis posé une question simple : de quoi mon cerveau a-t-il besoin pour prédire ce que vont sentir mes doigts en bougeant ? Si l'un de mes doigts se trouve sur le côté de la tasse et si je le déplace vers le haut, mon cerveau prédit qu'il va rencontrer l'arrondi du bord. Mon cerveau fait cette prédiction avant que mon doigt atteigne le bord. De quoi le cerveau a-t-il besoin pour faire cette prédiction ? La réponse était facile à énoncer. Le cerveau a besoin de savoir deux choses : *quel* objet il est en train de toucher (la tasse de café en l'occurrence) et *où* se trouvera mon doigt sur la tasse après son déplacement.

On notera que le cerveau doit savoir où se trouve mon doigt par rapport à la tasse. Peu importe sa position par rapport à mon corps, et peu importe où se trouve la tasse et dans quelle position. Elle peut être inclinée à gauche ou à droite. En face de moi ou sur le côté. Ce qui compte, c'est la position de mon doigt *par rapport à la tasse*.

Cette observation signifie qu'il doit y avoir dans le néocortex des neurones qui représentent l'emplacement de mon doigt dans un référentiel fixé à la tasse. Le signal relatif au mouvement que nous recherchions, le signal qu'il nous fallait pour prédire le prochain message entrant, était la « localisation sur l'objet ».

Sans doute vous a-t-on parlé de référentiels au lycée. Les axes des x, des y et des z qui définissent la localisation d'une chose dans l'espace sont un exemple de référentiel. Tout comme la latitude et la longitude, qui définissent la localisation à la surface de la Terre. Nous avons d'abord eu du mal à imaginer comment les neurones pouvaient se représenter quelque chose ressemblant à des coordonnées x, y et z. Mais le plus déconcertant, c'était que les neurones soient capables de fixer un référentiel à un objet tel qu'une tasse de café. Le référentiel de la tasse est relatif à la tasse ; il bouge donc nécessairement avec elle.

Imaginons une chaise de bureau. Mon cerveau prédit ce que j'éprouverai en touchant la chaise, comme il le fait avec la tasse de café. Il faut donc qu'existent dans mon néocortex des neurones qui connaissent l'emplacement de mon doigt par rapport à la chaise, ce qui signifie que mon néocortex doit établir un référentiel fixé à la chaise. Si je fais tourner la chaise, le référentiel tourne avec elle. Si je la fais basculer, le référentiel suit le mouvement. On peut se représenter le référentiel comme une grille tridimensionnelle invisible qui entoure la chaise et y est fixée. Un neurone est une chose simple. On imagine mal qu'il puisse créer des référentiels et les fixer aux objets, même quand ces objets bougent et virevoltent dans le monde. Mais nous n'étions pas au bout de nos surprises.

Il se peut que plusieurs parties de mon corps (bout des doigts, paume, lèvres) touchent la tasse de café en même temps. Chacune accomplit de son côté une prédiction de ce qu'elle éprouvera suivant sa position unique sur la tasse. C'est donc que le cerveau n'accomplit pas une prédiction, mais des dizaines, voire des centaines de prédictions simultanées. Le néocortex doit connaître la position, par rapport à la tasse, de chacune des parties du corps qui la touche.

La vue, ai-je compris, procède comme le toucher. Une parcelle de rétine est semblable à une parcelle de peau. Chaque parcelle de rétine ne *voit* qu'une petite partie d'un objet entier comme chaque parcelle de peau ne *touche* qu'une partie d'un objet. Le cerveau ne traite pas une image ; il part bien d'une image au fond de l'œil, mais il la décompose en des centaines de morceaux qu'il attribue ensuite individuellement à un emplacement relatif à l'objet observé.

La création de référentiels et le suivi des emplacements ne sont pas une activité ordinaire. C'est un type de calcul qui mobilise nécessairement divers types de neurones et plusieurs couches de cellules. Toutes les colonnes corticales étant dotées des mêmes circuits complexes, les emplacements et les référentiels sont forcément des propriétés universelles du néocortex. Chaque colonne du néocortex – qu'elle représente le signal entrant visuel, tactile, auditif, le langage ou la pensée supérieure – possède forcément des neurones qui représentent les référentiels et les emplacements.

Jusqu'alors, la plupart des chercheurs en neurosciences, moi le premier, pensaient que le néocortex traitait essentiellement les intrants sensoriels. Ce qui m'est apparu ce jour-là, c'est qu'il faut se représenter un néocortex qui traite essentiellement des référentiels. L'essentiel des circuits est là pour créer des référentiels et localiser des emplacements. Les intrants sensoriels sont évidemment essentiels. Nous verrons aux prochains chapitres que le cerveau construit des modèles du monde en associant des intrants sensoriels à des emplacements au sein du référentiel.

Pourquoi les référentiels sont-ils si importants que cela ? Que gagne le cerveau à en posséder ? D'abord, un référentiel permet au cerveau d'apprendre la structure d'une chose. Une tasse à café est une chose parce qu'elle se compose d'un ensemble de caractéristiques et de surfaces disposées les unes par rapport aux autres dans l'espace. De même, un visage se compose d'un nez, de deux yeux et d'une bouche disposés d'une certaine façon les uns par rapport aux autres. Le référentiel permet de préciser les emplacements relatifs et la structure d'un objet.

Ensuite, en définissant un objet à l'aide d'un référentiel, le cerveau peut l'appréhender d'un coup dans son entièreté. Une voiture compte par exemple beaucoup de caractéristiques disposées les unes en fonction des autres. Une fois qu'on a appris la voiture, on peut imaginer son aspect sous différents angles, ou même de quoi elle aurait l'air si on l'étirait dans un sens ou un autre. Pour accomplir pareils exploits, le cerveau n'a qu'à faire pivoter le référentiel ou l'étirer et toutes les caractéristiques de la voiture pivotent et s'étirent avec lui.

Troisièmement, il faut un référentiel pour planifier un mouvement et le créer. Disons que mon doigt touche la face avant de mon téléphone et que je veux appuyer sur le bouton « marche » qui se trouve en haut. Si mon cerveau connaît l'emplacement actuel de mon doigt et celui du bouton « marche », il peut calculer le mouvement nécessaire au déplacement de mon doigt de sa position actuelle à celle souhaitée. Ce calcul réclame un référentiel relatif au téléphone.

Les référentiels nous sont utiles dans de nombreux domaines. Les roboticiens s'en servent pour planifier les mouvements du bras ou du corps des robots. On s'en sert aussi dans le cinéma d'animation pour restituer le mouvement des personnages. Certaines voix, rares, ont avancé ici ou là que les référentiels pourraient être nécessaires à certaines applications de l'IA. Mais pour autant que je sache, il n'y a jamais eu de réel débat sur le fait que le néocortex puisse opérer à l'aide de référentiels et que la plupart des neurones de chaque colonne corticale aient pour fonction de créer des référentiels et de garder la trace d'emplacements. Cela me paraît à présent évident.

Vernon Mountcastle a avancé que chaque colonne corticale contenait un algorithme universel, mais il ignorait ce qu'était cet algorithme. Francis Crick a écrit qu'il nous fallait un nouveau cadre conceptuel pour comprendre le cerveau, sans savoir, lui non plus, ce que devait être ce cadre. Ce jour-là, en 2016, ma tasse de café à la main, j'ai compris que l'algorithme de Mountcastle et le cadre de Crick reposaient l'un et l'autre sur des référentiels. Sans encore comprendre comment s'y prenaient les neurones, j'ai su que c'était forcément le cas. Les référentiels étaient l'ingrédient manquant, la clé qui permettrait d'éclaircir le mystère du néocortex et de l'intelligence.

Toutes ces idées sur les emplacements et les référentiels me sont venues en ce qui m'a paru être une seconde. J'ai bondi de ma chaise et couru en parler à mon collègue Subutai Ahmad. Alors que je parcourais les quelques mètres qui me séparaient de son bureau, j'ai croisé Janet et j'ai failli la renverser. J'étais pressé de parler à Subutai, mais alors que je m'excusais auprès de Janet en m'assurant qu'elle allait bien, je me suis dit qu'il serait plus sage d'aller le trouver plus tard. Alors Janet et moi avons parlé référentiels et emplacements en mangeant une délicieuse glace.

*
* *

Le moment me paraît bien choisi pour aborder une question qu'on me pose souvent : comment puis-je parler avec assurance d'une théorie qui n'a pas été éprouvée par l'expérience ? Je viens de décrire une situation de ce type. À peine l'idée m'est-elle venue d'un néocortex imprégné de référentiels que je me suis mis à en parler avec certitude. À l'heure où j'écris ces lignes, cette nouvelle idée est étayée d'un nombre croissant d'indices, mais elle n'a pas encore été rigoureusement testée. Cela ne m'empêche pourtant pas de la présenter comme un fait avéré. Voici pourquoi.

Lorsqu'on travaille sur un problème, on découvre ce que j'appelle des contraintes, c'est-à-dire des choses que la solution doit nécessairement prendre en considération. J'en ai donné quelques exemples en expliquant la mémoire de séquence, notamment l'exigence que les neurones jouent à « Name That Tune ». L'anatomie et la physiologie du cerveau constituent aussi des contraintes. Une théorie du cerveau doit rendre compte de tous les détails du cerveau, et pour être correcte, elle ne peut contrevenir à aucun d'eux.

Plus on passe de temps sur un problème, plus on découvre de contraintes et plus il devient difficile d'imaginer une solution. Les moments d'illumination que j'ai racontés ici concernaient des problèmes sur lesquels nous travaillions depuis des années. Nous en avions donc une connaissance profonde et notre liste de contraintes était longue. Les chances qu'une solution soit juste croissent exponentiellement avec le nombre de contraintes qu'elle satisfait. C'est comme aux mots croisés : plusieurs mots correspondent souvent à une définition. Si vous en tenez un dont une lettre correspond à celle d'un mot transversal, ce n'est pas forcément le bon. Si vous constatez que deux mots transversaux correspondent, les chances que le vôtre soit le bon augmentent considérablement. Si vous trouvez dix mots transversaux qui coïncident, alors celles que votre mot ne soit pas le bon sont infimes. Vous pouvez l'écrire à l'encre sans hésiter.

Les moments d'illumination se produisent quand une idée neuve satisfait de nombreuses contraintes. Plus vous avez passé de temps sur un problème – et, du coup, plus grand est le nombre de contraintes résolues par votre solution –, plus l'illumination sera puissante et plus vous serez confiant en votre solution. L'idée d'un néocortex imprégné de référentiels résout tant de contraintes que j'ai immédiatement su qu'elle était juste.

***

Il nous a fallu plus de trois ans pour mesurer les implications de cette découverte et nous n'avons pas fini de le faire à l'heure où j'écris. Nous avons publié plusieurs articles à son sujet. Le premier, intitulé « Théorie sur la façon dont les colonnes du néocortex permettent l'apprentissage de la structure du monde » (« A Theory of How Columns in the Neocortex Enable Learning the Structure of the World »), part du circuit que nous avions décrit dans l'article de 2016 sur les neurones et la mémoire de séquence. Nous y avons ajouté une couche de neurones représentant la localisation et une autre représentant l'objet perçu par les sens. Avec ces ajouts, nous avons montré qu'une colonne corticale *seule* pouvait apprendre la forme tridimensionnelle des objets à force de ressentir et de bouger, encore et encore.

Imaginez par exemple que vous mettez la main dans une boîte opaque et que vous touchez du doigt un objet inconnu. Vous pouvez apprendre la forme de l'objet tout entier en déplaçant ce doigt sur ses arêtes. Notre article explique comment une colonne corticale peut le faire toute seule. Nous avons aussi montré qu'une colonne corticale peut de la même façon reconnaître un objet préalablement appris, en déplaçant un doigt par exemple. Puis nous avons montré que plusieurs colonnes du néocortex travaillent ensemble pour reconnaître plus vite un objet. Si par exemple, vous saisissez à pleine main l'objet inconnu dans la boîte, il vous faudra moins de mouvements pour le reconnaître, il suffira même peut-être de s'en emparer.

Nous étions un peu timorés quant à l'idée de soumettre cet article ; peut-être était-il préférable d'attendre. Nous avancions l'hypothèse que le néocortex tout entier fonctionnait en créant des référentiels activés simultanément par milliers. C'était assez radical. D'autant que nous n'avions rien de concret à proposer sur la façon dont les neurones créaient ces référentiels. Notre argumentation était quelque chose du genre : « Nous avons déduit que les emplacements et les référentiels doivent exister et, partant de là, voici comment pourrait fonctionner une colonne corticale. Ah, au fait, nous n'avons pas la moindre idée de la façon dont les neurones créent des référentiels. » Nous avons choisi de soumettre notre article malgré tout. Je me suis demandé : aurais-je moi-même envie de lire cet article incomplet ? La réponse était oui. L'idée que le néocortex représente des emplacements et des référentiels dans chaque colonne était trop exaltante pour que nous la gardions dans un tiroir sous prétexte que nous ne savions pas comment procédaient les neurones. J'étais persuadé que l'idée fondamentale était juste.

L'écriture d'un article demande beaucoup de temps. La rédaction en soi peut prendre des mois, mais il y a souvent des simulations à effectuer, qui peuvent aussi durer des mois. Vers la fin de ce processus, une idée m'est venue que nous avons ajoutée avant de rendre copie. J'ai suggéré que nous découvririons peut-être comment les neurones créent des référentiels en examinant une partie plus ancienne du cerveau, le cortex entorhinal. Quand notre article a été approuvé, quelques mois plus tard, nous savions que cette conjecture était bonne, comme nous le verrons au prochain chapitre.

Nous venons de parcourir un bon bout de chemin, alors procédons ici à une brève récapitulation. Ce chapitre avait pour objet de vous présenter l'idée que chaque colonne corticale du néocortex crée des référentiels. Je vous ai accompagnés le long de la voie qui nous a conduits à cette conclusion. Nous sommes partis de l'idée que le néocortex acquiert un modèle riche et détaillé du monde à partir duquel il prédit constamment ce que seront ses prochains intrants sensoriels. Nous nous sommes ensuite demandé comment les neurones réalisaient ces prédictions. Cela nous a conduits à une nouvelle théorie selon laquelle la plupart des prédictions sont représentées par des impulsions de dendrite qui modifient temporairement la tension électrique au sein d'un neurone, incitant celui-ci à émettre son impulsion un peu plus tôt qu'il ne l'aurait fait autrement. Les prédictions ne sont pas envoyées à d'autres neurones le long de l'axone de la cellule, et cela explique que le plus souvent nous n'en ayons pas conscience. Nous avons ensuite montré que les circuits du néocortex qui utilisent le nouveau modèle neuronal peuvent apprendre et prédire des séquences. Cette idée nous a permis d'expliquer qu'un tel circuit puisse prédire le prochain intrant sensoriel quand les intrants changent du fait de notre propre mouvement. Pour effectuer ces prédictions sensori-motrices, nous avons déduit que chaque colonne corticale doit connaître l'emplacement de son intrant par rapport à l'objet ressenti. Pour ce faire, une colonne corticale a besoin d'un référentiel fixé à l'objet.

5 Des cartes dans le cerveau

Il a fallu des années pour arriver à la déduction qu'il y a des référentiels partout dans le néocortex, mais avec le recul, nous aurions pu le comprendre beaucoup plus vite par une simple observation. Je suis à l'instant présent assis dans un petit espace de détente des locaux de Numenta. Près de moi se trouvent trois confortables fauteuils comme celui que j'occupe. Au-delà des fauteuils, il y a plusieurs bureaux libres. Derrière les bureaux, je vois le vieux tribunal du comté, de l'autre côté de la rue. La lumière de toutes ces choses pénètre mes yeux et se projette sur ma rétine. Les cellules de la rétine transforment la lumière en impulsions. C'est là que commence la vision, au fond de l'œil. Pourquoi, alors, ne percevons-nous pas les objets comme s'ils se trouvaient dans l'œil ? Si les fauteuils, les bureaux et le tribunal sont représentés ensemble dans la rétine, pourquoi les perçois-je à des distances et en des emplacements différents ? De même, si j'entends approcher une voiture, pourquoi ai-je l'impression que la voiture se trouve à quelques dizaines de mètres sur ma droite et pas dans mon oreille, là où se trouve vraiment le son ?

La simple observation que nous percevons les objets comme se trouvant quelque part – pas dans nos yeux ou nos oreilles, mais quelque part dans le monde – nous dit que le cerveau doit bien posséder des neurones dont l'activité représente l'emplacement de chaque objet que nous percevons.

Je vous ai fait part à la fin du chapitre précédent du doute qui s'est emparé de nous avant de soumettre notre premier article sur les référentiels parce que nous ne savions pas encore comment les neurones du néocortex s'y prenaient. Nous proposions une théorie nouvelle et importante sur le fonctionnement du néocortex, mais elle était fondamentalement issue de la déduction logique. Notre article aurait été plus fort si nous avions pu montrer comment procèdent les neurones. La veille de la soumission, j'avais ajouté quelques lignes laissant entendre que la réponse se trouvait peut-être dans une partie plus ancienne du cerveau, le cortex entorhinal. Je vais vous expliquer pourquoi nous avons dit cela en vous racontant une histoire sur l'évolution.

Un conte évolutionniste

Lorsque les animaux se sont mis à se déplacer dans le monde, il leur fallait un mécanisme pour décider dans quelle direction aller. Les animaux simples sont dotés de mécanismes simples. Certaines bactéries se contentent par exemple de suivre le sens de la pente. Tant que la quantité d'une ressource nécessaire, comme la nourriture, va croissant, il y a plus de chances qu'elles continuent dans la même direction. Si au contraire elle diminue, il y a plus de chances qu'elles tournent et en essaient une autre. Une bactérie ne sait pas où elle se trouve ; elle n'a aucun moyen de se représenter sa position dans le monde. Elle avance tout droit et décide de tourner en fonction d'une règle simple. Un animal un peu plus sophistiqué, comme le ver de terre, se déplacera éventuellement pour rester à proximité de sources désirables de chaleur, de nourriture ou d'eau, mais il ignore sa propre localisation dans le jardin. Il ne sait pas à quelle distance se trouve le sentier pavé, ni dans quelle direction se trouve le prochain poteau de la clôture.

Considérons à présent l'avantage dont jouit un animal qui sait où il se trouve, un animal qui connaît en permanence sa position par rapport à son milieu. Cet animal peut se souvenir des lieux où il a trouvé à manger dans le passé et de ceux qui lui ont servi d'abri. Il peut ensuite calculer comment se rendre de sa position actuelle à l'un de ces endroits ou à d'autres précédemment visités. L'animal peut se souvenir du chemin qu'il a emprunté pour aller boire et de ce qui lui est arrivé en plusieurs points du trajet. Connaître sa propre position et celle d'autres choses dans le monde possède de nombreux avantages, mais cela exige un référentiel.

Rappelons ici que le référentiel est comme le quadrillage sur une carte. On y repère un emplacement en s'aidant de colonnes et de rangées : on le localise ainsi en D7, par exemple. Les colonnes et les rangées d'un plan sont un référentiel du territoire que représente le plan. Dès lors qu'un animal possède un référentiel pour son monde, il peut remarquer ce qu'il rencontre à chaque endroit au fil de son exploration. Lorsqu'un animal veut se rendre quelque part, comme dans un abri, il peut se servir du référentiel pour déterminer comment s'y rendre depuis l'endroit où il se trouve. Posséder un référentiel du monde qu'on habite est très utile à la survie.

La possibilité de s'orienter dans le monde est précieuse au point que l'évolution a découvert plusieurs façons d'y procéder. Certaines abeilles sont par exemple capables de communiquer la distance et la direction au moyen d'une forme de danse. Les mammifères, dont nous sommes, possèdent un puissant système de navigation interne. On sait de certains neurones de la partie ancienne de notre cerveau qu'ils apprennent la carte des lieux que nous avons visités, et qu'à force de millénaires de pression évolutionniste, ils le font extrêmement finement. Chez les mammifères, les parties anciennes du cerveau où résident ces neurones cartographes s'appellent l'hippocampe et le cortex entorhinal. Chez l'humain, ces organes ont à peu près la taille d'un doigt. Nous en possédons un jeu de chaque côté du cerveau, près du centre.

Des cartes dans le cerveau ancien

En 1971, le chercheur John O'Keefe et son élève Jonathan Dostrovsky ont introduit un filin électrique dans le cerveau d'un rat pour enregistrer l'activité d'un seul neurone dans l'hippocampe. Le filin était dressé vers le plafond pour permettre l'enregistrement pendant que le rat se déplaçait pour explorer son environnement, qui était le plus souvent une grande caisse sur une table. Ils ont découvert ce qu'on appelle aujourd'hui les cellules de lieu : ce sont des neurones qui s'activent à chaque fois que le rat se trouve en un point donné d'un environnement donné. Une cellule de lieu est une sorte de signe « Vous êtes ici » sur un plan. À mesure que le rat se déplace, les cellules de lieu qui s'activent varient à chaque nouvel endroit. Si le rat retourne où il se trouvait, la même cellule de lieu s'active à nouveau.

En 2005, des chercheurs du laboratoire de May-Britt et Edvard Moser ont utilisé un dispositif expérimental similaire, toujours avec des rats. Ils ont enregistré les signaux des neurones du cortex entorhinal, adjacent à l'hippocampe, et découvert ce qu'on appelle aujourd'hui des « cellules grilles », qui s'activent à plusieurs endroits d'un espace. Les endroits où s'active une cellule grille constituent un schéma de grille. Si le rat avance tout droit, la même cellule grille s'active encore et encore, à intervalle régulier.

Le détail du fonctionnement des cellules grilles et de lieu est complexe, et pas encore complètement connu, mais on peut se les figurer comme créant une carte de l'espace où évolue le rat. Les cellules grilles sont comme les rangées et les colonnes de notre plan sur papier, mais superposées à l'environnement de l'animal. Elles permettent à ce dernier de savoir où il se trouve, de prédire où il se trouvera s'il se déplace et de planifier ses mouvements. Par exemple, si je me trouve en B4 et souhaite me rendre en D6, la grille du plan me permet de savoir qu'il faudra me déplacer de deux cases vers la droite et deux vers le bas.

Mais les cellules grilles ne suffisent pas à indiquer ce qui se trouve en un lieu. Si je vous dis par exemple que vous êtes en A6, cela ne vous informe pas sur ce que vous y trouverez. Pour le savoir, vous devez regarder le plan et voir ce qui est imprimé dans la case correspondante. Les cellules de lieu sont comme les détails imprimés dans la case. Telle ou telle cellule de lieu s'activera selon ce que le rat ressent en un lieu donné. Les cellules de lieu disent au rat où il se trouve en se fondant sur ses intrants sensoriels, mais elles n'ont à elles seules aucune utilité pour planifier les déplacements – il faut pour cela des cellules grilles. Les cellules des deux types travaillent ensemble pour produire un modèle complet de l'espace où évolue le rat.

À chaque fois qu'un rat pénètre un espace, les cellules grilles établissent un référentiel. Si c'est un espace inconnu, elles en créent un nouveau. Si le rat reconnaît les lieux, elles rétablissent celui qui a déjà servi. C'est un processus analogue à celui que l'on suit en entrant dans une ville. Si en promenant le regard on s'aperçoit qu'on est déjà venu, on extrait la carte correspondant à cette ville. Si la ville ne nous rappelle rien, on prend une feuille blanche et on trace une nouvelle carte. À mesure qu'on circule en ville, on inscrit sur sa carte ce qu'on voit à chaque endroit. C'est ce que font les cellules grilles et les cellules de lieu. Elles créent une carte unique pour chaque espace. À mesure que le rat se déplace, d'autres cellules grilles et de lieu s'activent pour représenter le nouvel espace.

Les humains sont eux aussi dotés de cellules grilles et de lieu. Sauf épisode de désorientation totale, on a toujours une idée d'où l'on se trouve. Je me tiens à présent debout dans mon bureau. Même si je ferme les yeux, mon sens de la localisation demeure et je sais encore où je me trouve. Sans ouvrir les yeux, je fais deux pas vers la droite et la notion que j'ai de ma position dans la pièce change. Les cellules grilles et de lieu de mon cerveau ont créé une carte de mon bureau, et elles gardent trace de la position que j'y occupe, même si j'ai les yeux fermés. Quand je marche, d'autres cellules s'activent pour représenter ma nouvelle position. Les humains, les rats et en fait, tous les mammifères utilisent le même mécanisme pour connaître leur position. Nous possédons tous des cellules grilles et de lieu qui créent des modèles des endroits où l'on s'est trouvé.

Des cartes dans le cerveau nouveau

En 2017, alors que nous écrivions notre article sur les emplacements et les référentiels du néocortex, je possédais deux ou trois notions concernant les cellules grilles et de lieu. Il m'est apparu que la connaissance de l'emplacement de mon doigt par rapport à la tasse à café était similaire à celle de l'emplacement de mon corps par rapport à une pièce. Mon doigt parcourt la tasse comme mon corps parcourt la pièce. J'ai compris que le néocortex devait posséder des neurones équivalents à ceux de l'hippocampe et du cortex entorhinal. Ces cellules grilles et de lieu corticales apprenaient probablement les modèles d'objet de la même façon que les cellules grilles et de lieu du cerveau ancien apprennent les modèles d'espace environnant.

Compte tenu du rôle qu'elles jouent dans la navigation élémentaire, les cellules grilles et de lieu sont presque certainement plus anciennes en termes d'évolution que le néocortex. Il m'a donc paru plus probable que le néocortex crée ses référentiels en utilisant une variante des cellules grilles qu'en développant un mécanisme totalement nouveau. Sauf qu'en 2017, rien ne suggérait à notre connaissance que le néocortex possédait quoi que ce soit de semblable aux cellules grilles ou aux cellules de lieu – nous étions dans la spéculation éclairée.

Peu après l'acceptation de notre article de 2017, nous avons eu vent de récentes expériences laissant entendre que certaines parties du néocortex pouvaient posséder des cellules grilles. (Je reviendrai sur ces expériences au chapitre 7.) Voilà qui était encourageant. Plus nous épluchions les textes traitant des cellules grilles et de lieu, plus nous étions persuadés de la présence dans chaque colonne corticale de cellules remplissant une fonction similaire. Nous avons énoncé cette idée pour la première fois dans un article de 2019 intitulé « Cadre explicatif de l'intelligence et de la fonction corticale reposant sur les cellules grilles du néocortex » (« A Framework for Intelligence and Cortical Function Based on Grid Cells in the Neocortex »).

Répétons-le, pour acquérir un modèle complet d'une chose, il faut à la fois des cellules grilles et des cellules de lieu. Les premières créent un référentiel pour préciser les emplacements et planifier les mouvements. Mais il faut aussi des informations ressenties, représentées par les cellules de lieu, pour associer les intrants sensoriels aux emplacements du référentiel.

Les mécanismes de cartographie du néocortex ne sont pas une copie conforme de ceux du cerveau ancien. Les indices recueillis jusqu'ici suggèrent que le néocortex recourt aux mêmes mécanismes neuronaux élémentaires, avec toutefois certaines différences. C'est comme si la nature avait dépouillé à leur strict minimum l'hippocampe et le cortex entorhinal pour ensuite produire des dizaines de milliers de copies empilées côte à côte pour constituer des colonnes corticales. Et cela donnerait le néocortex.

Les cellules grilles et de lieu du cerveau ancien suivent essentiellement la localisation d'une chose : le corps. Elles savent où se situe le corps dans son environnement actuel. Le néocortex, lui, compte environ 150 000 exemplaires d'un circuit similaire, un par colonne corticale. Le néocortex suit donc simultanément des milliers de localisations. La moindre petite parcelle de peau ou la moindre parcelle de rétine possède son propre référentiel au sein du néocortex. Vos cinq doigts sur une tasse à café sont comme cinq souris explorant leur caisse.

D'immenses cartes dans de minuscules espaces

À quoi ressemble un modèle dans le cerveau, alors ? Comment le néocortex entasse-t-il des centaines de modèles dans chaque millimètre carré de surface ? Pour comprendre comment tout cela fonctionne, revenons à notre analogie de la carte papier. Disons que je possède un plan de la ville. En l'étalant sur une table, j'observe qu'il est rayé de rangées et de colonnes qui le divisent en cent cases. En haut à gauche se trouve A1, en bas à droite se trouve J10. Dans chaque case sont imprimées certaines des choses que je verrai dans cette partie de la ville.

Muni de ciseaux, je découpe une à une toutes les cases et j'inscris dessus leurs coordonnées : B6, G1, etc. J'inscris aussi sur chacune la mention Ville 1. Je procède ensuite de la même façon avec neuf autres plans, chacun d'une ville différente. Me voici à présent doté de mille cases : cent cases pour chacun des plans des dix villes. Je mélange toutes ces cases et je les mets en pile. Ma pile contient dix plans complets, mais je ne peux consulter qu'un emplacement à la fois. Voici à présent qu'on me bande les yeux et qu'on me dépose au hasard à un coin de rue dans l'une de nos dix villes. Je retire mon bandeau et je parcours les lieux du regard. Dans un premier temps, j'ignore où je me trouve. Je constate alors qu'il y a devant moi une fontaine avec une statue de femme en train de lire un livre. Je feuillette une à une mes cases de plan jusqu'à ce que je tombe sur celle affichant cette fontaine. La case porte la mention Ville 3, emplacement D2. Je sais à présent dans quelle ville et en quel point de cette ville je me trouve.

Plusieurs options s'offrent alors à moi. Je peux par exemple prédire ce que je verrai si je me mets à marcher. Je me trouve actuellement en D2. Si je me dirige vers l'est, je passerai en D3. Je fouille ma pile de cases pour trouver celle étiquetée Ville 3, emplacement D3. J'y vois un terrain de jeux. Je peux donc ainsi prédire ce que je rencontrerai si je pars dans telle ou telle direction donnée.

Peut-être que je souhaite me rendre à la bibliothèque municipale. Je parcours ma pile de cases jusqu'à ce que j'en trouve une montrant une bibliothèque et portant la mention Ville 3. C'est la case G7. Étant donné que je suis en D2, je calcule qu'il faut me déplacer de trois cases vers l'est et de cinq vers le sud pour atteindre la bibliothèque. Plusieurs itinéraires peuvent m'y conduire. En m'aidant de mes cases, une à une, je peux visualiser ce que je rencontrerai en chemin. Je choisis l'itinéraire qui passe par un marchand de glaces.

Imaginons à présent un autre scénario. Une fois déposé en un lieu inconnu et débarrassé de mon bandeau, je vois un café. Mais quand je parcours mon paquet de cases, j'en trouve cinq où figure un café d'aspect similaire. Deux se trouvent dans une même ville, les trois autres dans des villes différentes. Je pourrais être dans n'importe lequel de ces cinq lieux. Que faire ? Pour lever toute ambiguïté, il me suffit de bouger. J'observe les cinq cases où il est possible que je me trouve, puis je regarde ce que je vois si je marche vers le sud dans chacune d'elles. La réponse est différente pour chacune des cinq cases. Pour savoir où je me trouve, je marche alors physiquement vers le sud. Ce que j'y rencontre supprime toute incertitude. Je sais à présent où je suis.

Cette utilisation d'une carte n'est pas celle que nous en faisons habituellement. D'abord, notre pile de cases contient toutes nos cartes à la fois. Elle nous permet donc de savoir à la fois dans quelle ville on se trouve et en quel lieu de cette ville.

Ensuite, si l'on n'est pas sûr de l'endroit où l'on se trouve, on peut déterminer la ville et le lieu en se déplaçant. C'est ce qu'il se produit lorsqu'on met la main dans une boîte noire et qu'on touche un objet inconnu d'un seul doigt. Un contact unique ne suffira probablement pas à nous dire de quel objet il s'agit. Il faudra probablement déplacer le doigt une fois, ou plus, pour le déterminer. Le déplacement permet de découvrir deux choses en même temps : aussitôt que l'on reconnaît l'objet que l'on touche, on sait aussi en quel point de cet objet se trouve le doigt.

Enfin, ce système peut être augmenté pour gérer un grand nombre de cartes et le faire rapidement. Dans notre analogie du plan papier, j'observais les cases une par une, ce qui risque de prendre beaucoup de temps si l'on possède beaucoup de cartes. Mais les neurones ont recours à ce qu'on appelle la mémoire associative. Peu importent les détails à ce stade, mais disons que cela permet aux neurones de fouiller toutes les cases d'un coup. Il faut autant de temps à un neurone pour parcourir mille cartes que pour en parcourir une seule.

Des cartes dans la colonne corticale

Voyons à présent comment les neurones du néocortex mettent en œuvre des modèles de type cartographique. Selon notre théorie, chaque colonne corticale peut apprendre des modèles d'objets complets. Par conséquent, chaque colonne – chaque millimètre carré du néocortex – possède son propre jeu de cases de carte. La façon dont procède une colonne verticale à ces fins est complexe, et nous n'en savons pas tout, mais nous en connaissons les grandes lignes.

Rappelons qu'une colonne corticale compte plusieurs couches de neurones. Certaines de ces couches sont nécessaires à la création de nos cases de carte. Voici un schéma simplifié qui vous donnera une idée de ce qui, selon nous, se produit à l'intérieur d'une colonne corticale.

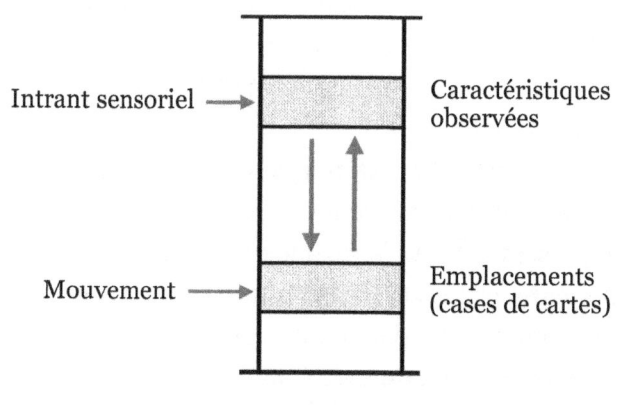

Intrant sensoriel → Caractéristiques observées

Mouvement → Emplacements (cases de cartes)

Modèle de colonne corticale

On voit ici deux couches de neurones (les rectangles grisés) d'une colonne corticale. La colonne est minuscule, elle ne fait pas plus d'un millimètre de largeur, mais chacune de ces couches peut compter dix mille neurones.

La couche supérieure accueille l'intrant sensoriel dans la colonne. À l'arrivée du signal, plusieurs centaines de neurones s'activent. Dans notre analogie de la carte papier, la couche supérieure représente ce qu'on observe à un endroit donné, comme la fontaine.

La couche inférieure représente l'emplacement actuel dans un référentiel. Dans notre analogie, la couche inférieure correspond à un emplacement – Ville 3, D2, par exemple –, mais sans indiquer ce qu'on peut y voir. C'est une case blanche, où ne figure que la mention Ville 3, emplacement D2.

Les deux flèches verticales représentent des connexions entre les cases de carte vierges (couche inférieure) et ce qu'on voit en un lieu donné (couche supérieure). La flèche vers le bas représente le fait d'associer une caractéristique observée, comme la fontaine, à un lieu donné d'une ville donnée. La flèche vers le haut est l'association d'un lieu donné – Ville 3, D2 – à une caractéristique observée. La couche supérieure équivaut grossièrement aux cellules de lieu et la couche inférieure aux cellules grilles.

L'apprentissage d'un nouvel objet, comme une tasse à café, s'effectue essentiellement en apprenant les connexions entre les deux couches, les flèches verticales. Autrement dit, un objet tel qu'une tasse à café se définit par un ensemble de caractéristiques observées (couche supérieure) associées à un ensemble d'emplacements sur la tasse (couche inférieure). Si l'on connaît la caractéristique, on peut déterminer l'emplacement. Si l'on connaît l'emplacement, on peut prédire la caractéristique.

Le parcours général des informations est le suivant : un intrant sensoriel est reçu par les neurones de la couche supérieure, qui en font une représentation. Cela invoque l'emplacement qui, dans la couche inférieure, est associé à cet intrant. Lorsque se produit un mouvement, comme celui d'un doigt, la couche inférieure passe au nouvel emplacement attendu, créant une prédiction au sujet du prochain intrant dans la couche supérieure.

Si l'intrant d'origine est ambigu, comme le café (l'établissement), le réseau active plusieurs emplacements dans la couche inférieure – par exemple tous les emplacements où existe un café. Il se produit la même chose lorsqu'on touche du doigt le bord d'une tasse. Beaucoup d'objets possèdent un bord, si bien qu'on ne peut tout de suite être sûr de l'objet qu'on est en train de toucher. Aussitôt que vous bougez, la couche inférieure modifie tous les lieux possibles, qui suscitent à leur tour plusieurs prédictions dans la couche supérieure. L'intrant suivant éliminera tous les lieux qui ne correspondent pas.

Nous avons alors créé une simulation informatique de ce circuit à deux couches, avec des présupposés réalistes du nombre de neurones dans chaque couche. Nos simulations ont montré que chaque colonne corticale peut non seulement apprendre des modèles d'objets, mais qu'elle peut en apprendre des centaines. Le mécanisme neuronal et les simulations sont décrits dans notre article de 2019 « Emplacements dans le néocortex : théorie de la reconnaissance sensori-motrice des objets à l'aide de cellules grilles corticales » (« Locations in the Neocortex : A Theory of Sensori-Motor Objects Recognition Using Cortical Grid Cells »).

Orientation

Mais ce n'est pas tout ce que doit faire une colonne corticale pour apprendre des modèles d'objets. Il faut par exemple qu'il y ait une représentation de l'orientation. Admettons que vous sachiez dans quelle ville et en quel point de cette ville vous êtes. Je vous demande à présent : « Que verrez-vous si vous avancez jusqu'au prochain coin de rue ? » Vous répondez : « Dans quelle direction est-ce que j'avance ? » Il ne suffit pas de connaître le lieu pour prédire ce qu'on verra en avançant ; il faut savoir dans quelle direction on est tourné, quelle est son orientation. L'orientation est nécessaire pour prédire aussi ce qu'on verra depuis un lieu précis. Debout à un coin de rue, par exemple, vous verrez une bibliothèque si vous êtes tourné vers le nord et un terrain de jeux si vous l'êtes vers le sud.

Le cerveau ancien contient des neurones nommés « cellules de direction de la tête ». Comme leur nom l'indique, elles représentent l'orientation de la tête d'un animal. Ces cellules agissent comme une boussole, mais elles ne sont pas liées au nord magnétique. Elles sont alignées sur une pièce ou un espace. Si vous êtes dans une pièce familière et si vous fermez les yeux, vous ne perdez pas la notion du sens dans lequel vous êtes orienté. Si vous tournez le corps, sans ouvrir les yeux, la notion de votre orientation change. Cette notion est créée par vos cellules de direction de la tête. Quand on tourne son corps, les cellules de direction de la tête changent pour représenter sa nouvelle orientation dans la pièce.

Les colonnes corticales possèdent sans doute des cellules dont la fonction est équivalente à celle des cellules de direction de la tête. Nous les désignons du terme plus générique de cellules d'orientation. Imaginez que vous touchez de l'index le bord de votre tasse à café. L'impression concrète produite sur le doigt dépend de son orientation. Vous pouvez, par exemple, laisser le doigt au même endroit, mais le faire pivoter autour du point de contact. Les sensations alors éprouvées par le doigt changent. Par conséquent, pour prédire son message entrant, une colonne corticale doit nécessairement disposer d'une représentation de l'orientation. Par souci de simplicité, j'ai omis dans le schéma d'une colonne corticale présenté plus haut les cellules d'orientation, ainsi que d'autres détails.

Pour résumer, nous avons proposé que chaque colonne corticale acquiert des modèles d'objets à l'aide de la méthode élémentaire qu'utilise le cerveau ancien pour apprendre des modèles d'environnement. Notre proposition signifie donc que chaque colonne corticale possède un ensemble de cellules équivalentes à des cellules grilles, un autre de cellules équivalentes à des cellules de lieu et encore un autre de cellules équivalentes à des cellules de direction de la tête qui, toutes, ont d'abord été découvertes dans le cerveau ancien. Nous avons abouti à notre hypothèse par déduction logique. Je dresserai au chapitre 7 la liste croissante des indices expérimentaux étayant notre proposition.

Mais commençons par nous pencher sur le néocortex dans sa globalité. Rappelons que chaque colonne corticale est très petite, pas plus épaisse qu'un vermicelle, et que le néocortex est grand, à peu près autant qu'une serviette de table. Le néocortex humain compte ainsi quelque 150 000 colonnes. Toutes ne servent pas à modéliser des objets. Nous allons voir au prochain chapitre ce que font les autres.

6 Concepts, langage et pensée de haut niveau

Nos fonctions cognitives supérieures sont ce qui nous distingue le plus nettement de nos cousins primates. La faculté de voir et d'entendre de l'humain est similaire à celle du singe, mais nous sommes seuls à utiliser le langage complexe, à fabriquer des outils complexes comme l'ordinateur et à pouvoir raisonner sur des notions telles que l'évolution, la génétique ou la démocratie.

Vernon Mountcastle a émis l'hypothèse que chaque colonne du néocortex accomplit la même fonction de base. Pour que cela soit vrai, il faudrait que le langage et d'autres facultés cognitives supérieures soient, à un niveau fondamental, comme la vision, le toucher et l'ouïe. Cela ne va pas de soi. Il n'apparaît pas de prime abord que lire Shakespeare équivaille à saisir une tasse à café, mais c'est pourtant ce qu'implique l'idée de Mountcastle.

Mountcastle n'ignorait pas que les colonnes corticales ne sont pas parfaitement identiques. On observe certaines différences physiques entre, par exemple, les colonnes recevant les signaux de nos doigts et celles qui comprennent le langage, mais les ressemblances sont toutefois dominantes. Et c'est ce qui a conduit Mountcastle à déduire qu'il doit y avoir une fonction fondamentale derrière tout ce que fait le néocortex – pas seulement la perception, mais tout ce que nous considérons comme de l'intelligence.

L'idée que différentes facultés comme la vision, le toucher, le langage et la philosophie soient au fond identiques est pour beaucoup difficile à admettre. Mountcastle n'a pas indiqué ce que pouvait être cette fonction commune, et ce n'est pas facile à imaginer, alors il est tentant de simplement ignorer son hypothèse, voire de la rejeter. Les linguistes disent par exemple souvent du langage qu'il se distingue des autres facultés cognitives. S'ils acceptaient l'idée de Mountcastle, ils pourraient rechercher les points communs entre la vision et le langage pour mieux comprendre ce dernier. La thèse de Mountcastle est selon moi trop enthousiasmante pour qu'on passe outre, et il me semble que des indices empiriques l'étayent largement. Nous sommes donc face à un casse-tête captivant : quel type de fonction, ou d'algorithme, pourrait bien créer tous les aspects de l'intelligence humaine ?

J'ai décrit jusqu'ici une théorie expliquant comment les colonnes corticales acquièrent des modèles d'objets physiques tels que les tasses à café, les fauteuils ou les téléphones portables. Selon cette théorie, les colonnes corticales créent des référentiels pour chaque objet observé. Rappelons ici qu'un référentiel est comme une grille invisible à trois dimensions qui entoure une chose et y est fixée. C'est grâce au référentiel qu'une colonne corticale peut apprendre l'emplacement des caractéristiques qui définissent la forme d'un objet.

En termes plus abstraits, on peut se représenter les référentiels comme un moyen d'organiser tout type de savoir. Le référentiel d'une tasse à café correspond à un objet physique que l'on peut palper et voir. Mais un référentiel peut aussi servir à organiser le savoir concernant des choses qu'on ne peut directement éprouver.

Songez à toutes ces choses dont vous avez connaissance sans jamais en avoir fait l'expérience directe. Si vous avez étudié la génétique, par exemple, vous savez ce que sont les molécules d'ADN. Vous visualisez leur forme en double-hélice, vous savez de quelle façon elles codent les séquences d'acides aminés selon le code ATCG des nucléotides, et vous savez que les molécules d'ADN se répliquent en s'ouvrant comme une fermeture éclair. Évidemment, nul n'a jamais directement touché ni vu de molécule d'ADN. Elles sont trop petites. Pour organiser notre savoir à propos des molécules d'ADN, on crée des images comme si on les voyait et des modèles comme si on les touchait. Et cela nous permet d'entreposer nos connaissances sur les molécules d'ADN dans des référentiels – comme avec les tasses à café.

Cette astuce nous sert pour l'essentiel de ce que nous savons. Nous savons par exemple beaucoup de choses à propos des photons, et beaucoup de choses à propos de notre galaxie, la Voie lactée. Là encore, nous imaginons ces choses comme si nous pouvions les voir et les toucher, et cela nous permet de classer les faits que nous connaissons à leur sujet grâce au mécanisme des référentiels qui nous sert chaque jour pour les objets physiques ordinaires. Mais le savoir humain s'étend aussi aux choses qui ne peuvent être visualisées. Nous maîtrisons par exemple des concepts tels que la démocratie, les droits humains et les mathématiques. Nous connaissons beaucoup de faits à leur sujet, sans toutefois pouvoir les organiser d'une façon qui ressemble à un objet tridimensionnel. Difficile de se représenter visuellement la démocratie.

Il faut bien pourtant qu'existe un type ou un autre d'organisation du savoir conceptuel. La démocratie et les mathématiques ne sont pas qu'un empilement de faits. Nous pouvons raisonner à leur propos et faire des prédictions sur ce qu'il adviendra selon que l'on agisse de telle ou telle façon. Cette faculté nous indique que la connaissance des concepts est probablement stockée elle aussi dans des référentiels. Mais l'équivalence entre ces référentiels et ceux des tasses à café et des objets physiques n'est pas évidente. Il est par exemple possible que les référentiels les plus utiles pour certains concepts comptent plus de trois dimensions. Nous sommes incapables de visualiser des espaces à plus de trois dimensions, mais d'un point de vue mathématique, ils fonctionnent comme ceux à trois dimensions ou moins.

Toute connaissance est stockée dans des référentiels

Selon l'hypothèse que j'examinerai dans ce chapitre, le cerveau classe toutes les connaissances à l'aide de référentiels, et la pensée est une forme de mouvement. La pensée survient quand on active des emplacements successifs dans les référentiels.

Cette hypothèse peut se décomposer comme suit.

Il y a des référentiels partout dans le néocortex

Selon cette prémisse, chaque colonne du néocortex possède des cellules qui créent des référentiels. J'ai proposé que les cellules qui accomplissent cela sont similaires, mais pas identiques, aux cellules grilles et de lieu qu'on rencontre dans des parties plus anciennes du cerveau.

Les référentiels servent à modéliser tout ce qu'on sait, pas seulement les objets physiques.

Une colonne du néocortex n'est pas qu'un amas de neurones. Une colonne ne « sait » pas ce que représentent les signaux qui lui parviennent, et n'a aucune connaissance préalable de ce qu'elle est censée apprendre. Une colonne n'est qu'un mécanisme composé de neurones qui s'efforce de découvrir et de modéliser à l'aveuglette la structure de ce qui provoque un changement des signaux entrants.

J'ai émis plus haut l'hypothèse que l'évolution a initialement doté le cerveau de référentiels pour apprendre la structure des environnements et pouvoir circuler dans le monde. Notre cerveau a ensuite évolué de façon à utiliser ce mécanisme pour apprendre la structure des objets physiques, pouvoir les reconnaître et les manipuler. Je propose à présent que notre cerveau a encore évolué de façon à utiliser ce mécanisme pour apprendre et représenter la structure sous-jacente d'objets conceptuels tels que les mathématiques et la démocratie.

Tout le savoir est stocké en des lieux relatifs aux référentiels

Les référentiels ne sont pas un composant facultatif de l'intelligence, ils sont la structure au sein de laquelle sont stockées toutes les informations dans le cerveau. Chaque fait dont vous avez connaissance est apparié à un emplacement dans un référentiel. Pour devenir spécialiste d'un domaine tel que l'histoire, il faut affecter des faits historiques à certains emplacements d'un référentiel adéquat.

Cette façon d'organiser le savoir rend les faits exploitables. Reprenons l'analogie de la carte. Disposer les faits concernant une ville sur un référentiel en forme de grille permet de déterminer le moyen d'atteindre un objectif, comme se rendre à un café donné. La grille uniforme de la carte rend exploitables les faits concernant la ville. Ce principe vaut pour toute connaissance.

Penser est une forme de mouvement

Si tout ce qu'on sait est stocké dans des référentiels, alors, pour rappeler des connaissances entreposées, il faut activer les bons emplacements dans les bons référentiels. La pensée survient lorsque les neurones invoquent un emplacement après l'autre dans un référentiel, amenant à l'esprit ce qui était entreposé à chaque emplacement. La succession de pensées qui nous vient lorsqu'on pense est analogue à la succession de sensations qu'on éprouve lorsqu'on touche un objet du doigt, ou à celle des choses qu'on voit quand on marche en ville.

Les référentiels sont aussi le moyen d'atteindre des objectifs. De même que la carte papier permet de savoir comment se rendre du point où l'on se trouve à celui que l'on souhaite atteindre, de même les référentiels du néocortex permettent de savoir quelles étapes suivre pour atteindre des objectifs plus conceptuels, comme la solution d'un problème d'ingénierie ou la façon d'obtenir une promotion au travail.

Nous avons évoqué ces idées sur le savoir conceptuel dans certains de nos travaux déjà publiés, mais elles n'en constituent pas le centre d'intérêt, et nous n'y avons pas directement consacré d'article. Vous pouvez donc considérer que ce chapitre est plus spéculatif que ce qui précède, mais ce n'est pas mon sentiment. Beaucoup de détails nous échappent encore, mais je suis persuadé que la structure générale – les concepts et la pensée s'appuient sur des référentiels – résistera à l'épreuve du temps.

Dans le reste de ce chapitre, je décrirai d'abord une caractéristique abondamment étudiée du néocortex, sa subdivision en régions du « quoi » et du « où ». Cela me permettra de montrer que les colonnes corticales peuvent accomplir des fonctions très différentes au moyen d'un simple changement dans leur référentiel. J'aborderai ensuite les formes plus abstraites et conceptuelles d'intelligence. Je présenterai des indices expérimentaux soutenant les prémisses exposées plus haut et donnerai des exemples de possibles extensions de la théorie à trois domaines : les mathématiques, la politique et le langage.

Les systèmes du quoi et du où

Votre cerveau comporte deux systèmes de vision. Si l'on suit le cheminement du nerf optique de l'œil au néocortex, on constate qu'il mène à deux systèmes visuels parallèles, celui du quoi et celui du où. Le premier est un ensemble de régions corticales qui part de l'arrière du cerveau et le contourne par les côtés. Le second est un ensemble de régions qui part aussi de l'arrière du cerveau, mais monte vers le sommet.

Les systèmes visuels du quoi et du où ont été découverts il y a plus de cinquante ans. Quelques années plus tard, des chercheurs ont découvert l'existence de voies similaires, parallèles à celles-ci, correspondant à d'autres sens. Il existe des régions du quoi et du où pour la vue, le toucher et l'ouïe.

Les systèmes du quoi et du où jouent un rôle complémentaire. Si l'on désactive le système visuel du où, par exemple, l'individu regardant un objet pourra dire *ce qu'est* cet objet, mais sera incapable de tendre la main pour s'en saisir. Il saura qu'il est en train de regarder une tasse, par exemple, mais se trouvera curieusement incapable de dire *où* elle est. Si l'on fait l'inverse et que l'on désactive à présent le système visuel du quoi, l'individu peut tendre la main et s'emparer de l'objet. Il sait *où* se trouve ledit objet, mais ne peut dire *ce que c'est*. (Pas visuellement en tout cas. Il peut en revanche reconnaître l'objet au toucher.)

Les colonnes des régions du quoi et du où se ressemblent. Elles possèdent le même type de cellules, de couches et de circuits. Pourquoi alors opèreraient-elles différemment ? Quelle distinction entre les colonnes d'une région du quoi de celles d'une région du où peut rendre compte de la différence de leurs rôles ? On serait tenté de supposer qu'il s'agit d'une distinction de fonctionnement. Peut-être que les colonnes du où possèdent quelques types de neurones supplémentaires ou qu'il y a certaines différences de connexion entre les couches. On peut admettre que les colonnes du quoi et du où se ressemblent tout en postulant qu'il y a forcément une différence physique qui reste à trouver. Adopter ce point de vue, toutefois, revient à rejeter la proposition de Mountcastle.

Or il n'est pas nécessaire de tourner le dos au postulat de départ de Mountcastle. Nous avons avancé une explication simple du fait que certaines colonnes soient de type quoi et d'autres de type où. Les cellules grilles corticales des colonnes du quoi fixent des référentiels aux objets. Les cellules grilles corticales des colonnes du où fixent des référentiels à votre corps.

Si une colonne visuelle du où pouvait parler, elle dirait peut-être : « J'ai créé un référentiel qui est fixé au corps. À l'aide de ce référentiel, je regarde une main et je connais sa position par rapport au corps. Puis je regarde un objet et je connais sa position par rapport au corps. Pourvue de ces deux emplacements, situés l'un et l'autre dans le référentiel du corps, je peux calculer comment déplacer la main pour atteindre l'objet. Je sais où se trouve l'objet et comment l'atteindre, mais je ne peux pas le reconnaître. J'ignore de quel objet il s'agit. »

Si une colonne visuelle du quoi pouvait parler, elle dirait peut-être : « J'ai créé un référentiel qui est fixé à un objet. À l'aide de ce référentiel, je reconnais qu'il s'agit d'une tasse à café. Je sais de quel objet il s'agit, mais j'ignore où il se trouve. » Agissant ensemble, les colonnes du quoi et du où nous permettent de reconnaître un objet, de tendre la main vers lui et de le manipuler.

Pourquoi une colonne (la colonne A) fixe-t-elle des référentiels à un objet extérieur et une autre (la colonne B) en fixe-t-elle au corps ? Il se peut que ce soit aussi simple que le point de provenance des signaux entrants de la colonne. Si la colonne A reçoit un intrant sensoriel d'un objet, comme les sensations du doigt touchant une tasse, elle crée automatiquement un référentiel ancré à l'objet. Si la colonne B reçoit un message du corps, comme un neurone détectant l'angle décrit par les jointures des membres, elle crée automatiquement un référentiel ancré au corps.

D'une certaine manière, le corps n'est qu'un objet parmi d'autres dans le monde. Le néocortex emploie la même méthode fondamentale pour modéliser votre corps que pour modéliser des objets tels que des tasses à café. Cependant, à la différence des objets extérieurs, votre corps est toujours présent. Une part significative du néocortex – les régions du où – est consacrée à la modélisation de votre corps et de l'espace qui l'entoure.

L'idée que le cerveau contienne des cartes du corps n'est pas neuve. Pas plus que celle que le mouvement des membres exige des référentiels centrés sur le corps. Ce que je m'efforce d'expliquer, c'est que les colonnes corticales, qui se ressemblent par l'aspect et le fonctionnement, peuvent donner l'impression d'accomplir des fonctions différentes selon le point d'ancrage de leurs référentiels.

Partant de là, il n'est pas insensé d'imaginer que les référentiels puissent s'appliquer aux concepts.

Des référentiels pour des concepts

J'ai expliqué jusqu'ici de quelle façon le cerveau acquiert des modèles de choses dotées d'une forme physique. Aussi bien l'agrafeuse que le téléphone portable, les molécules d'ADN, les bâtiments et notre corps ont une présence physique. Ce sont des choses que l'on peut directement percevoir ou – dans le cas de la molécule – imaginer percevoir.

Pourtant, une part considérable de ce que l'on sait à propos du monde n'est pas directement perceptible et n'a pas nécessairement d'équivalent physique. Il est par exemple impossible de tendre la main pour toucher la démocratie ou les nombres premiers, alors que l'on sait beaucoup de choses au sujet de l'une comme des autres. Comment une colonne corticale peut-elle créer des modèles de choses que nos sens ne peuvent éprouver ?

Le truc, c'est qu'un référentiel n'est pas forcément ancré à une chose physique. Le référentiel d'un concept tel que la démocratie doit être autocohérent, mais il peut exister dans une relative indépendance des choses physiques du quotidien. C'est un peu comme créer la carte d'un monde fictif. Il faut qu'elle soit autocohérente, mais pas forcément qu'elle se situe en un lieu précis sur la Terre.

Le deuxième truc, c'est que le référentiel d'un concept n'a pas à posséder le même nombre ni le même type de dimensions que celui d'un objet physique comme la tasse à café. La meilleure description de l'emplacement des bâtiments dans une ville est bidimensionnelle. Celle de la forme de la tasse à café est tridimensionnelle. Mais tout ce que permet un référentiel – comme déterminer la distance entre deux points et calculer comment se rendre de l'un à l'autre – existe aussi dans les référentiels à quatre dimensions ou plus.

Si vous avez du mal à appréhender la notion de chose à plus de trois dimensions, permettez-moi l'analogie suivante. Admettons que je veuille créer un référentiel qui me permette d'organiser le savoir concernant tous les gens que je connais. Je peux utiliser le critère de l'âge et classer mes relations en fonction de leur âge. Je peux aussi les classer selon l'endroit où ils habitent par rapport à moi. Il faudrait pour cela deux dimensions de plus. Je pourrais aussi choisir la fréquence de nos rencontres ou leur taille physique. Me voici avec cinq dimensions. Ce n'est qu'une analogie ; ces dimensions ne sont pas celles qu'emploierait le néocortex. Mais j'espère que cela vous permet de comprendre qu'il peut être utile d'avoir plus de trois dimensions.

Il est probable que les colonnes du néocortex n'aient pas de notion préétablie du type de référentiel à utiliser. Lorsqu'une colonne apprend le modèle d'une chose, cet apprentissage consiste à découvrir quel est le référentiel adapté, et le nombre de ses dimensions.

Passons à présent en revue les indices empiriques qui appuient les quatre prémisses énumérées ci-dessus. Ce n'est pas un domaine où les indices empiriques abondent, mais il y en a malgré tout, et de plus en plus nombreux.

La méthode des lieux

Pour mémoriser une liste d'articles, il est une astuce bien connue, la méthode des lieux, parfois dite « des loci » ou encore « du palais de la mémoire », qui consiste à imaginer qu'on dispose les objets que l'on souhaite retenir en divers points de chez soi. Pour se rappeler les articles de la liste, on n'a alors qu'à imaginer qu'on circule chez soi, et cela ramène le souvenir des objets un à un. L'efficacité de ce tour mnémotechnique nous dit qu'il est plus facile de retenir les choses quand on leur affecte un emplacement dans un référentiel familier. Ici, le référentiel est la carte mentale de chez vous. Remarquons que l'acte du souvenir s'accomplit par le mouvement. On ne déplace pas physiquement son corps, mais on se déplace mentalement chez soi.

La méthode des lieux conforte deux des prémisses énoncées plus haut : les informations sont stockées dans des référentiels et leur extraction est une forme de mouvement. Elle permet de rapidement mémoriser une liste d'articles, comme un ensemble aléatoire de noms. Elle fonctionne parce qu'elle affecte les objets à un référentiel déjà acquis (votre domicile) et exploite des mouvements déjà appris (vos déplacements habituels chez vous). Mais le plus souvent, lors de l'apprentissage, le cerveau crée de nouveaux référentiels. Nous allons en voir un exemple.

L'étude des humains par l'IRMf

L'IRMf est une technologie qui permet de voir l'intérieur d'un cerveau vivant et de repérer quelles parties sont les plus actives. Vous avez probablement déjà vu des images d'IRMf : elles affichent les contours d'un cerveau dont certaines régions sont teintées de jaune et de rouge, indiquant où le plus d'énergie est consommée au moment de la prise de vue. On utilise généralement l'IRMf sur des sujets humains parce que la procédure réclame qu'on se tienne parfaitement immobile, étendu dans le conduit étroit d'une grande machine bruyante, tout en accomplissant une tâche mentale donnée. Souvent, le sujet regarde un écran d'ordinateur en suivant les instructions verbales d'un chercheur.

L'invention de l'IRMf a été une aubaine pour certains types de recherche, mais pas vraiment pour ceux que nous effectuons habituellement. Nos travaux sur la théorie néocorticale reposent sur la détermination de quel neurone individuel s'active à un moment donné, et les neurones actifs changent plusieurs fois par seconde. Certaines techniques expérimentales procurent ce type de données, mais l'IRMf n'offre pas la précision spatiale et temporelle qui nous est généralement nécessaire. L'IRMf mesure l'activité moyenne de nombreux neurones et ne peut déceler d'activité qui dure moins d'une seconde environ.

C'est donc avec joie et surprise que nous avons eu vent d'une expérience ingénieuse menée avec l'IRMf par Christian Doeller, Caswell Barry et Neil Burgess, qui avait révélé la présence de cellules grilles dans le néocortex. Les détails sont complexes, mais les chercheurs se sont aperçus que les cellules grilles pouvaient laisser une signature décelable à l'IRMf. Comme il fallait d'abord vérifier que leur technique fonctionnait, ils ont observé le cortex entorhinal, où l'existence des cellules grilles est avérée. Ils ont demandé à des sujets humains d'accomplir une tâche de navigation consistant à évoluer dans un monde virtuel sur un écran d'ordinateur et, avec l'IRMf, ils ont pu déceler l'activité de cellules grilles pendant que les sujets accomplissaient la tâche. Se tournant ensuite vers le néocortex, ils ont réutilisé cette technique d'IRMf pour observer les portions frontales du néocortex tandis que le sujet accomplissait les mêmes tâches de navigation. Ils ont alors trouvé la même signature, ce qui suggérait fortement l'existence de cellules grilles dans au moins certaines parties du néocortex également.

Une autre équipe composée d'Alexandra Constantinescu, Jill O'Reilly et Timothy Behrens a appliqué cette nouvelle technique d'IRMf à une autre tâche. Ils ont montré aux sujets des images d'oiseaux. Ces oiseaux se distinguaient entre eux par la longueur du cou et des pattes. On a demandé aux sujets d'accomplir plusieurs exercices d'imagerie mentale associés aux oiseaux, comme d'imaginer un nouvel oiseau mêlant les traits de deux oiseaux précédemment observés. Non seulement ces expériences ont établi la présence de cellules grilles dans les portions frontales du néocortex, mais les chercheurs ont trouvé des indices du fait que le néocortex stockait les images d'oiseau dans un référentiel semblable à une carte – une dimension représentant la longueur du cou, l'autre celle des pattes. L'équipe a ensuite montré que lorsque les sujets pensaient à des oiseaux, ils « parcouraient » mentalement la carte des oiseaux comme on peut mentalement parcourir le plan de chez soi. Là encore, les détails de l'expérience sont complexes, mais les données de l'IRMf suggèrent que cette partie du néocortex avait utilisé des neurones similaires à des cellules grilles pour apprendre des choses sur les oiseaux. Les sujets participant à l'expérience n'avaient pas la moindre idée de ce qui était en cours, mais les données d'imagerie étaient claires.

La méthode des lieux utilise une carte précédemment acquise, celle de chez soi, pour entreposer des articles qu'on extraira plus tard. Dans l'exemple des oiseaux, le néocortex a créé une nouvelle carte, une carte adaptée à la tâche consistant à se souvenir d'oiseaux se différenciant par le cou et les pattes. Dans les deux exemples, le processus consistant à stocker des articles dans un référentiel puis à les extraire par le « mouvement » est le même.

Si toutes les connaissances sont ainsi stockées, ce qu'on appelle communément la pensée consiste en fait à se déplacer au sein d'un espace, d'un référentiel. Vos pensées actuelles, ce que vous avez en tête à tout moment donné, tout ceci est déterminé par la position actuelle dans le référentiel. À mesure que cette position change, les articles stockés à chaque emplacement sont extraits un à un. Nos pensées changent constamment, mais elles ne sont pas aléatoires. La pensée qui arrive dépend de la direction mentale que l'on suit dans un référentiel, de même que ce qu'on va voir dans une ville dépend de la direction que l'on suit à partir de la position actuelle.

Le référentiel requis pour apprendre une tasse à café peut sembler évident : c'est l'espace tridimensionnel qui entoure la tasse. Le référentiel acquis lors de l'expérience des oiseaux l'est peut-être un peu moins, mais il demeure associé aux attributs physiques des volatiles, en l'occurrence le cou et les pattes. Quel référentiel le cerveau utilise-t-il s'agissant de concepts comme l'économie ou l'écologie ? Plusieurs peuvent faire l'affaire, mais certains peut-être plus que d'autres.

C'est l'une des choses qui rendent difficile l'acquisition de savoir conceptuel. Si je vous nomme dix événements historiques associés à la démocratie, comment allez-vous les classer ? Un professeur les présentera sur une frise chronologique. La frise chronologique est un référentiel unidimensionnel. Elle permet d'évaluer l'ordre temporel des événements et de souligner les liens de causalité entre certains d'entre eux par leur proximité dans le temps. Un autre professeur choisira pour les mêmes événements historiques un classement géographique, sur une carte du monde. Le référentiel cartographique suggère différentes façons de se représenter les mêmes événements, illustrant notamment lesquels peuvent avoir une relation de causalité par leur proximité mutuelle, ou celle d'un océan, d'un désert ou d'une montagne. La frise chronologique et la géographie sont deux manières parfaitement valables de classer les événements historiques, mais elles mènent à une représentation différente de l'histoire. Elles n'aboutissent pas forcément aux mêmes conclusions ni aux mêmes prédictions. La meilleure façon d'acquérir le concept de démocratie pourrait exiger une carte d'un genre totalement nouveau, une carte aux multiples dimensions abstraites correspondant à l'équité ou aux droits. Je ne prétends pas que « équité » et « droits » soient des dimensions réellement utilisées par le cerveau. Mon propos ici est que pour devenir un spécialiste de tel ou tel champ d'études, il faut trouver un cadre adéquat pour représenter les données et les faits associés. Il n'y a pas toujours de référentiel *correct*, et deux individus ne classeront pas les événements de la même façon. Trouver un référentiel utile est ce qu'il y a de plus difficile dans l'apprentissage, bien que l'on n'en soit que rarement conscient. J'illustrerai cette idée par trois exemples évoqués plus haut : les mathématiques, la politique et le langage.

Les mathématiques

Admettons que vous soyez un mathématicien qui souhaite démontrer la conjecture OMG (OMG n'est pas une vraie conjecture). Une conjecture est une affirmation mathématique que l'on pense vraie, mais qui n'a pas été démontrée. Pour démontrer une conjecture, il faut partir d'une chose avérée, puis appliquer une série d'opérations mathématiques. Si ce procédé conduit à une affirmation qui est la conjecture, alors la démonstration est réussie. En général, on passe par une série de résultats intermédiaires. Partant de A, par exemple, on démontre B. Partant de B, on démontre C. Et enfin, partant de C, on démontre OMG. Disons que A, B, C et OMG sont des équations. Pour aller d'équation en équation, il faut effectuer une ou plusieurs opérations mathématiques.

Supposons à présent que ces équations soient représentées dans votre néocortex au sein d'un référentiel. Une opération mathématique, comme la multiplication ou la division, est un mouvement qui vous emmène en divers points de ce référentiel. Une série d'opérations vous conduira à un nouvel emplacement, une nouvelle équation. Si vous parvenez à déterminer un ensemble d'opérations – de mouvements dans l'espace des équations – qui vous mène de A à OMG, alors vous aurez démontré OMG.

La résolution de problèmes mathématiques complexes, comme une conjecture mathématique, demande une formation conséquente. Lorsqu'il apprend un nouveau domaine, votre cerveau ne se contente pas de stocker des faits. Dans le cas des mathématiques, il doit trouver des référentiels utiles dans lesquels stocker des équations et des nombres, et apprendre de quelle façon les comportements mathématiques, comme les opérations et les transformées, conduisent à de nouveaux points du référentiel.

Les équations sont pour le mathématicien un objet familier, un peu comme le sont pour vous et moi le smartphone ou le vélo. Quand un mathématicien voit une nouvelle équation, il en reconnaît la similarité avec des équations qu'il a déjà rencontrées, et cela lui suggère immédiatement certaines façons de la manipuler pour obtenir certains résultats. Nous suivons le même processus à la vue d'un smartphone. Nous en reconnaissons la similarité avec d'autres smartphones précédemment utilisés et cela nous suggère des façons de le manipuler pour atteindre un dénouement souhaité.

Mais si vous n'avez aucune formation en mathématiques, toutes les équations et les notations de la discipline vous apparaîtront comme des gribouillages dénués de sens. Et même si vous reconnaissez une équation que vous avez déjà rencontrée, vous n'aurez, en l'absence de référentiel, pas la moindre idée de comment la manipuler pour en tirer quoi que ce soit. On peut se perdre dans l'espace mathématique comme on peut se perdre dans une forêt si l'on n'a pas de carte.

Le mathématicien qui manipule des équations, l'explorateur qui traverse la jungle et le doigt qui touche une tasse à café ont besoin de référentiels de type cartographique pour se situer et déterminer quels mouvements les conduiront là où ils le souhaitent. Le même algorithme fondamental sous-tend ces activités et une infinité d'autres que nous accomplissons.

La politique

L'exemple mathématique qui précède est totalement abstrait, mais le processus est le même pour n'importe quel problème qui n'est pas ostensiblement physique. Admettons par exemple qu'un politicien souhaite faire passer une nouvelle loi. Le premier jet du texte est rédigé, mais plusieurs étapes restent à franchir pour atteindre l'objectif souhaité de la promulgation. Le parcours étant jonché d'obstacles politiques, notre législateur réfléchit aux différentes démarches qu'il peut effectuer. Le politicien avisé connaîtra les effets probables d'une conférence de presse, de la demande d'un référendum, de la rédaction d'un document d'orientation ou de la négociation de son soutien à une autre loi. Le politicien averti a acquis un référentiel pour la politique. Une partie de ce référentiel indique de quelle façon une action politique modifie les emplacements au sein du référentiel, et le politicien imagine ce qu'il adviendra s'il l'accomplit. Son objectif est de trouver une série d'actions qui mènera au dénouement souhaité : la promulgation de la nouvelle loi.

Le politicien et le mathématicien n'ont pas conscience d'utiliser un référentiel pour organiser leurs connaissances, pas plus que vous et moi avec les smartphones et les agrafeuses. On ne se promène pas en demandant : « Quelqu'un pourrait-il m'indiquer un référentiel pour classer ces faits ? » On dit « J'ai besoin d'aide, je ne vois pas comment résoudre ce problème. » Ou « Je suis un peu confus. Quelqu'un peut-il m'expliquer comment on se sert de ça ? » Ou encore « Je suis perdu, pouvez-vous m'indiquer la cafétéria ? » Ces questions sont celles que l'on pose quand on ne parvient pas à affecter un référentiel aux faits que l'on a sous les yeux.

Le langage

Le langage est peut-être la principale faculté cognitive qui distingue les humains de tous les autres animaux. Sans la capacité de communiquer le savoir et l'expérience par le langage, la société moderne serait fondamentalement impossible.

Des volumes entiers ont été consacrés au langage, mais je n'ai connaissance d'aucune tentative de décrire comment il est créé par les circuits neuronaux qu'on observe dans le cerveau. Les linguistes n'ont pas pour habitude de s'aventurer dans les neurosciences, et si certains spécialistes de ces dernières étudient les régions cérébrales associées au langage, aucun jusqu'ici n'a été capable de proposer une théorie détaillée de la création et de la compréhension du langage par le cerveau.

Le débat porte actuellement sur le fait que le langage soit ou non fondamentalement différent des autres facultés cognitives. Les linguistes ont tendance à penser que oui. Le langage est à leurs yeux une aptitude unique, qui se distingue de tout ce que nous faisons d'autre. S'ils ont raison, les parties du cerveau consacrées à la création et à la compréhension du langage doivent avoir un aspect différent. Et là, les neurosciences sont ambiguës.

On attribue le langage à deux régions de taille modeste du néocortex. L'aire de Wernicke serait responsable de la compréhension du langage et celle de Broca le serait de sa production. C'est un peu simplificateur. D'abord, on ne s'entend pas sur la localisation et l'étendue précises de ces régions. Ensuite, la fonction des aires de Wernicke et de Broca n'est pas nettement scindée entre compréhension et production ; il y a une part de chevauchement. Enfin, et cela devrait paraître évident, on ne peut circonscrire le langage à deux petites régions du néocortex. Nous utilisons le langage parlé, le langage écrit et le langage des signes. Les aires de Wernicke et Broca ne reçoivent pas de messages directs des capteurs, c'est donc que la compréhension du langage repose sur des régions auditives et visuelles et que la production de langage s'appuie sur différentes facultés motrices. Il faut de vastes régions du néocortex pour créer et comprendre le langage. Les aires de Wernicke et Broca jouent un rôle essentiel, mais on aurait tort de penser qu'elles créent le langage seules.

Il est une chose étonnante concernant le langage, et elle suggère qu'il se distingue bien des autres fonctions cognitives, c'est que les aires de Wernicke et de Broca se situent sur le côté gauche du cerveau. Les aires équivalentes du côté droit ne jouent dans le langage qu'un rôle accessoire. Presque tout ce que réalise le néocortex survient des deux côtés du cerveau. Cette asymétrie propre au langage suggère que les aires de Broca et Wernicke ont quelque chose de différent.

Le fait que le langage ne survienne que d'un côté du cerveau peut avoir une explication simple. Cela peut tenir à la vitesse de traitement qu'il requiert, car les neurones de l'ensemble du néocortex sont trop lents. On sait des neurones des aires de Broca et Wernicke qu'ils possèdent un isolant supplémentaire (la myéline) qui leur permet de s'activer plus vite et de répondre aux exigences du langage. On a trouvé d'autres différences notables avec le reste du néocortex. Il a été rapporté que le nombre et la densité des synapses sont plus élevés dans les régions du langage que dans leurs équivalents du côté droit du cerveau. Mais le fait de posséder davantage de synapses n'implique pas que les aires du langage accomplissent une fonction différente ; cela peut simplement signifier que ces aires ont appris plus de choses.

Malgré certaines différences réelles, l'anatomie des aires de Wernicke et de Broca est, ici encore, similaire aux autres zones du néocortex. Les faits aujourd'hui avérés suggèrent que si ces aires du langage présentent certaines différences, parfois subtiles, la structure générale en couches, la connectivité et le type des cellules sont semblables au reste du néocortex. Il est donc probable que la plupart des mécanismes qui sous-tendent le langage soient communs à d'autres parties de la cognition et la perception. Cela doit en tout cas demeurer notre hypothèse de travail jusqu'à preuve du contraire. On peut alors poser la question : comment les facultés de modélisation de la colonne corticale, référentiels compris, peuvent-elles offrir un substrat au langage ?

Selon les linguistes, l'un des attributs qui définissent le langage est sa structure imbriquée. Les phrases sont par exemple composées de locutions, les locutions sont composées de mots et les mots sont composés de lettres. La récursivité, la possibilité d'appliquer une règle de façon répétée, est aussi l'une des caractéristiques constitutives du langage. La récursivité permet de construire des phrases d'une complexité quasiment sans limites. La simple phrase « Tom dit qu'il veut encore du thé » peut devenir « Tom, qui travaille au garage, dit qu'il veut encore du thé », qui peut à son tour devenir « Tom, qui travaille au garage près de la friperie, dit qu'il veut encore du thé. » La définition précise de la récursivité en matière de langage prête à débat, mais l'idée générale est simple. Une phrase peut se composer de locutions, qui peuvent se composer d'autres locutions et ainsi de suite. On a longtemps dit que la structure imbriquée et la récursivité sont des caractéristiques essentielles du langage.

Mais la structure imbriquée et la récursivité n'en sont pas l'apanage. En fait, tout dans le monde est ainsi composé. Prenons ma tasse à café ornée sur le côté du logo Numenta. La tasse possède une structure imbriquée : il y a un cylindre, une anse et un logo. Le logo est constitué d'un graphisme et d'un mot. Le graphisme est fait de cercles et de traits, et le mot « Numenta » est composé de syllabes, elles-mêmes composées de lettres. Un objet aussi peut avoir une structure récursive. Imaginez par exemple que le logo Numenta comporte l'image d'une tasse à café portant l'estampille du logo qui comporte l'image d'une tasse, etc.

Très tôt dans nos travaux, nous avons compris que chaque colonne corticale devait être capable d'apprendre une structure imbriquée et récursive. C'était une contrainte indispensable pour apprendre la structure de choses physiques comme les tasses à café et de choses conceptuelles comme les mathématiques ou le langage. Toute théorie que nous trouverions devrait expliquer comment les colonnes s'y prennent.

Imaginez qu'un jour dans le passé vous avez appris ce qu'est une tasse à café et qu'un jour dans le passé vous avez appris à quoi ressemble le logo Numenta, mais que jamais vous n'aviez vu le logo sur une tasse à café. Voici que je vous montre une tasse à café ornée du logo. En général, il vous suffira d'un ou deux coups d'œil pour apprendre ce nouvel objet combiné. Notez bien que vous n'avez pas à réapprendre le logo ou la tasse. Tout ce que vous savez des tasses et du logo est immédiatement intégré comme élément du nouvel objet.

Comment cela se produit-il? Au sein de la colonne corticale, la tasse à café précédemment acquise est définie par un référentiel. Pour apprendre la tasse à café ornée du logo, la colonne crée un nouveau référentiel où il stocke deux choses : un lien vers le référentiel de la tasse déjà acquis et un autre vers celui du logo déjà acquis. Cela ne demande que très peu de temps au cerveau, car il ne s'agit d'ajouter que quelques synapses. C'est un peu comme l'utilisation de liens hypertextes dans un document écrit. Admettons que j'écrive un bref essai sur Abraham Lincoln où j'évoque son célèbre discours, « The Gettysburg Address ». En faisant des mots « Gettysburg Address » un lien menant au texte intégral du discours, j'inclus tous les détails de ce dernier dans mon essai sans avoir à le transcrire.

J'ai dit plus haut que les colonnes corticales stockent des caractéristiques à certains emplacements des référentiels. Le mot « caractéristique » étant un peu vague, je m'efforcerai à présent d'en préciser le sens. Une colonne corticale crée des référentiels de tous les objets qu'elle connaît. Ces référentiels sont ensuite peuplés de liens menant à d'autres référentiels. Le cerveau modélise le monde à l'aide de référentiels peuplés de référentiels ; il n'y a jusqu'au bout que référentiels. Dans notre article de 2019 intitulé « Cadres explicatifs » (« Frameworks »), nous avons émis une hypothèse de la façon dont s'y prennent les neurones.

Beaucoup de chemin reste à parcourir pour pleinement comprendre tout ce que fait le néocortex. Mais l'idée que chaque colonne modélise les objets à l'aide de référentiels est, pour autant que nous sachions, cohérente avec les nécessités du langage. Peut-être la nécessité de circuits spécifiques au langage se fera-t-elle sentir en chemin, mais ce n'est pour l'instant pas le cas.

Compétence

J'ai présenté jusqu'ici quatre utilisations des référentiels : une survenait dans le cerveau ancien et trois dans le néocortex. Les référentiels du cerveau ancien apprennent des cartes du milieu environnant. Ceux des colonnes « quoi » du néocortex apprennent des cartes des objets physiques. Ceux des colonnes « où » du néocortex apprennent des cartes de l'espace entourant notre corps. Enfin, les référentiels des colonnes non sensorielles du néocortex apprennent des cartes de concepts.

La compétence dans un domaine, quel qu'il soit, exige que l'on possède un bon référentiel, une bonne carte. Deux individus observant le même objet physique en tireront probablement une carte similaire. On imagine mal, par exemple, que les cerveaux de deux personnes contemplant la même chaise en disposent les caractéristiques différemment. Mais lorsqu'il s'agit d'un concept, deux individus peuvent assimiler des référentiels différents à partir des mêmes faits. Rappelons l'exemple de la liste des événements historiques. Un individu disposera les événements sur une frise chronologique, l'autre le fera sur une carte géographique. Les mêmes faits peuvent conduire à un modèle et à une vision du monde différents.

Être compétent consiste essentiellement à trouver un bon référentiel pour organiser les faits et les observations. Albert Einstein est parti des mêmes faits que ses contemporains. Il n'en a pas moins trouvé une meilleure façon de les disposer, un meilleur référentiel, qui lui a révélé certaines analogies et permis de faire certaines prédictions surprenantes. Le plus fascinant concernant les découvertes d'Einstein associées à la relativité restreinte, c'est qu'il a pris pour référentiels des objets quotidiens. Il a raisonné en termes de trains, d'individus et de phares. Il est parti des observations empiriques des chercheurs, comme la vitesse absolue de la lumière, et a utilisé des référentiels du quotidien pour déduire les équations de la relativité restreinte. Cela permet à quasiment tout le monde de suivre sa logique et de comprendre comment il a abouti à sa découverte. La théorie de la relativité générale réclame en revanche des référentiels fondés sur des concepts mathématiques, les équations de champ, difficilement associables à des objets du quotidien. Einstein lui-même trouvait cela beaucoup plus difficile à comprendre, comme à peu près tout le monde.

En 1978, lorsque Vernon Mountcastle a émis l'hypothèse d'un algorithme commun à toute perception et à toute cognition, on peinait à imaginer un algorithme assez puissant et assez général pour faire l'affaire. On peinait à imaginer un processus unique qui explique tout ce que nous concevons comme étant l'intelligence, depuis les perceptions sensorielles élémentaires jusqu'aux formes de dextérité intellectuelle les plus élevées et les plus admirées. Il m'apparaît clairement aujourd'hui que l'algorithme cortical commun repose sur les référentiels. Ces derniers fournissent le substrat de l'apprentissage de la structure du monde, l'endroit où se trouvent les choses et comment elles se déplacent et changent. C'est très exactement ce que peuvent faire les référentiels non seulement pour les objets physiques que l'on ressent directement, mais aussi pour ceux qu'on ne peut ni voir ni toucher, et même pour les concepts dénués de toute forme physique.

Votre cerveau compte 150 000 colonnes corticales. Chacune d'elles est une machine à apprendre. Chacune acquiert un modèle prédictif de ses propres intrants en observant ces derniers changer dans le temps. Une colonne ne sait pas ce qu'elle apprend ; elle ne sait pas ce que ses modèles représentent. L'entreprise tout entière et les modèles qui en résultent s'appuient sur des référentiels. Le référentiel qui permet de comprendre le fonctionnement du cerveau est celui des référentiels.

7 Théorie de l'intelligence des mille cerveaux

Depuis sa création, Numenta a pour objectif de développer une théorie générale du fonctionnement du néocortex. Les chercheurs en neurosciences publiaient chaque année des milliers d'articles sur les moindres aspects du cerveau, mais il n'y avait pas de théorie systémique réunissant ces détails. Nous avons décidé de commencer par nous centrer sur l'étude d'une seule colonne corticale. S'agissant d'une entité physiquement complexe, elle devait forcément accomplir des choses complexes. Il ne rimait à rien de s'interroger sur les liens désordonnés vaguement hiérarchisés entre colonnes corticales évoqués au chapitre 2 si l'on ignorait ce que faisait l'une d'elles. C'eût été comme s'interroger sur le fonctionnement d'une société avant de connaître quoi que ce soit des personnes.

Beaucoup de choses sont à présent connues de l'activité des colonnes corticales. On sait que chacune est un système sensori-moteur. On sait que chacune peut apprendre le modèle de centaines d'objets et que les modèles reposent sur des référentiels. Dès lors que nous savions qu'une colonne accomplit ces choses-là, il devenait évident que le néocortex, dans son ensemble, ne fonctionnait pas comme on l'avait imaginé jusqu'alors. Nous avons donné à cette nouvelle perspective le nom de « Théorie de l'intelligence des mille cerveaux ». Avant d'expliquer de quoi il s'agit, il ne sera pas inutile de savoir ce qu'elle remplace.

La vision actuelle du néocortex

Aujourd'hui, la représentation la plus répandue du néocortex ressemble à un organigramme. Les informations émanant des sens sont traitées pas à pas, en passant d'une région à une autre du néocortex.

Les chercheurs parlent d'une hiérarchie des détecteurs de caractéristiques, généralement à propos de la vision, qu'ils décrivent comme ceci : chaque cellule de la rétine détecte la présence de lumière dans une petite parcelle d'image. Les cellules de la rétine se projettent ensuite sur le néocortex. La première région du néocortex à recevoir le signal est la région V1. Chaque neurone de la région V1 ne reçoit d'intrant que d'une petite partie de la rétine. C'est comme s'ils regardaient le monde à travers une paille.

Ces indices suggèrent que les colonnes de la région V1 sont incapables de reconnaître des objets entiers. Le rôle de V1 est donc limité à la détection de petites caractéristiques visuelles telles que des traits ou des contours d'une partie locale d'une image. Les neurones de V1 transmettent ensuite ces caractéristiques à d'autres régions du néocortex. La région visuelle suivante, V2, combine les caractéristiques simples de la région V1 en des caractéristiques plus complexes, telles que des coins ou des arcs de cercle. Ce processus se répète encore deux ou trois fois dans deux ou trois autres régions jusqu'à ce que les neurones réagissent à l'objet tout entier. On suppose qu'il existe un processus similaire – menant des caractéristiques simples à l'objet complet – pour le toucher et l'ouïe. Cette vision du néocortex comme une hiérarchie de détecteurs de caractéristiques est depuis cinquante ans la théorie dominante.

Le gros défaut de cette théorie, c'est qu'elle fait de la vision un processus statique, comme si on prenait une photo. Mais la vision ne survient pas comme ça. Trois fois par seconde environ, nos yeux accomplissent de rapides mouvements saccadés. Les messages entrants envoyés des yeux au cerveau changent complètement à chaque saccade. Les messages visuels varient aussi lorsqu'on marche ou lorsqu'on tourne la tête à gauche ou à droite. La théorie d'une hiérarchie des caractéristiques ignore ces changements. Elle traite la vision comme si l'objectif était de prendre un cliché à la fois et de l'étiqueter. La simple observation montre pourtant que la vision est un processus interactif qui dépend du mouvement. Pour apprendre à quoi ressemble un nouvel objet, par exemple, on le prend dans la main, on le fait tourner dans un sens puis dans un autre pour observer ses aspects sous divers angles. Seul le mouvement peut nous apprendre un modèle d'objet.

Cette ignorance de l'aspect dynamique de la vision est notamment due au fait que nous reconnaissons parfois une image sans bouger les yeux, comme une photo s'affichant brièvement sur un écran – mais il s'agit là d'une exception, pas de la règle. La vision normale est un processus sensori-moteur actif, pas un processus statique.

Le rôle fondamental du mouvement est encore plus apparent dans le cas du toucher et de l'ouïe. Si quelqu'un dépose un objet dans votre main, vous ne pouvez le reconnaître sans bouger les doigts. De même, le fait d'entendre est toujours dynamique. Non seulement les objets auditifs, comme les mots parlés, se définissent-ils par les changements de son dans le temps, mais quand nous écoutons, nous bougeons la tête pour activement modifier ce que nous entendons. On ne voit pas bien comment la théorie de la hiérarchie des caractéristiques s'appliquerait au toucher et à l'ouïe. Dans le cas de la vision, on peut au moins imaginer que le cerveau traite une image comme une photo, mais il n'y a rien d'équivalent dans le toucher ou l'ouïe.

Beaucoup d'autres observations prêtent à penser que la théorie de la hiérarchie des caractéristiques réclame modification. En voici quelques-unes, toutes concernant la vision :

1. La première et la deuxième région visuelle, V1 et V2, sont parmi les plus volumineuses du néocortex humain. Elles le sont sensiblement plus que d'autres régions visuelles, où seraient reconnus les objets complets. Pourquoi la détection de petites caractéristiques, limitées en nombre, exigerait-elle une portion plus importante du cerveau que la reconnaissance des objets entiers, eux-mêmes nombreux ? Chez certains mammifères, comme la souris, ce déséquilibre est plus prononcé encore. La région V1 occupe chez la souris une portion importante de l'ensemble du néocortex. Les autres régions visuelles sont comparativement minuscules. Comme si chez la souris, la vision s'accomplissait presque entièrement en V1.
2. Les neurones détecteurs de caractéristiques en V1 ont été découverts lorsque les chercheurs projetaient des images devant les yeux d'animaux anesthésiés dont on enregistrait simultanément l'activité neuronale en V1. On a des neurones qui s'activent en présence d'une caractéristique simple, comme une arête, dans une petite partie de l'image. Ces neurones ne réagissant qu'à des

caractéristiques simples dans une petite parcelle, on a estimé que la reconnaissance des objets entiers s'effectuait ailleurs. Et cela a donné lieu au modèle des caractéristiques hiérarchisées. Mais lors de ces expériences, la plupart des neurones en V1 ne réagissaient à rien de très évident – ils montraient bien un pic d'activité ici et là, ou ils s'activaient en continu pendant un moment avant d'arrêter. La plupart des neurones ne trouvant pas d'explication dans la théorie d'une hiérarchie des caractéristiques, on les a ignorés. Il faut bien pourtant que tous ces neurones dont on n'a pas tenu compte en V1 fassent quelque chose d'important qui n'est pas la détection de caractéristiques.

3. Lorsque les yeux passent par saccade d'un point de fixation à un autre, certains neurones des régions V1 et V2 font une chose remarquable. Ils semblent savoir ce qu'ils vont voir avant que les yeux aient fini de bouger. Ces neurones s'activent comme s'ils voyaient le nouvel intrant alors que celui-ci n'est pas encore arrivé. Ce fait a beaucoup intrigué les chercheurs qui l'ont découvert. Il signifiait que les neurones des régions V1 et V2 accédaient à des connaissances concernant l'objet regardé tout entier, pas seulement une petite partie.

4. Il y a davantage de photorécepteurs au centre de la rétine qu'à la périphérie. Si l'on se représente l'œil comme un appareil photo, il est équipé d'un objectif *fisheye* extrêmement prononcé. Certaines parties de la rétine n'ont pas de photorécepteurs du tout, comme la tache aveugle de la rétine, à l'endroit précis où le nerf optique sort de l'œil et les vaisseaux sanguins traversent la rétine. L'intrant qui parvient au néocortex n'est donc pas comme une photographie. C'est un patchwork d'images très distordu et incomplet. Nous n'avons pourtant aucune conscience des distorsions et des éléments manquants ; notre perception du monde est uniforme et complète. La théorie de la hiérarchie des caractéristiques n'offre pas d'explication à ce problème, dit de la liaison de données ou de la fusion des capteurs. Plus généralement, le problème de la liaison de données demande comment les intrants provenant de plusieurs sens, qui sont disséminés dans l'ensemble du néocortex avec tout type de distorsions, se combinent

pour donner la perception singulière, non distordue, dont nous faisons tous l'expérience.
5. Nous avons vu au premier chapitre que si certaines connexions entre des régions du néocortex paraissent hiérarchiques, comme un organigramme par paliers, la plupart ne le sont pas. Il existe par exemple des connexions entre les régions visuelles de bas niveau et les régions du toucher de bas niveau. Ces connexions ne trouvent aucune explication dans la théorie de la hiérarchie des caractéristiques.
6. Bien que la théorie de la hiérarchie des caractéristiques puisse expliquer comment le néocortex reconnaît une image, elle ne dit rien de la façon dont nous apprenons la structure tridimensionnelle des objets, de celle dont les objets sont composés d'autres objets et de celle dont les objets changent et se comportent dans la durée. Elle n'explique pas que nous soyons capables d'imaginer à quoi ressemblera un objet si on le tourne ou si on le déforme.

Avec tant d'incohérences et de carences, on se demande pourquoi la théorie de la hiérarchie des caractéristiques résiste aussi bien au temps. Cela tient à plusieurs raisons. D'abord, elle coïncide avec beaucoup de données, notamment des données recueillies il y a très longtemps. Ensuite, les défauts de la théorie s'étant accumulés lentement au fil du temps, il a été facile de les ignorer l'un après l'autre au prétexte qu'ils étaient mineurs. Troisièmement, c'est la meilleure théorie dont nous disposons et tant que rien ne viendra la remplacer, on s'y accroche. Enfin, nous le verrons incessamment, elle n'est pas totalement fausse – elle a simplement besoin d'une bonne remise à neuf.

La nouvelle vision du néocortex

Notre proposition de référentiels dans les colonnes corticales laisse entrevoir une autre façon de concevoir le fonctionnement du néocortex. Elle affirme que toutes les colonnes corticales, même dans les régions sensorielles de bas niveau, sont capables d'apprendre et de reconnaître des objets entiers. Une colonne qui ne ressent qu'une petite partie d'un objet peut apprendre un modèle de l'objet entier en intégrant ses messages entrants dans le temps, comme vous et moi apprenons une nouvelle ville en visitant un lieu après l'autre. Une hiérarchie des régions corticales n'est donc pas strictement indispensable pour apprendre des modèles des objets. Notre théorie explique qu'une souris, essentiellement dotée d'un système visuel à un seul niveau, soit capable de voir et de reconnaître des objets dans le monde.

Le néocortex possède beaucoup de modèles de n'importe quel objet donné. Ces modèles se trouvent dans différentes colonnes. Ils ne sont pas identiques, mais complémentaires. Une colonne recevant par exemple des messages tactiles de l'extrémité d'un doigt pourrait apprendre un modèle de téléphone portable comportant sa forme, la texture de ses surfaces et le mouvement de ses boutons lorsqu'on appuie dessus. Une colonne recevant les messages visuels de la rétine pourrait acquérir un modèle du téléphone qui comporte aussi sa forme mais, à la différence de la colonne de l'extrémité du doigt, son modèle peut comprendre la couleur des différentes parties du téléphone et le comportement des icônes visuelles à l'écran.

Une seule colonne corticale ne peut pas apprendre un modèle de chacun des objets qui composent le monde. Ce serait impossible. D'abord, il y a une limite physique au nombre d'objets que peut assimiler une colonne. Nous ne savons pas encore où elle se situe, mais nos simulations suggèrent qu'une seule colonne peut apprendre quelques centaines d'objets complexes. C'est un nombre très inférieur à celui des choses qu'on sait. Et puis, ce qu'apprend une colonne est limité par ses intrants. Par exemple, une colonne tactile ne peut pas apprendre un modèle de nuage et une colonne visuelle ne peut pas apprendre de mélodies.

Même si l'on s'en tient à une seule modalité sensorielle, comme la vision, les colonnes reçoivent différents types de messages entrants et apprendront différents types de modèles. Certaines colonnes de la vision reçoivent par exemple des intrants en couleurs et d'autres en noir et blanc. Dans un autre exemple, les colonnes des régions V1 et V2 reçoivent les unes comme les autres des messages de la rétine. Une colonne de la région V1 reçoit les intrants d'une très petite parcelle de la rétine, comme si elle regardait le monde à travers une paille. Une colonne en V2 reçoit ceux d'une parcelle plus grande de la rétine, comme si la paille était un peu plus grosse, mais l'image est moins nette. Imaginez à présent que vous lisez un texte écrit dans la plus petite police de caractères que vous puissiez distinguer. Notre théorie suggère que seules les colonnes de la région V1 sont capables de reconnaître les lettres et les mots écrits tout petits. L'image que voit V2 est trop floue. Si l'on grossit un peu la taille des caractères, V2 et V1 peuvent l'une et l'autre lire le texte. À mesure que l'on agrandit encore la police, V1 peine de plus en plus à reconnaître le texte, mais V2 y parvient encore. Ainsi, les régions V1 et V2 peuvent l'une et l'autre apprendre des modèles d'objets, comme des lettres et des mots, mais ces modèles se distinguent par leur échelle.

Où le savoir est-il stocké dans le cerveau ?

Les connaissances que contient le cerveau sont réparties. Rien de ce qu'on sait n'est entreposé en un lieu unique, pas plus dans une cellule que dans une colonne. Rien non plus n'est entreposé partout, comme dans un hologramme. La connaissance d'une chose est répartie sur des milliers de colonnes, mais celles-ci ne constituent qu'un petit sous-groupe parmi l'ensemble des colonnes.

Revenons à notre tasse à café. Où la connaissance de cette tasse à café est-elle stockée dans le cerveau ? Beaucoup de colonnes corticales des régions visuelles reçoivent les messages de la rétine. Chaque colonne qui voit une partie de la tasse acquiert un modèle de la tasse et s'efforce de le reconnaître. Pareillement, si l'on saisit la tasse dans les mains, des dizaines ou des centaines de modèles des régions tactiles du néocortex s'activent. Il n'existe pas qu'un modèle de tasse à café. Ce que vous savez des tasses à café existe dans des milliers de modèles, dans des milliers de colonnes – mais cela ne concerne encore qu'une fraction de toutes les colonnes du néocortex. D'où le nom de théorie des mille cerveaux : la connaissance de n'importe quel article est distribuée parmi des milliers de modèles complémentaires.

Permettons-nous une analogie. Prenons une ville comptant cent mille habitants. Pour apporter l'eau potable à tous les foyers, la ville est équipée d'un ensemble de conduits, de pompes, de citernes et de filtres. Ce système réclame de l'entretien pour fonctionner. Où réside le savoir nécessaire à l'entretien du réseau de distribution d'eau ? Il serait imprudent de ne le confier qu'à un seul individu, mais il ne serait pas pratique de demander à chaque citoyen de le connaître. La solution consiste à en distribuer la connaissance parmi un certain nombre de personnes, ni trop élevé ni trop faible. Admettons alors que le service de distribution des eaux compte cinquante employés. Poussant plus loin notre analogie, disons que le réseau comporte cent pièces – c'est-à-dire cent pompes, vannes, citernes, etc. – et que chacun des cinquante employés sait en entretenir un groupe particulier de vingt pièces, avec des chevauchements de l'un à l'autre.

Soit, mais où la connaissance du réseau de distribution de l'eau est-elle alors entreposée ? Chacune des cent pièces est connue de dix individus. Si la moitié des employés devaient manquer à l'appel un beau matin, il est très probable qu'environ cinq personnes seraient encore disponibles pour réparer n'importe quelle pièce. Chaque employé sait à lui seul entretenir et réparer 20 % du système, sans supervision. La connaissance de l'entretien et de la réparation du système de distribution d'eau est répartie parmi un petit groupe de la population générale, et elle résistera à une perte importante d'employés.

On notera que le service des eaux possède peut-être une hiérarchie de contrôle, mais il serait peu judicieux d'empêcher toute autonomie ou de n'assigner tel ou tel élément de savoir qu'à un ou deux individus. Un système complexe ne fonctionne jamais mieux que lorsque le savoir et les actions sont répartis parmi un nombre d'éléments élevé, mais pas trop.

Tout dans le cerveau fonctionne comme cela. Un neurone ne dépend jamais d'une seule synapse, par exemple. Il s'appuie sur une trentaine de synapses pour reconnaître un motif. Même si dix de ces synapses venaient à défaillir, le neurone reconnaîtra encore le motif. Un réseau de neurones ne dépend jamais d'une seule cellule. Dans les simulations de réseau que nous créons, même la perte de 30 % des neurones n'a généralement qu'un effet mineur sur le rendement du réseau. De même, le néocortex ne dépend jamais d'une seule colonne corticale. Le cerveau continue de fonctionner après qu'un AVC ou un traumatisme a anéanti des milliers de colonnes.

Il n'y a donc pas lieu de s'étonner que le cerveau ne s'appuie pas sur un seul et unique modèle. Notre connaissance d'une chose est distribuée entre des milliers de colonnes corticales. Les colonnes ne sont pas redondantes, pas plus qu'elles ne sont la copie conforme les unes des autres. Mais surtout, chaque colonne est un système sensori-moteur à part entière, comme chaque employé des eaux est capable de réparer seul une portion de l'infrastructure de distribution des eaux.

La solution au problème de la liaison

Pourquoi n'avons-nous qu'une perception alors que nous possédons des milliers de modèles ? Lorsque nous tenons en main une tasse à café et la regardons, pourquoi n'éprouvons-nous qu'un objet et pas plusieurs milliers ? Si je pose la tasse sur une table et que cela émet un son, comment ce son est-il associé à l'image et au toucher de la tasse à café ? Autrement dit, comment nos entrées sensorielles se lient-elles pour ne constituer qu'une perception ? Les chercheurs ont longtemps supposé que les divers intrants du néocortex convergeaient en un point du cerveau où serait perçue une chose telle qu'une tasse à café. Cette supposition découle de la théorie de la hiérarchie des caractéristiques. Pourtant, les connexions qu'on observe dans le néocortex ne présentent pas cet aspect-là. Loin de converger, elles partent au contraire dans toutes les directions. C'est l'une des choses qui confèrent son mystère au problème de la liaison, mais nous y avons proposé une réponse : les colonnes votent. Notre perception est le consensus obtenu par le vote des colonnes.

Reprenons notre analogie de la carte papier. Rappelons que vous disposez d'un jeu de cartes comprenant chaque ville et que ces cartes sont découpées en petites cases qui sont mélangées. On vous dépose en un point inconnu d'une ville et vous apercevez un café. Si vous trouvez un établissement similaire sur plusieurs petits carrés, vous ne pouvez pas savoir où vous êtes. Si ce café existe dans quatre villes, vous savez que vous êtes dans l'une d'elles, mais sans pouvoir dire laquelle.

Admettons à présent que quatre personnes se trouvent dans votre cas précis. Elles aussi possèdent des cartes des villes et ont été déposées dans la même ville que vous, mais à un autre endroit, choisi au hasard. Comme vous, elles ignorent dans quelle ville et à quel endroit elles se trouvent. Elles retirent le bandeau qu'elles avaient sur les yeux et parcourent les lieux du regard. L'une d'elles voit une bibliothèque et, après consultation de ses carrés de carte, trouve des bibliothèques dans six villes. Une autre aperçoit une roseraie et trouve des roseraies dans trois villes. Les deux autres font de même. Aucune ne sait dans quelle ville elle se trouve, mais toutes ont une liste de villes possibles. Voici que tout le monde vote. Vous avez tous les cinq sur votre téléphone une application qui dresse la liste des villes et des lieux où vous pourriez vous trouver. Chacun peut consulter la liste de tous les autres. Seule la ville numéro 9 est sur la liste de tout le monde ; chacun sait donc qu'il se trouve dans la ville numéro 9. En comparant vos listes des villes possibles et en ne conservant que celles figurant sur la liste de chacun, vous savez tous immédiatement où vous êtes. C'est ce procédé qu'on appelle le vote.

Dans cet exemple, les cinq individus sont comme le bout des cinq doigts qui touchent différents points d'un objet. Chacun ne peut individuellement reconnaître l'objet, mais ensemble ils le font. Si l'on ne touche une chose que d'un doigt, il faut le déplacer pour reconnaître l'objet. Mais si l'on saisit l'objet dans la main, on le reconnaît généralement d'un coup. Dans presque tous les cas, l'utilisation de cinq doigts réclamera moins de mouvements que celle d'un seul. De même, si l'on observe un objet à travers une paille, il faut déplacer la paille pour le reconnaître. Mais si on l'observe de l'œil tout entier, on le reconnaît généralement sans avoir à bouger.

Poussant plus loin l'analogie, imaginons que parmi les cinq individus parachutés sur la ville, l'un ne puisse qu'entendre. Les cases découpées de la carte de cette personne sont marquées des sons qu'on est censé entendre à chaque endroit. Lorsqu'elle entend une fontaine, ou des oiseaux, ou la musique sortant d'un bar, elle trouve les carrés où l'on est susceptible d'entendre ces sons. Similairement, admettons que deux de nos individus n'éprouvent que le toucher. Leur carte est marquée des sensations tactiles qu'ils s'attendent à ressentir à chaque endroit. Et les deux derniers ne peuvent que voir. Leurs cases sont marquées de ce qu'on s'attend à voir à chaque endroit. Nous voilà maintenant en présence de cinq individus munis de différents types de capteurs : la vision, le toucher et le son. Tous les cinq éprouvent quelque chose, mais ne peuvent déterminer où ils se trouvent, alors ils votent. Le mécanisme du vote est tel que je l'ai décrit plus haut. Ils n'ont qu'à s'accorder sur la ville – aucun des autres détails n'a d'importance. Le vote prend en compte toutes les modalités sensorielles.

Notons qu'on n'a pas besoin de savoir grand-chose des autres. Pas plus de quels sens ils disposent que le nombre de cartes qu'ils possèdent. On n'a pas à savoir si leurs cartes comptent plus ou moins de cases que les siennes, ou si chaque case représente une aire plus petite ou plus grande. On n'a pas à savoir comment ils se déplacent. Certains sont peut-être capables de sauter une case, d'autres de se mouvoir en diagonale. Rien de tout cela n'a d'importance. La seule exigence, c'est que chacun puisse communiquer sa liste de villes possibles. Le vote des colonnes corticales résout le problème de la liaison. Il permet au cerveau de réunir de nombreux types d'intrants sensoriels en une seule représentation de ce qui est ressenti.

Ce suffrage a encore une particularité. Nous pensons que lorsqu'on saisit un objet dans la main, les colonnes tactiles représentant les doigts échangent une autre information : leur position relative par rapport aux autres, ce qui simplifie l'identification de ce qu'on est en train de toucher. Imaginons que nos cinq explorateurs ont été largués dans une ville inconnue. Il est possible, et même probable, qu'ils verront cinq choses qui existent dans de nombreuses villes, comme deux cafés, une bibliothèque, un jardin public et une fontaine. Le vote éliminera toutes les villes possibles ne possédant pas toutes ces caractéristiques, mais les explorateurs ne seront toujours pas certains de l'endroit où ils se trouvent puisque plusieurs villes possèdent toutes ces caractéristiques. Mais si les cinq explorateurs connaissent leur position par rapport aux autres, ils peuvent éliminer toutes les villes ne présentant pas ces cinq caractéristiques dans cette disposition précise. Il nous paraît probable que des informations concernant la position relative soient aussi échangées entre certaines colonnes corticales.

Comment le vote s'accomplit-il dans le cerveau ?

Rappelons que la plupart des connexions d'une colonne corticale montent et descendent entre les couches, demeurant essentiellement dans les limites de la colonne. Cette règle souffre toutefois quelques exceptions bien connues. Les cellules de certaines couches projettent des axones loin dans le néocortex. Ce peut-être d'un côté à l'autre du cerveau, par exemple, entre les zones représentant la main droite et la main gauche. Ou de l'aire visuelle primaire, V1, à l'aire auditive primaire, A1. Notre hypothèse est que les cellules pourvues de connexions à longue distance sont celles qui votent.

Il est parfaitement logique que seules certaines cellules puissent voter. La plupart des cellules d'une colonne ne représentent pas le type d'informations susceptibles d'être soumises au vote. L'intrant sensoriel d'une colonne n'étant pas le même que celui des autres, par exemple, les cellules qui reçoivent ces intrants ne se projettent pas vers d'autres colonnes. Mais les cellules qui représentent l'objet ressenti peuvent voter et se projettent abondamment.

L'idée générale du procédé selon lequel votent les colonnes n'est pas compliquée. Grâce à ses connexions de grande portée, une colonne diffuse ce qu'elle pense être en train d'observer. Il arrive souvent qu'elle soit incertaine, et ses neurones émettent alors simultanément plusieurs possibilités. Dans le même temps, la colonne reçoit en provenance d'autres colonnes des projections qui représentent leurs suppositions. Les suppositions les plus partagées suppriment celles qui le sont le moins jusqu'à ce que le système tout entier s'entende sur une seule réponse. Étonnamment, une colonne n'a pas à envoyer son vote à toutes les autres. Le scrutin fonctionne même si les axones à longue portée se connectent à un petit sous-ensemble d'autres colonnes choisi au hasard. Le vote réclame aussi une phase d'apprentissage. Dans les articles que nous avons publiés, nous décrivons des simulations informatiques qui montrent comment survient l'apprentissage et comment le vote se déroule de façon rapide et fiable.

La stabilité de la perception

L'hypothèse du vote des colonnes résout un autre des mystères du cerveau : pourquoi notre perception du monde paraît-elle stable alors que les messages pénétrant notre cerveau sont changeants ? Lors des saccades oculaires, le message entrant dans le néocortex change à chaque mouvement des yeux, alors les neurones actifs changent forcément eux aussi. Pourtant ce que nous percevons visuellement est stable ; le monde ne semble pas faire un bond à chaque mouvement de nos yeux. Le plus souvent, nous n'avons même pas conscience que nos yeux ont bougé. On constate la même stabilité de la perception au toucher. Imaginez qu'une tasse à café se trouve sur votre bureau et que vous la saisissez. Vous percevez la tasse. À présent vous promenez distraitement vos doigts dessus. Les intrants du néocortex changent, mais votre perception de la tasse reste stable. Vous n'avez pas l'impression que la tasse est en train de changer ou de bouger.

D'où vient alors cette stabilité de la perception et pourquoi n'avons-nous pas conscience du changement des intrants provenant de notre peau ou de nos yeux ? La reconnaissance d'un objet signifie que les colonnes ont voté et qu'elles se sont entendues au sujet de l'objet qu'elles ressentent. Les neurones votants dans chaque colonne constituent un motif stable qui représente l'objet et sa position par rapport à vous. L'activité des neurones votants ne change pas quand vous bougez les yeux ou les doigts, tant qu'ils ressentent le même objet. Les autres neurones de chaque colonne changent à chaque mouvement, mais ceux qui votent, ceux qui représentent l'objet, ne le font pas.

Si l'on pouvait regarder le néocortex du dessus, on verrait un schéma d'activité stable au sein d'une couche de cellules. Cette stabilité couvrirait de vastes aires, des milliers de colonnes. Ce sont les neurones votants. On verrait en revanche changer rapidement l'activité des cellules dans les autres couches d'une colonne à l'autre. Notre perception repose sur les neurones votants stables. Les informations de ces neurones sont largement diffusées vers d'autres secteurs du cerveau, où elles peuvent être transformées en langage ou stockées dans la mémoire à court terme. On n'a pas conscience de l'activité changeante au sein de chaque colonne, elle reste confinée à la colonne et n'est pas accessible à d'autres parties du cerveau.

Pour mettre fin à des crises d'épilepsie réfractaires, le médecin est parfois amené à trancher les connexions entre les côtés droit et gauche du néocortex. Après l'intervention, le patient agit comme s'il avait deux cerveaux. Les expériences réalisées montrent clairement que les deux côtés du cerveau ont des pensées différentes et aboutissent à des conclusions différentes. Le vote des colonnes permet d'expliquer pourquoi. Les connexions entre néocortex droit et gauche servent au vote. Une fois ces connexions sectionnées, il n'est plus possible aux deux côtés de voter, alors chacun aboutit à sa propre conclusion.

Le nombre des neurones votants actifs à tout moment donné est faible. Un chercheur chargé d'observer les neurones responsables du vote verra environ 98 % de cellules silencieuses et 2 % qui s'activent constamment. L'activité des autres cellules des colonnes corticales change avec le changement d'intrant. Il serait facile de centrer son attention sur les neurones changeants et passer à côté de l'importance des neurones votants.

Le cerveau veut atteindre un consensus. Sans doute avez-vous déjà vu l'image ci-dessous qui peut aussi bien évoquer un vase que deux visages. Dans ce type d'exemple, nos colonnes peinent à déterminer de quel objet il s'agit. Comme si elles possédaient les plans de deux villes différentes, mais qui, au moins pour certains quartiers, sont identiques. La « ville du vase » et la « ville des visages » sont similaires. La couche votante cherche à trouver un consensus – elle n'autorise pas l'activation de deux objets à la fois – alors elle choisit une possibilité plutôt que l'autre. On peut percevoir les visages ou le vase, mais pas les deux à la fois.

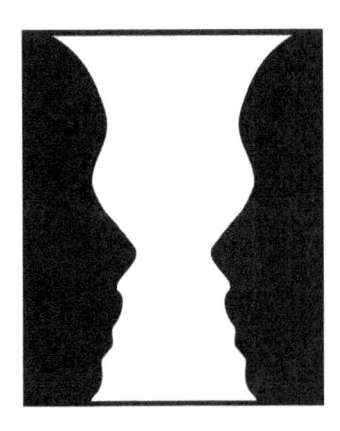

L'attention

Il arrive couramment que nos sens soient en partie obstrués, comme lorsqu'on regarde une personne se tenir debout derrière une portière de voiture. On ne voit que la moitié de la personne, mais on ne se laisse pas berner. On sait bien qu'une personne entière se tient derrière la portière. Les colonnes qui voient la personne votent, convaincues qu'il s'agit d'une personne. Les neurones votants se projettent vers les colonnes dont l'intrant est masqué, et chaque colonne sait à présent qu'il y a là une personne. Même les colonnes bloquées peuvent prédire ce qu'elles verraient si la portière n'était pas là.

L'instant suivant, on peut déplacer son attention vers la portière. À l'instar de l'image bistable des visages et du vase, deux interprétations de l'intrant sont possibles. On peut faire aller et venir son attention entre « la personne » et « la portière ». À chaque basculement, les neurones votants choisissent un objet différent. On perçoit bien que les deux objets sont là, même si l'on ne peut s'attarder que sur un seul à la fois.

Le cerveau peut indifféremment s'occuper de portions plus grandes ou plus petites d'une scène visuelle. Je peux par exemple me concentrer sur la portière tout entière, ou seulement la poignée. On ne sait pas au juste comment procède le cerveau, mais cela implique une partie nommée le thalamus, qui entretient des liens très étroits avec toutes les régions du néocortex.

L'attention joue un rôle essentiel dans la façon dont le cerveau acquiert des modèles. Pendant que vous vaquez à vos occupations du jour, votre cerveau ne cesse jamais de considérer une chose après l'autre. Pendant que vous lisez, par exemple, il passe d'un mot au suivant. Quand vous contemplez un immeuble, votre attention passera du bâtiment à l'une de ses fenêtres, puis à une porte, puis à sa poignée, avant de revenir à la porte et ainsi de suite. Ce qu'il se produit, selon nous, c'est qu'à chaque fois qu'on se fixe sur un objet, le cerveau en détermine la position par rapport à l'objet précédemment considéré. C'est automatique. C'est inhérent au processus de l'attention. Admettons que j'entre dans une salle à manger. Je peux commencer par regarder l'une des chaises, puis la table.

Mon cerveau reconnaît une chaise, puis il reconnaît une table. Mais mon cerveau calcule aussi la position relative de la chaise et la table. À mesure que je parcours la salle du regard, mon cerveau ne se contente pas de reconnaître les objets qui s'y trouvent, il détermine la position de chacun par rapport aux autres et par rapport à la pièce elle-même. En balayant simplement les lieux du regard, mon cerveau construit un modèle de la salle qui comprend tous les objets que j'ai considérés.

Souvent, les modèles que l'on considère sont provisoires. Vous êtes à table dans cette salle à manger, en famille. Parcourant la table des yeux, vous observez les différents plats. Je vous demande alors de fermer les yeux et de me dire où se trouvent les pommes de terre. Vous n'aurez certainement aucun mal à me le dire, ce qui démontre que vous avez appris un modèle de la table et de son contenu pendant le bref instant où vous l'avez regardée. Quelques minutes plus tard, les plats ont circulé, je vous demande à nouveau de fermer les yeux et de me dire où sont les pommes de terre. Vous m'indiquez à présent un nouvel endroit, le dernier où vous les avez vues. Ce que je souhaite montrer par cet exemple, c'est que nous ne cessons jamais d'acquérir des modèles de tout ce que nous ressentons. Si la disposition des éléments de nos modèles reste fixe, comme le logo sur la tasse à café, les modèles demeurent longtemps en mémoire. Si la disposition change, comme celle des plats sur la table, ils sont provisoires.

Le néocortex ne cesse jamais d'apprendre des modèles. Chaque déplacement de l'attention – que l'on soit en train de regarder les plats sur la table de la salle à manger, de marcher dans la rue ou de remarquer un logo sur une tasse à café – ajoute un nouvel article à un modèle de quelque chose. Le processus d'apprentissage est le même, que le modèle soit éphémère ou durable.

La hiérarchie dans la théorie des mille cerveaux

La plupart des neurobiologistes ont admis pendant des décennies la théorie de la hiérarchie des caractéristiques, et ils avaient de bonnes raisons de le faire. Malgré ses nombreux défauts, cette théorie concorde avec beaucoup de données. La nôtre propose une nouvelle façon de se représenter le néocortex. Selon la théorie des mille cerveaux, aucune hiérarchie des régions néocorticales n'est vraiment nécessaire. Une région corticale est capable de reconnaître seule un objet, ainsi que nous l'a montré l'appareil visuel de la souris. Qu'en est-il alors ? Le néocortex est-il organisé hiérarchiquement ou par le vote et le consensus de milliers de modèles ?

L'anatomie du néocortex laisse entendre que les deux types de connexion existent. Comment l'interpréter ? Notre théorie suppose une autre représentation des connexions, compatible avec le modèle hiérarchique aussi bien qu'avec celui des colonnes individuelles. Nous avons proposé que ce sont les objets entiers, pas les caractéristiques, qui franchissent les niveaux hiérarchiques. Au lieu d'utiliser la hiérarchie pour assembler les caractéristiques en un objet reconnaissable, le néocortex l'utilise pour assembler les objets en des objets plus complexes.

J'ai évoqué plus haut la composition hiérarchique. Rappelons l'exemple de la tasse à café ornée du logo. L'apprentissage d'un tel objet s'effectue en considérant d'abord la tasse, puis le logo. Le logo est lui-même composé d'objets, comme un dessin et un mot, mais il n'y a pas à se rappeler où se situent les caractéristiques du logo par rapport à la tasse. Il suffit d'apprendre la position relative du référentiel du logo par rapport à celui de la tasse. Le détail des caractéristiques du logo est inclus implicitement.

Ainsi apprenons-nous le monde entier : comme une hiérarchie complexe d'objets localisés par rapport à d'autres objets. On ne sait pas encore vraiment comment s'y prend le néocortex. On soupçonne par exemple que l'apprentissage hiérarchique s'effectue en partie au sein de chaque colonne, mais certainement pas totalement. Les connexions hiérarchiques entre régions en prendront en charge une partie. On ignore quelle proportion exacte de l'apprentissage s'effectue au sein d'une colonne individuelle ou dans les connexions entre régions. C'est sur ce problème précis que nous travaillons en ce moment. La réponse réclamera très certainement une meilleure connaissance de l'attention, et c'est pourquoi nous sommes en train d'étudier le thalamus.

J'ai dressé plus haut dans ce chapitre la liste des problèmes que pose la notion courante d'un néocortex détecteur des hiérarchies de caractéristiques. Réexaminons à présent cette liste en nous demandant cette fois comment la théorie des mille cerveaux répond à chacun des problèmes, à commencer par le rôle essentiel du mouvement.

1. La théorie des mille cerveaux est en soi une théorie de la sensori-motricité. Elle explique le fait que nous apprenions et reconnaissions les objets par le mouvement. Élément important, elle explique aussi que nous puissions parfois reconnaître des objets sans bouger, comme lorsqu'on voit une image s'afficher un instant à l'écran ou lorsqu'on saisit une tasse à café de tous les doigts. La théorie des mille cerveaux est donc un sur-ensemble du modèle hiérarchique.

2. La taille relativement importante des régions V1 et V2 chez les primates et celle singulièrement importante de la région V1 chez la souris s'expliquent par la théorie des mille cerveaux parce que chaque colonne peut reconnaître des objets entiers. À contre-courant d'une idée aujourd'hui très répandue parmi les neurobiologistes, la théorie des mille cerveaux dit que l'essentiel de ce que nous considérons comme de la vision se produit au sein des régions V1 et V2. Les régions primaire et secondaire associées au toucher sont relativement grandes elles aussi.

3. La théorie des mille cerveaux résout l'énigme du fait que les neurones sachent quel sera le prochain message entrant alors que les yeux sont encore en mouvement. Chaque colonne possédant des modèles d'objets entiers, elle sait ce qui doit être perçu en chaque point de l'objet. Si une colonne connaît la position actuelle de son point d'entrée et le mouvement que sont en train d'accomplir les yeux, elle peut prédire le nouvel emplacement et ce qu'elle y ressentira, comme lorsqu'on regarde le plan d'une ville en prédisant ce qu'on verra si l'on se met à avancer dans telle ou telle direction.

4. Le problème de la liaison postule que le néocortex compte un modèle unique de chaque objet dans le monde. La théorie des mille cerveaux inverse cette hypothèse en proposant l'existence de milliers de modèles de chaque objet. Les divers

messages parvenant au cerveau ne sont pas liés ou combinés en un modèle unique. Peu importe que les colonnes possèdent divers types d'entrées, ou qu'une colonne représente une petite partie de la rétine et sa voisine une partie plus importante. Peu importe que la rétine comporte des trous, pas plus qu'importe la présence d'espaces entre vos doigts. Le motif projeté sur la région V1 peut être distordu et mélangé sans conséquence, car aucune partie du néocortex ne s'emploie à rassembler cette représentation brouillée. Le mécanisme de vote de la théorie des mille cerveaux explique que notre perception soit singulière et non distordue. Elle explique aussi que la reconnaissance d'un objet dans une modalité sensorielle suscite des prédictions dans d'autres.

5. Enfin, la théorie des mille cerveaux décrit comment le néocortex acquiert un modèle tridimensionnel des objets en faisant appel à des référentiels. À titre de petit indice supplémentaire en ce sens, contemplez l'image ci-dessous. Ce ne sont qu'une poignée de lignes droites imprimées sur une surface plane. Il n'y a pas de point de fuite, pas de lignes convergentes, pas de contrastes dégradés suggérant quelque profondeur que ce soit. Il vous est pourtant impossible de regarder cette image sans y voir une volée d'escaliers en trois dimensions. Peu importe que l'image soit bidimensionnelle : les modèles de votre néocortex sont en trois dimensions, et c'est ce que vous percevez.

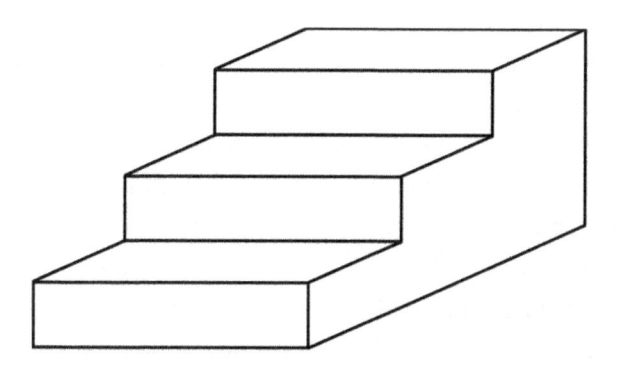

Le cerveau est complexe. La manière précise dont les cellules grilles et de lieu créent des référentiels, apprennent des modèles d'environnement et planifient des comportements est plus complexe que la description que j'en ai faite, et nous ne la connaissons qu'en partie. Nous proposons que le néocortex emploie des mécanismes similaires, tout aussi complexes et encore moins connus. C'est un domaine dans lequel les chercheurs en neurosciences expérimentales, mais aussi les chercheurs théoriques, comme nous, ont encore fort à faire.

Creuser plus loin cette question et d'autres nous contraindrait à présenter d'autres détails de neuroanatomie et de neurophysiologie à la fois difficiles à décrire et pas indispensables pour comprendre les grandes lignes de la théorie de l'intelligence des mille cerveaux. Voici donc que nous atteignons une limite – la limite où s'achève le champ d'exploration de ce livre et où s'ouvre celui de ce qu'il reste à traiter par les articles scientifiques.

J'ai dit dans l'introduction que le cerveau est lui-même une sorte de puzzle. Nous connaissons à son sujet des dizaines de milliers de faits, dont chacun constitue une pièce. Mais en l'absence de cadre théorique, impossible de se faire une idée du puzzle achevé. Sans cadre théorique, on ne pourra faire mieux qu'assembler quelques pièces ici et là. La théorie des mille cerveaux est un cadre théorique ; c'est comme lorsqu'on a fini d'assembler les bords du puzzle et qu'on sait à quoi ressemble l'image générale. À l'heure où j'écris ces lignes, nous avons complété certaines parties de l'intérieur du puzzle, mais d'autres restent à assembler. Il y a encore beaucoup à faire, mais notre tâche est désormais simplifiée parce que la connaissance du cadre procure une idée plus claire des parties inachevées.

Je ne voudrais pas vous laisser la fausse impression que nous comprenons tout ce que fait le néocortex. On en est loin. Le nombre de mystères qui demeurent concernant le cerveau en général et le néocortex en particulier est considérable. Mais je ne pense pas que nous verrons d'autre cadre théorique général, d'autre manière de disposer les pièces du bord du puzzle. Tout cadre théorique est appelé à se modifier et à s'affiner avec le temps, et je m'attends à ce qu'il en aille de même avec la théorie des mille cerveaux, mais les idées que j'ai ici énoncées demeureront, j'en suis persuadé, intactes pour l'essentiel.

*
* *

Avant de clore ce chapitre et la première partie du livre, permettez-moi de vous raconter la suite de ma rencontre avec Vernon Mountcastle. Rappelons que j'avais donné une conférence à l'Université Johns-Hopkins et qu'en fin de journée, j'avais retrouvé Mountcastle et le doyen de son département. Lorsque l'heure est venue de partir, car j'avais un avion à prendre, nous avons pris congé pendant qu'une voiture m'attendait dehors. Au moment où je franchissais la porte de son bureau, Mountcastle m'a arrêté, posant la main sur mon épaule, et m'a dit sur le ton de la vive recommandation : « Vous devriez cesser de parler de hiérarchie. En vérité, il n'y en a pas. »

J'étais stupéfait. Mountcastle, premier spécialiste mondial du néocortex, était en train de me dire que l'une des principales caractéristiques de cet organe, l'une des plus étudiées, n'existait pas. C'était comme si Francis Crick m'avait dit : « Au fait, cette molécule d'ADN, elle ne code pas vraiment les gènes. » Ne sachant que répondre, je me suis tu. Dans la voiture qui m'emmenait à l'aéroport, j'essayais de trouver un sens à ses dernières paroles.

Ma perception est aujourd'hui très différente d'alors – le néocortex et nettement moins hiérarchisé que je ne le pensais. Vernon Mountcastle l'avait-il déjà compris ? S'appuyait-il sur un fondement théorique pour affirmer qu'il n'y avait pas vraiment de hiérarchie ? Avait-il en tête certaines données expérimentales que j'ignorais ? Il s'est éteint en 2015 et je n'aurai jamais l'occasion de lui poser la question. À sa mort, je me suis plongé dans la relecture de beaucoup de ses articles et de ses livres. Sa pensée et ses écrits sont toujours très instructifs. Son ouvrage de 1998, *Perceptual Neuroscience : The Cerebral Cortex*, est un livre physiquement beau, il demeure l'un de mes ouvrages favoris sur le cerveau. Quand je repense à ce jour, je me dis qu'il aurait été opportun de risquer de rater mon avion pour creuser un peu la question avec lui. Plus encore, j'aimerais vraiment pouvoir lui parler aujourd'hui. Je me plais à croire qu'il aurait apprécié la théorie que je viens de vous décrire.

J'aimerais à présent que nous considérions l'impact qu'aura la théorie des mille cerveaux sur notre avenir.

Deuxième partie
L'INTELLIGENCE MACHINE

Dans son important ouvrage *La Structure des révolutions scientifiques*, l'historien Thomas Kuhn explique que l'essentiel du progrès scientifique repose sur des cadres théoriques amplement reconnus, qu'il nomme paradigmes scientifiques. Il arrive de temps en temps qu'un paradigme bien établi soit aboli et remplacé par un autre – c'est ce que Kuhn appelle une révolution scientifique.

De nombreux sous-domaines des neurosciences possèdent aujourd'hui un paradigme bien établi, notamment en ce qui concerne la façon dont le cerveau a évolué, les maladies associées au cerveau ou les cellules grilles et de lieu. Les chercheurs de ces domaines emploient la même terminologie et les mêmes techniques expérimentales, et ils s'entendent sur le choix des questions auxquelles ils souhaitent répondre. Mais il n'y a pas de paradigme généralement admis concernant le néocortex et l'intelligence. C'est à peine si l'on s'entend sur ce que fait le néocortex ou sur les questions qu'il convient de poser. Kuhn dirait que l'étude de l'intelligence et du néocortex se trouve à l'état pré-paradigmatique.

Dans la première partie de ce livre, j'ai proposé une nouvelle théorie du fonctionnement du néocortex et de ce qu'être intelligent veut dire. On pourrait dire que je propose un paradigme pour l'étude du néocortex. Je ne doute pas que cette théorie soit valide pour l'essentiel mais, surtout, elle peut être testée. Les expériences menées aujourd'hui et celles de demain nous diront quels éléments de la théorie sont justes et lesquels réclament modification.

Dans cette deuxième partie, je vais m'efforcer de décrire l'impact qu'aura notre théorie sur l'avenir de l'intelligence artificielle. La recherche en IA possède un paradigme bien établi, un ensemble commun de techniques globalement désigné du nom de réseaux neuronaux artificiels. Les chercheurs en IA partagent la même terminologie et les mêmes objectifs, et cela a permis au domaine de faire de réelles avancées ces dernières années.

La théorie de l'intelligence des mille cerveaux laisse entendre que l'avenir de l'intelligence machine sera très différent de ce à quoi réfléchissent aujourd'hui la plupart des gens qui travaillent sur l'IA. Il me semble que l'IA est mûre pour une révolution scientifique et que les principes de l'intelligence que j'ai énoncés plus haut en seront le fondement.

J'hésite un peu aujourd'hui à écrire cela, à cause d'un épisode marquant survenu au début de ma carrière, quand j'ai parlé de l'avenir de l'informatique. Cela ne m'avait pas réussi alors.

Peu après avoir fondé Palm Computing, j'ai été invité à donner une conférence chez Intel. Chaque année, Intel faisait venir dans la Silicon Valley quelques centaines de ses employés les plus hauts placés pour trois journées de réunions de planification. Dans le cadre de ces réunions, plusieurs intervenants extérieurs devaient prendre la parole devant l'assemblée, et en 1992, j'étais de ceux-là, ce qui constituait à mes yeux un honneur. Intel était alors à la pointe de la révolution de l'informatique personnelle, c'était l'une des entreprises les plus puissantes et les plus respectées du monde. La mienne, Palm, n'était qu'une petite start-up qui n'avait pas encore livré son premier produit. Mon discours portait sur l'avenir de l'informatique personnelle.

J'ai déclaré que l'avenir de l'informatique personnelle serait dominé par des ordinateurs assez petits pour tenir dans la poche. Ces appareils coûteraient entre cinq cents et mille dollars et fonctionneraient toute la journée sur batterie. Partout dans le monde, des milliards d'individus ne possèderaient d'autre ordinateur que celui-là. Ce basculement était à mes yeux inévitable. Des milliards de gens réclamaient un ordinateur, mais l'ordinateur portable ou de bureau était trop cher et son utilisation trop compliquée. Je percevais une tendance inexorable vers l'ordinateur de poche, plus maniable et moins coûteux.

Il y avait alors en circulation des centaines de millions d'ordinateurs personnels portables ou de bureau. Intel vendait le processeur de la plupart d'entre eux. La puce d'un microprocesseur moyen coûtait environ quatre cents dollars et consommait beaucoup trop d'énergie pour pouvoir être utilisée dans un ordinateur de poche alimenté par une batterie. J'ai donc suggéré aux dirigeants d'Intel que s'ils voulaient préserver leur position dominante sur le marché de l'informatique individuelle, ils devaient se centrer sur trois domaines : réduire la consommation électrique, réduire la taille des puces et trouver comment réaliser des bénéfices avec un produit vendu à moins de mille dollars. Le ton de mon propos était sans prétention, certainement pas véhément. Je leur disais en substance :

« À propos, je crois qu'il va se passer telles et telles choses et vous feriez bien de tenir compte des implications qui suivront. »

À la fin de mon intervention, j'ai invité le public à me poser des questions. Tout le monde était attablé, et le déjeuner ne serait pas servi avant que j'aie fini, alors je ne m'attendais pas à grand-chose. Je n'en ai retenu qu'une. Une personne s'est levée et m'a demandé sur un ton qui frôlait la dérision : « Quelle utilisation feront les gens d'un tel ordinateur de poche ? » Il était difficile de répondre à cette question.

L'ordinateur personnel remplissait alors surtout des fonctions telles que le traitement de texte, les feuilles de calcul ou les bases de données. Aucune de ces applications n'était adaptée à un ordinateur de poche doté d'un petit écran et dépourvu de clavier. Il me paraissait logique que l'ordinateur de poche servirait essentiellement à accéder à des informations, pas à les créer, et c'est la réponse que j'ai donnée. J'ai dit que ses premières applications seraient d'accéder à son agenda et à son carnet d'adresses, mais je savais que cela ne suffirait pas à transfigurer l'informatique individuelle. J'ai donc ajouté que nous découvririons de nouvelles applications plus importantes.

Rappelons qu'en 1992 il n'y avait pas plus de musique que de photo numérique, ni de Wi-Fi, de Bluetooth ou de données sur téléphone portable. Le premier navigateur web grand public n'était pas encore inventé. Loin d'imaginer que ces technologies existeraient un jour, je ne pouvais concevoir les applications qui en découleraient. Mais je savais que les gens réclament toujours plus d'informations et que, d'une façon ou d'une autre, nous trouverions le moyen de les leur livrer sur un ordinateur portable.

Après mon intervention, je me suis assis à la table du légendaire Dr Gordon Moore, fondateur d'Intel. C'était une table ronde, avec une dizaine de personnes. J'ai demandé au Dr Moore ce qu'il avait pensé de mon discours. Tout le monde s'est tu, attendant sa réponse. Il a évité de me répondre directement, puis il m'a tout bonnement évité pendant le reste de la soirée. J'ai vite compris que personne autour de la table ne m'avait cru.

Cet épisode m'a secoué. Si je ne parvenais même pas à convaincre les esprits les plus brillants et les plus accomplis du monde informatique ne serait-ce que d'envisager ma proposition, c'est peut-être que j'avais tort, ou alors que la transition vers l'informatique de poche serait bien plus difficile que je ne l'avais pensé. Je me suis dit que le mieux serait de me concentrer sur la fabrication d'ordinateurs de poche, sans me soucier de l'avis des autres. Je m'interdis depuis ce jour de livrer des discours « visionnaires » sur l'avenir de l'informatique et m'efforce autant que possible de faire exister cet avenir.

Me voici aujourd'hui dans une situation similaire. À partir de ce point du livre, je vais décrire un avenir différent de celui qu'attendent la plupart des gens, et notamment les spécialistes. Je commencerai par évoquer un avenir de l'intelligence artificielle qui contredit ce que pensent aujourd'hui la plupart des leaders de l'IA, puis, dans la troisième partie, je décrirai l'avenir de l'humanité en des termes que vous n'avez probablement jamais envisagés. Il va de soi que je peux me tromper ; la prédiction est un art difficile. Mais ce que je m'apprête à vous soumettre est à mes yeux inévitable, cela relève davantage de la déduction logique que de la spéculation. Toutefois, comme autrefois chez Intel, je ne convaincrai probablement pas tout le monde. Mais je vais faire de mon mieux, en vous demandant de garder l'esprit ouvert.

Les quatre prochains chapitres seront consacrés à l'avenir de l'intelligence artificielle. L'IA connaît en ce moment une renaissance. C'est l'un des champs les plus dynamiques de la technologie. Chaque jour semble apporter son lot de nouvelles applications, de nouveaux investissements et de meilleures performances. Le domaine de l'IA est dominé par les réseaux neuronaux artificiels, mais ils n'ont rien à voir avec les réseaux neuronaux que l'on rencontre dans le cerveau. J'affirmerai dans les pages qui viennent que l'avenir de l'IA reposera sur des principes différents de ceux aujourd'hui en vigueur, des principes qui imitent de plus près le cerveau. Pour construire des machines vraiment intelligentes, nous devons les concevoir en adhésion avec les principes que j'ai énoncés dans la première partie de ce livre.

J'ignore ce que seront les futures applications de l'IA. Mais, à l'instar de la transition vers les dispositifs de poche qu'a connue l'informatique personnelle, celle de l'IA vers des principes fondés sur le cerveau m'apparaît inévitable.

8 Pourquoi il n'y a pas de « I » dans l'IA

Depuis sa naissance, en 1956, le champ de l'intelligence artificielle a traversé plusieurs cycles d'exaltation suivie de pessimisme. On parle dans le milieu d'« hivers » et d'« étés » de l'IA. Chaque vague est venue des promesses d'une nouvelle technologie censée nous mettre sur la voie de la création de machines intelligentes, mais qui a fini par décevoir. L'IA connaît aujourd'hui une nouvelle vague d'enthousiasme, un nouvel été, et cette fois encore, les attentes du secteur sont élevées. L'ensemble de technologies à l'origine de la flambée actuelle, ce sont les réseaux neuronaux artificiels, souvent désignés par l'expression « apprentissage profond ». Ces méthodes ont obtenu d'impressionnants résultats dans des tâches telles que l'étiquetage de photos, la reconnaissance du langage parlé ou la conduite de véhicules. En 2011, un ordinateur a battu les humains les mieux classés au jeu télévisé *Jeopardy!*, et en 2016, un autre ordinateur a battu le meilleur joueur mondial du jeu de go. Ces deux exploits ont fait les gros titres des journaux du monde entier. Ils sont certes impressionnants, mais peut-on dire de ces machines qu'elles sont vraiment intelligentes ?

La plupart des gens, et notamment des chercheurs en IA, estiment que non. L'intelligence artificielle d'aujourd'hui est encore inférieure à bien des égards à l'intelligence humaine. L'humain, par exemple, ne cesse jamais d'apprendre. On l'a vu, nous sommes constamment en train de rectifier notre modèle du monde. Les réseaux d'apprentissage profond, eux, doivent avoir été pleinement formés avant leur mise en œuvre. Et ils sont incapables après leur mise en œuvre d'apprendre de nouvelles choses en chemin. Si l'on souhaite qu'un réseau neuronal de la vision apprenne à reconnaître un nouvel objet, il faut reprendre sa formation depuis le départ, ce qui peut demander plusieurs journées. Mais ce qui interdit de considérer comme intelligents les systèmes actuels d'IA, c'est surtout qu'ils ne font qu'une chose, alors que les humains en font beaucoup. Autrement dit, les systèmes d'IA ne sont pas souples. N'importe quel individu humain, vous et moi, peut apprendre le jeu de go, l'agriculture, l'écriture de logiciels, le pilotage d'un avion et à jouer de la musique. Nous acquérons au fil de notre vie des milliers de compétences et, sans être nécessairement le meilleur dans chacun de ces domaines, nous sommes souples dans notre faculté d'apprentissage. Les systèmes d'IA d'apprentissage profond n'ont à peu près aucune souplesse. Un ordinateur conçu pour le jeu de go battra peut-être tous les humains du monde, mais il ne fera rien d'autre. Une voiture sans chauffeur est peut-être plus sûre que n'importe quel véhicule piloté par un humain, mais elle ne joue pas au go et ne peut pas changer un pneu crevé.

L'objectif à long terme de la recherche en IA est de créer des machines qui montrent une intelligence semblable à celle des humains – des machines capables d'apprendre rapidement de nouvelles tâches, de dénicher des analogies entre une tâche et une autre et de résoudre avec souplesse de nouveaux problèmes. Cet objectif porte le nom d'« intelligence artificielle générale » (IAG), pour le distinguer de l'IA limitée d'aujourd'hui. La grande question à laquelle est aujourd'hui confronté le secteur de l'IA est la suivante : sommes-nous sur la voie de la création de machines IAG vraiment intelligentes, ou allons-nous une fois encore rester bloqués et entrer dans un nouvel hiver ? L'essor actuel de l'IA a attiré des milliers de chercheurs et des milliards de dollars d'investissement. Tous ces gens et ces fonds s'emploient à améliorer les technologies de l'apprentissage profond. Cet investissement conduira-t-il à une intelligence machine de niveau humain, ou bien les technologies de l'apprentissage profond sont-elles intrinsèquement limitées, ce qui nous forcera une fois de plus à réinventer le champ de l'IA ? Quand on est au cœur de la bulle, il est facile de se laisser emporter par l'enthousiasme général et de croire que ça ne s'arrêtera jamais. L'histoire nous invite pourtant à la prudence.

J'ignore combien durera encore la vague actuelle de l'IA. Mais je sais que l'apprentissage profond ne nous met pas sur la voie de la création de machines vraiment intelligentes. Nous ne parviendrons pas à l'intelligence artificielle générale en continuant à faire ce que nous faisons. Une autre approche est nécessaire.

Deux voies vers l'IAG

Pour fabriquer des machines intelligentes, les chercheurs en IA ont emprunté deux voies. La première, que nous suivons aujourd'hui, cherche à amener l'ordinateur à surpasser l'humain dans des tâches précises, comme le jeu de go ou la détection de cellules cancéreuses dans des images médicales. L'espoir est ici qu'à force de produire des ordinateurs plus efficaces que les humains dans quelques tâches délicates, on finisse par apprendre à en produire de plus efficaces dans toutes les tâches. Selon cette approche de l'IA, peu importe comment opère le système ou que l'ordinateur soit flexible. Seul compte le fait que l'ordinateur accomplisse une tâche donnée mieux que les autres ordinateurs dotés d'IA et, au bout du compte, mieux que le meilleur des humains. Si par exemple le meilleur ordinateur du jeu de go s'était classé au sixième rang mondial, il n'aurait pas inspiré de gros titres et serait même probablement considéré comme un échec. Mais le fait qu'il ait battu le mieux classé des humains l'a hissé au rang des grandes avancées.

La seconde voie vers la création de machines intelligentes consiste à se centrer sur la souplesse. Peu importe cette fois que l'IA fasse mieux que les humains. L'objectif est de créer des machines capables de faire beaucoup de choses et d'appliquer à une tâche ce qu'elles ont appris dans une autre. La réussite au bout de ce chemin pourrait prendre la forme d'une machine ayant les facultés d'un enfant de 5 ans, voire d'un chien. L'espoir est de commencer par apprendre à fabriquer des systèmes d'IA flexibles puis, sur ces bases, de fabriquer des systèmes qui égalent les hommes, voire qui les surpassent.

Cette seconde voie est celle qu'avaient empruntée certaines des premières vagues de l'IA, mais elle s'est vite avérée trop difficile. Les chercheurs se sont aperçus que les capacités d'un enfant de 5 ans réclament une immense quantité de connaissances du quotidien. Un enfant sait des milliers de choses au sujet du monde. Il sait comment se renversent les liquides, comment roulent les balles et comment les chiens aboient. Il sait se servir d'un crayon, d'un feutre, du papier et de la colle. Il sait comment ouvrir un livre et n'ignore pas que le papier se déchire. Il connaît plusieurs milliers de mots et la façon de les employer pour amener d'autres personnes à faire certaines choses. Les chercheurs n'ont pas trouvé le moyen de programmer ces connaissances du quotidien dans un ordinateur, ni comment amener l'ordinateur à les apprendre.

La difficulté concernant le savoir n'est pas d'énoncer un fait, mais d'en faire une représentation qui soit utile. Prenons par exemple l'affirmation « les balles sont rondes ». L'enfant de 5 ans sait ce que cela signifie. Il est facile de faire entrer cette affirmation dans un ordinateur, mais comment celui-ci la comprendra-t-il ? Les termes « balle » et « rond » ont plusieurs sens. Une balle peut être la munition d'une arme à feu, qui n'est pas ronde, alors qu'une pizza est ronde, mais ne ressemble pas à une balle. Pour qu'un ordinateur comprenne le mot « balle », il doit lui associer différentes significations, dont chacune a un rapport différent avec d'autres mots. Et puis les objets s'accompagnent aussi d'une action. Certaines balles rebondissent, mais les balles de tennis ne le font pas comme les balles de base-ball ni comme les balles de golf. Vous et moi apprenons très vite ces distinctions par l'observation. Personne n'a à nous expliquer comment une balle rebondit ; on la lance par terre et on voit ce que ça donne. On n'a pas conscience de la façon dont ce savoir est stocké dans notre cerveau. L'apprentissage des choses du quotidien, comme la façon dont rebondissent les balles, s'effectue sans effort.

Les chercheurs en IA n'ont pas su reproduire cela dans un ordinateur. Ils ont inventé des structures logicielles nommées schémas et cadres pour organiser le savoir, mais malgré tous leurs efforts, ils ont systématiquement abouti à un capharnaüm inexploitable. Le monde est complexe ; le nombre des choses que sait un enfant et celui des connexions entre ces choses semble d'une grandeur impossible. Aussi simple que cela paraisse, nul n'a jamais trouvé le moyen d'apprendre à un ordinateur ce qu'est une chose aussi élémentaire qu'une balle.

C'est le problème dit de la représentation des connaissances. Certains chercheurs en IA ont fini par considérer que la représentation des connaissances n'est pas seulement un problème important parmi d'autres, mais le *seul* problème en matière d'IA. Ils ont affirmé qu'on ne construirait pas de machine vraiment intelligente avant d'avoir résolu la façon de représenter le savoir quotidien dans un ordinateur.

Les réseaux actuels d'apprentissage profond ne possèdent pas de connaissances. Un ordinateur qui joue au go ignore que le go est un jeu. Il ignore l'histoire du jeu. Il ignore s'il joue contre un ordinateur ou un humain, ni même ce que signifient « ordinateur » et « humain ». De même, un réseau d'apprentissage profond qui étiquette des images est capable de dire en regardant une image qu'il s'agit d'un chat. Mais sa connaissance des chats est limitée. Il ne sait pas que c'est un animal, qu'il a une queue, des pattes et des poumons. Il ne sait pas que certains humains ont plutôt des affinités avec les chiens et d'autres avec les chats, ni que le chat ronronne ou qu'il perd ses poils. Tout ce que fait le réseau d'apprentissage profond, c'est déterminer qu'une nouvelle image est similaire à une image précédemment observée et étiquetée du terme « chat ». Les réseaux d'apprentissage profond ne savent rien des chats.

Récemment, des chercheurs en IA ont testé une nouvelle approche du codage des connaissances. Ils créent de vastes réseaux de neurones artificiels qu'ils forment à l'aide de vastes quantités de texte : chaque mot que contiennent des dizaines de milliers de livres, tout Wikipédia et la quasi-totalité d'internet. Ils alimentent ainsi les réseaux neuronaux mot à mot. Cette formation permet aux réseaux d'apprendre la probabilité que certains mots en suivent d'autres. Ces réseaux du langage accomplissent des choses étonnantes. Il suffit par exemple que vous leur donniez quelques mots pour qu'ils vous composent un petit paragraphe en rapport avec eux. De ce paragraphe, il est difficile de dire s'il a été rédigé par un humain ou par le réseau neuronal.

Les chercheurs en IA ne s'entendent pas sur le fait que ces réseaux neuronaux du langage possèdent de réelles connaissances ou s'ils se contentent d'imiter les humains en retenant les statistiques à propos de millions de mots. Je ne pense pas qu'un réseau d'apprentissage profond, quel qu'il soit, atteigne l'objectif de l'IAG s'il ne modélise pas le monde comme le fait le cerveau. Les réseaux d'apprentissage profond fonctionnent très bien, mais ce n'est pas parce qu'ils ont résolu le problème de la représentation des connaissances. Ils fonctionnent parce qu'ils l'ont entièrement contourné en s'appuyant sur les statistiques et les masses de données. Les réseaux d'apprentissage profond ont un fonctionnement ingénieux, leurs performances sont impressionnantes et ils ont une vraie valeur commerciale. Je dis simplement qu'ils ne possèdent pas de connaissances et qu'ils ne sont donc pas sur la voie qui leur permettra d'acquérir les aptitudes d'un enfant de 5 ans.

Le cerveau, modèle pour l'IA

Dès l'instant où je me suis intéressé à l'étude du cerveau, j'ai senti qu'il faudrait en comprendre le fonctionnement pour créer des machines intelligentes. Le cerveau étant la seule chose intelligente dont nous ayons connaissance, il me semblait que cela allait de soi. Rien, lors des décennies suivantes, ne m'a incité à changer d'avis. C'est l'un des motifs de ma quête acharnée d'une théorie du cerveau : c'est à mon sens le premier pas indispensable de la création d'une IA vraiment intelligente. J'ai vu déferler plusieurs vagues d'enthousiasme pour l'IA et refusé à chaque fois de suivre le mouvement. Il était clair selon moi que les technologies employées étaient loin de ressembler au cerveau et que l'IA allait inévitablement s'y embourber. Comprendre le fonctionnement du cerveau n'est pas simple, mais c'est le premier pas indispensable vers la création de machines intelligentes.

J'ai consacré la première moitié de ce livre à décrire les progrès accomplis dans la connaissance du cerveau. J'ai expliqué que le néocortex apprend des modèles du monde à l'aide de référentiels semblables à des cartes. À l'instar des cartes papier qui représentent ce qu'on sait d'une aire géographique telle qu'une ville ou un pays, les cartes du cerveau représentent ce qu'on sait des objets avec lesquels on interagit (un vélo ou un smartphone, par exemple), de notre corps (où se trouvent nos membres et comment ils bougent) et de concepts abstraits (comme les mathématiques).

La théorie des mille cerveaux résout le problème de la représentation des connaissances. Voici une analogie qui va vous aider à le comprendre. Admettons que je souhaite représenter les connaissances concernant un objet commun, comme une agrafeuse. Les premiers chercheurs en IA procédaient en dressant la liste des parties de l'agrafeuse puis en décrivant ce que faisait chacune. Ils pouvaient par exemple écrire une règle à propos des agrafeuses selon laquelle « Lorsqu'on exerce une pression vers le bas sur le sommet de l'agrafeuse, une agrafe sort à une extrémité. » Mais pour que cette affirmation soit compréhensible, il fallait définir des termes tels que « sommet », « extrémité » et « agrafe », ainsi que certaines actions telles que « exercer une pression vers le bas » et « sortir ». Et cette règle en soi ne suffit pas. Elle ne dit pas dans quel sens se trouve l'agrafe lorsqu'elle sort, ce qu'il advient ensuite, ni ce qu'il faut faire en cas de bourrage de l'agrafe. Les chercheurs s'employaient donc à ajouter de nouvelles règles. Ce mode de représentation des connaissances aboutissait rapidement à une liste interminable de définitions et de règles. Les chercheurs en IA ne voyaient pas comment cela pourrait fonctionner. Les esprits critiques disaient que même si l'on parvenait à définir toutes les règles, l'ordinateur continuerait à ne pas « savoir » ce qu'est une agrafeuse.

Pour stocker ce qu'il sait d'une agrafeuse, le cerveau s'y prend très différemment : il acquiert un modèle. Ce modèle est l'incarnation des connaissances. Imaginez un instant qu'il se trouve dans votre tête une agrafeuse minuscule. Elle est en tous points identique à une vraie agrafeuse, la même forme, les mêmes parties et le même mouvement, mais simplement plus petite. Ce modèle réduit représente tout ce que vous savez des agrafeuses sans nécessité d'étiqueter chacune des parties. Quand vous voulez vous rappeler ce qu'il se passe lorsqu'on appuie sur le dessus d'une agrafeuse, il vous suffit de le faire sur le modèle miniature et de voir ce que ça donne.

Vous n'avez pas physiquement de minuscule agrafeuse dans la tête, bien entendu. Mais les cellules du néocortex acquièrent un modèle virtuel qui remplit la même fonction. Lors d'une interaction avec une agrafeuse, le cerveau en acquiert un modèle virtuel, qui contient tout ce que vous avez observé de l'agrafeuse réelle, de sa forme à son comportement quand on s'en sert. Vos connaissances à propos de l'agrafeuse sont enchâssées dans le modèle. Il n'y a dans votre cerveau aucune liste de faits ni de règles concernant les agrafeuses.

Supposons que je vous demande ce qu'il se produit lorsqu'on exerce une pression vers le bas sur le sommet d'une agrafeuse. Pour répondre, vous n'allez pas chercher la règle correspondante et me la ressortir. Au lieu de cela, votre cerveau imagine l'exercice d'une pression vers le bas et le modèle vous rappelle ce que cela entraîne. Vous pouvez me le décrire par des mots, mais le savoir n'est pas stocké dans des mots ou des règles. Le savoir est le modèle.

Je crois que l'avenir de l'IA se fondera sur des principes cérébraux. Les machines vraiment intelligentes, celles dotées d'IAG, apprendront des modèles du monde à l'aide de référentiels sous forme de cartes, comme le néocortex. Cela me semble inévitable. Je ne pense pas qu'il y ait d'autre moyen de créer des machines vraiment intelligentes.

Passer des solutions d'IA dédiées aux solutions universelles

Nous nous trouvons aujourd'hui dans une situation qui me rappelle les premiers temps de l'informatique. Le mot *computer*, qui signifie « calculateur » en anglais, désignait à l'origine les personnes de chair et d'os dont le métier consistait à effectuer des calculs mathématiques. La création d'une table numérique ou le décodage de messages cryptés requérait l'intervention de dizaines d'êtres humains qui faisaient les calculs nécessaires à la main. Les premiers ordinateurs électroniques ont été conçus pour remplacer les calculateurs humains dans l'accomplissement de tâches précises. La meilleure solution automatisée pour décrypter des messages, par exemple, était une machine qui ne faisait que cela. Les pionniers de l'informatique, comme Alan Turing, pensaient qu'il fallait construire des ordinateurs « universels » : des machines électroniques pouvant être programmées pour accomplir n'importe quelle tâche. Mais à l'époque, nul ne connaissait le meilleur moyen de construire un tel ordinateur.

Il s'en est suivi une période de transition où l'on a construit des ordinateurs sous de multiples formes. Certains étaient conçus pour une tâche précise. Il y avait des ordinateurs analogiques et d'autres que l'on ne pouvait réaffecter qu'en modifiant leur câblage. Certains ordinateurs employaient des nombres du système décimal plutôt que du système binaire. Presque tous les ordinateurs actuels ont la forme universelle qu'imaginait Turing. On parle d'ailleurs de « machines universelles de Turing ». Avec le logiciel qui convient, un ordinateur actuel peut être affecté à presque n'importe quelle tâche. Les forces du marché ont décidé que l'ordinateur universel, généraliste, était le modèle souhaitable. Et cela en dépit du fait qu'aujourd'hui encore, n'importe quelle tâche sera accomplie plus vite ou en consommant moins de puissance à l'aide d'une solution sur mesure, comme une puce spécifique. Les concepteurs et ingénieurs produit préfèrent généralement le moindre coût et l'aspect pratique des ordinateurs généralistes, alors qu'une machine spécialement dédiée serait plus rapide et moins gourmande en énergie.

On assistera à la même transition pour l'intelligence artificielle. Nous construisons aujourd'hui des systèmes d'IA dédiés qui n'ont pas de rivaux dans la tâche pour laquelle ils ont été conçus. Mais à l'avenir, la plupart des machines intelligentes seront universelles : plus semblables aux humains, capables d'apprendre à peu près n'importe quoi.

On trouve aujourd'hui des ordinateurs de toute forme et de toute taille, du microordinateur que contient votre grille-pain au mastodonte consacré aux simulations météorologiques. Malgré les écarts de taille et de vitesse, tous fonctionnent selon les principes énoncés voici bien longtemps par Turing et d'autres. Tous sont une version de la machine universelle de Turing. Pareillement, les machines intelligentes de demain seront très différentes les unes des autres, mais presque toutes obéiront à un ensemble de principes communs. La majorité de l'IA logera dans des machines apprenantes universelles, similaires au cerveau. (Les mathématiciens ont démontré que certains problèmes sont insolubles, même en principe. Ainsi, pour être précis, il n'existe pas de solution véritablement « universelle ». Mais il s'agit là d'une idée très théorique que nous n'avons pas à prendre en considération pour le propos de ce livre.)

Selon certains chercheurs en IA, nos actuels réseaux de neurones artificiels seraient déjà universels. Certes, un réseau neuronal peut être formé au jeu de go ou à la conduite d'une voiture. Mais il ne peut pas faire les deux. Et pour qu'un réseau neuronal accomplisse une tâche, il faut encore le soumettre à d'autres réglages et modifications. Lorsque j'emploie les termes « universel » ou « généraliste », j'imagine quelque chose qui nous ressemble : une machine capable d'apprendre à faire beaucoup de choses sans effacer sa mémoire et repartir de zéro.

Il y a deux raisons pour lesquelles l'IA va passer des solutions dédiées qu'on observe aujourd'hui à d'autres, plus universelles, qui prédomineront à l'avenir. La première est aussi celle qui a valu aux ordinateurs universels leur suprématie sur les ordinateurs spécialisés. L'ordinateur universel est en fin de compte plus rentable, et cela a permis une progression plus rapide de la technologie. À mesure que de plus en plus de gens utilisent les mêmes conceptions, davantage d'efforts sont consacrés à l'amélioration des modèles les plus appréciés et des écosystèmes qui les soutiennent, ce qui entraîne de rapides progrès en matière de coûts et de rendement. C'est la force sous-jacente de la croissance exponentielle qu'a connue la puissance informatique, transformant complètement le secteur et la société tout entière dans la deuxième partie du XXe siècle. La seconde raison de la transition de l'IA vers les solutions universelles est que certaines des principales applications futures de l'intelligence machine exigeront la flexibilité des solutions universelles. Ces applications devront pouvoir gérer des problèmes imprévus et trouver des solutions innovantes mieux que ne le peuvent nos machines aujourd'hui dédiées à l'apprentissage profond.

Considérons deux types de robots. Le premier peint des voitures dans une usine. On attend d'un tel robot qu'il soit rapide, précis et constant. On ne veut pas qu'il s'essaie chaque jour à de nouvelles techniques de pulvérisation ni qu'il se demande pourquoi il peint des voitures. Pour que les voitures sur la chaîne de montage soient peintes, il nous faut des robots spécialisés, pas intelligents. Imaginons à présent qu'on veuille envoyer une équipe de robots bâtisseurs sur Mars pour construire un habitat pour les humains. Ces robots devront employer divers outils et assembler des bâtiments dans un environnement sans structure. Ils rencontreront des problèmes imprévus qui les contraindront à improviser des réponses de façon collaborative et à revoir certaines conceptions. Les humains sont capables de gérer ce type de problèmes, mais aucune machine n'est aujourd'hui près de faire quoi que ce soit de ce type. Les robots constructeurs envoyés sur Mars devront impérativement posséder une intelligence universelle.

On pourrait penser que la nécessité de disposer de machines à l'intelligence universelle sera limitée, que la plupart des applications de l'IA seront réglées par des technologies dédiées, monovalentes, comme celles que nous employons aujourd'hui. On a pensé la même chose des ordinateurs généralistes. On a dit que la demande commerciale d'ordinateurs généralistes serait limitée à quelques applications de grande valeur. C'est l'inverse qui s'est produit. Du fait d'une réduction spectaculaire du coût et de la taille, l'ordinateur généraliste est devenu l'une des technologies les plus répandues et les plus significatives sur le plan économique du siècle dernier. Il me semble que l'IA généraliste exercera la même domination sur l'intelligence machine dans la seconde partie du XXIe siècle. Entre la fin des années 1940 et le début des années 1950, lorsque sont apparus les premiers ordinateurs commerciaux, il était impossible d'imaginer quelles en seraient les applications en 1990 ou en 2000. Notre imagination se heurte aujourd'hui à un défi du même type. Nul ne peut savoir à quoi serviront les machines intelligentes d'ici cinquante ou soixante ans.

Quand dire qu'une chose est intelligente ?

Quand faut-il considérer qu'une machine est intelligente ? Existe-t-il un ensemble de critères susceptibles de servir de référence ? Cela revient à demander : quand peut-on dire d'une machine qu'elle est un ordinateur généraliste ? Pour obtenir la qualification d'ordinateur généraliste – c'est-à-dire de machine universelle de Turing –, un dispositif doit posséder certains composants, notamment une mémoire, un processeur et un logiciel. Ces ingrédients ne sont pas visibles de l'extérieur. Je ne suis pas en mesure de dire, par exemple, si mon grille-pain est doté d'un ordinateur généraliste ou d'une puce spécialisée. Plus mon grille-pain possède de fonctions, plus il y a de chances qu'il soit pourvu d'un ordinateur généraliste, mais on ne pourra en être sûr qu'en le démontant et en le voyant fonctionner.

De même, pour pouvoir être qualifiée d'intelligente, une machine doit fonctionner en exploitant un ensemble de principes. Il est impossible de dire si un système utilise ces principes en l'observant de l'extérieur. Si je vois une voiture rouler sur l'autoroute, par exemple, je ne saurais dire si elle est pilotée par un humain intelligent en train d'apprendre et de s'adapter ou par un simple contrôleur qui se contente de maintenir la voiture entre deux lignes. Plus le comportement affiché par la voiture est complexe, plus il y a de chances qu'elle soit contrôlée par un agent intelligent, mais le seul moyen de s'en assurer est de regarder à l'intérieur.

Existe-t-il alors un ensemble de critères qu'une machine doit posséder pour être considérée comme intelligente ? Il me semble que oui. Ma proposition à cet égard s'inspire du cerveau. Chacun des quatre attributs de la liste qui suit correspond à une chose que l'on sait accomplie par le cerveau et qui, à mon sens, doit aussi faire partie du répertoire d'une machine intelligente. Évidemment, les machines intelligentes ne mettent pas forcément ces attributs en œuvre de la même façon que le cerveau. Une machine intelligente, par exemple, n'a pas à être constituée de cellules vivantes.

Tout le monde n'adhèrera pas forcément à mon choix d'attributs. Certains diront, non sans justification, que je fais certaines omissions importantes. Peu importe. Je considère ma liste comme un minimum de l'IAG, un point de référence. Rares sont aujourd'hui les systèmes à posséder ces attributs.

L'apprentissage constant

De quoi s'agit-il ? À chaque moment d'éveil, du début à la fin de notre vie, nous sommes en train d'apprendre. Notre souvenir des choses a une durée variable. Certaines sombrent vite dans l'oubli, comme la disposition des plats sur une table ou les vêtements que l'on portait hier. D'autres ne nous quitteront pas jusqu'à notre dernier souffle. L'apprentissage n'est pas un processus dissocié du ressentir et de l'action. Nous apprenons constamment.

Pourquoi est-ce important ? Le monde ne cesse de changer ; il faut donc que notre modèle du monde soit continuellement en train d'apprendre pour être le reflet de ce monde changeant. La plupart des systèmes actuels d'IA n'apprennent pas de façon continue. Ils ne sont mis en service qu'au terme d'un long processus de formation. C'est l'une des causes de leur manque de souplesse. La souplesse réclame l'ajustement constant à des conditions changeantes et à de nouvelles connaissances.

Comment le cerveau procède-t-il ? Le composant fondamental de cet apprentissage continu est le neurone. Lorsqu'il apprend un nouveau motif, le neurone forme de nouvelles synapses sur une branche dendritique. Les nouvelles synapses n'affectent pas celles précédemment acquises sur d'autres branches. L'apprentissage d'un fait nouveau ne force donc pas le neurone à oublier ou à modifier une chose précédemment acquise. Les neurones artificiels aujourd'hui employés dans les systèmes d'IA n'ont pas cette capacité. C'est l'une des raisons pour lesquelles ils ne peuvent apprendre de façon continue.

L'apprentissage par le mouvement

De quoi s'agit-il ? Nous apprenons en bougeant. Dans le courant de la journée, nous bougeons notre corps, nos membres et nos yeux. Ces mouvements sont une partie intégrante de notre mode d'apprentissage.

Pourquoi est-ce important ? L'intelligence requiert l'apprentissage d'un modèle du monde. On ne peut éprouver d'un coup tout ce que contient le monde ; par conséquent, le mouvement est indispensable à l'apprentissage. On n'acquerra pas de modèle d'une maison sans se déplacer de pièce en pièce, pas plus qu'on apprendra à se servir d'une nouvelle appli sur son smartphone sans interagir avec. Le mouvement n'a pas à être physique. Le principe de l'apprentissage par le mouvement s'applique aussi à des concepts tels que les mathématiques et les espaces virtuels comme internet.

Comment le cerveau procède-t-il ? Le processeur du néocortex est la colonne corticale. Chaque colonne est un système sensorimoteur complet – elle reçoit des signaux entrants et peut générer des comportements. À chaque mouvement, une colonne prédit ce que sera le prochain signal entrant. La prédiction est le moyen par lequel une colonne teste son modèle et le met à jour.

Des modèles nombreux

De quoi s'agit-il ? Le néocortex compte des dizaines de milliers de colonnes corticales, dont chacune acquiert des modèles d'objets. Les connaissances concernant n'importe quoi, comme une tasse à café, sont réparties parmi beaucoup de modèles complémentaires.

Pourquoi est-ce important ? Les nombreux modèles que compte le néocortex lui confèrent sa souplesse. En adoptant cette architecture, les concepteurs en IA peuvent facilement créer des machines intégrant plusieurs types de capteurs – comme la vision, le toucher ou même certains d'un genre nouveau, comme le radar. Et ils peuvent créer des machines comptant diverses incarnations. Comme le néocortex, le « cerveau » d'une machine intelligente sera constitué d'un grand nombre d'éléments quasi identiques pouvant alors être raccordés à une gamme variée de capteurs mobiles.

Comment le cerveau procède-t-il ? La clé du bon fonctionnement du système à modèles multiples est le vote. Chaque colonne opère dans une relative indépendance, mais les connexions à longue distance du néocortex permettent aux colonnes de voter au sujet de l'objet qu'elles ressentent.

L'utilisation de référentiels pour stocker le savoir

De quoi s'agit-il ? Dans le cerveau, le savoir est stocké dans des référentiels. Ces référentiels servent aussi à réaliser des prédictions, à élaborer des plans et à accomplir des mouvements. La pensée survient lorsque le cerveau active un emplacement après l'autre dans un référentiel et que l'élément du savoir concerné est récupéré.

Pourquoi est-ce important ? Pour être intelligente, une machine doit apprendre un modèle du monde. Ce modèle doit comprendre la forme des objets, la façon dont ils changent lorsqu'on interagit avec eux et l'endroit où ils se trouvent les uns par rapport aux autres. Les référentiels permettent de représenter ce type d'informations ; c'est l'épine dorsale du savoir.

Comment le cerveau procède-t-il? Chaque colonne corticale établit son propre jeu de référentiels. Nous avons proposé que les colonnes corticales créent des référentiels en utilisant des cellules qui sont l'équivalent des cellules grilles et de lieu.

Quelques exemples de référentiels

La plupart des réseaux de neurones artificiels ne possèdent rien qui ressemble à des référentiels. Un réseau neuronal ordinaire de reconnaissance d'images ne fait qu'affecter une étiquette à chaque image. En l'absence de référentiel, le réseau n'a aucun moyen d'apprendre la structure 3D des objets, la façon dont ils se meuvent ou celle dont ils changent. L'un des problèmes que pose ce type de système est qu'il ne permet pas de demander pourquoi il a collé à un objet l'étiquette du chat. Le système d'IA ne sait pas ce qu'est un chat. Il n'y a pas d'autre information à tirer, si ce n'est que cette image ressemble à d'autres images estampillées « chat ».

Certaines formes d'IA possèdent des référentiels, mais leur mise en œuvre est restrictive. L'ordinateur qui joue aux échecs, par exemple, possède un référentiel : l'échiquier. Les emplacements sur un échiquier sont désignés selon une nomenclature propre aux échecs : « tour du roi 4 » ou « reine 7 ». L'ordinateur emploie ce référentiel pour désigner la position de chaque pièce, pour représenter les coups autorisés et pour planifier les coups. Le référentiel de l'échiquier est intrinsèquement bidimensionnel et ne compte que soixante-quatre emplacements. C'est suffisant pour jouer aux échecs, mais inutile pour apprendre la structure d'une agrafeuse ou le comportement des chats.

Une voiture sans chauffeur compte habituellement plusieurs référentiels. L'un d'eux est le GPS, le système satellitaire qui situe la voiture où qu'elle soit sur la Terre. Le référentiel du GPS permet à la voiture d'apprendre où se trouvent les routes, les croisements et les bâtiments. Le GPS est un référentiel d'usage plus généraliste que l'échiquier, mais il demeure ancré à la Terre, et ne peut donc représenter la structure ou la forme des choses qui se déplacent par rapport à la Terre, comme un cerf-volant ou un vélo.

Les concepteurs de robots font un usage courant de référentiels. Ils s'en servent pour suivre la trace d'un robot dans le monde et pour planifier ses déplacements d'un point à un autre. La plupart des roboticiens ne se soucient guère de l'IAG, de même que la plupart des chercheurs en IA n'ont pas conscience de l'importance des référentiels. L'IA et la robotique sont aujourd'hui des domaines de recherche très distincts, mais la frontière commence à s'estomper. Dès que les chercheurs en IA auront compris le rôle essentiel du mouvement et des référentiels dans la création de l'IAG, la séparation entre intelligence artificielle et robotique disparaîtra complètement.

Geoffrey Hinton est un chercheur en intelligence artificielle qui perçoit toute l'importance des référentiels. Les réseaux de neurones actuels sont fondés sur les idées élaborées par Hinton dans les années 1980. Il a récemment émis des critiques envers son domaine de recherche parce que les réseaux d'apprentissage profond sont dépourvus de toute notion de lieu, et que cela les empêche selon lui d'apprendre la structure du monde. C'est au fond le même reproche que le mien : l'IA a besoin de référentiels. Hinton a proposé de remédier au problème avec ce qu'il appelle des « capsules ». Les capsules portent la promesse de progrès spectaculaires des réseaux neuronaux, mais elles n'ont pour l'instant pas été adoptées par les applications les plus répandues de l'IA. Reste à savoir si les capsules s'imposeront ou si l'IA de demain s'appuiera sur des mécanismes de cellules grilles, comme je le propose. Mais dans tous les cas, l'intelligence a besoin de référentiels.

Considérons enfin les animaux. Tous les mammifères étant dotés d'un néocortex, ce sont, selon ma définition, des apprenants généralistes intelligents. Tout néocortex, grand ou petit, possède des référentiels d'usage général défini par des cellules grilles corticales.

La souris possède un petit néocortex. La masse de ce qu'elle peut apprendre est donc limitée par rapport à un animal qui en possède un plus gros. Je dirais pourtant qu'une souris est intelligente de la même façon que l'ordinateur de mon grille-pain est une machine universelle de Turing. L'ordinateur du grille-pain est une concrétisation de petite taille, mais achevée, de l'idée de Turing. De même, le cerveau de la souris est une concrétisation petite, mais achevée, des attributs d'apprentissage décrits dans ce chapitre.

L'intelligence dans le monde animal ne se limite pas aux mammifères. Les oiseaux et les pieuvres, par exemple, apprennent et manifestent des comportements complexes. Il est à peu près certain que ces animaux possèdent aussi des référentiels dans le cerveau, mais il reste à découvrir s'ils sont dotés de quelque chose qui ressemble à des cellules grilles ou de lieu ou d'un autre mécanisme.

Ces exemples montrent que tout système, ou presque, capable de planification et de comportements complexes, orientés vers un objectif – que ce soit un ordinateur qui joue aux échecs, une voiture sans chauffeur ou un être humain –, possède des référentiels. Le type de référentiel détermine ce que peut apprendre le système. Un référentiel conçu pour une tâche donnée, comme jouer aux échecs, n'aura pas d'utilité dans un autre domaine. L'intelligence généraliste requiert des cadres généralistes pouvant s'appliquer à de nombreux types de problèmes.

Insistons ici sur le fait que l'intelligence ne se mesure pas à l'efficacité avec laquelle une machine accomplit une tâche unique, ni même plusieurs. Elle est déterminée par la façon dont une machine apprend et stocke ce qu'elle sait du monde. Nous ne sommes pas intelligents parce que nous avons une connaissance particulièrement pointue d'une chose, mais parce que nous pouvons apprendre à faire à peu près tout ce qu'on voudra. L'extrême flexibilité de l'intelligence humaine requiert les attributs que j'ai décrits dans ce chapitre : l'apprentissage continu, l'apprentissage par le mouvement, l'apprentissage de nombreux modèles et le recours à des référentiels généralistes pour entreposer le savoir et générer des comportements axés sur un objectif. Je pense qu'à l'avenir, presque toutes les formes d'intelligence machine possèderont ces attributs, mais nous en sommes encore loin aujourd'hui.

J'entends déjà certains me reprocher d'avoir ignoré le plus important des sujets liés à l'intelligence : la conscience. C'est précisément celui du prochain chapitre.

9 Quand les machines sont conscientes

J'ai récemment pris part à une table ronde sur le thème « Être humain à l'ère des machines intelligentes ». Au cours de la soirée, un professeur de philosophie de Yale a dit que si jamais une machine devenait consciente, nous aurions alors probablement l'obligation morale de ne pas l'éteindre. Ainsi, dès lors qu'une chose est consciente, serait-ce une machine, elle est dotée de droits moraux et l'éteindre devient équivalent à l'assassiner. Ha ! Vous imaginez un peu ? Se faire jeter en prison pour avoir débranché un ordinateur ? Faut-il commencer à s'inquiéter ?

La plupart des neuroscientifiques évitent de parler de conscience. Ils estiment que le cerveau peut être compris comme n'importe quel autre système physique et que la conscience, quoi que l'on désigne par-là, s'expliquera de la même manière. Puisqu'il n'y a même pas de consensus autour ce que signifie le terme « conscience », autant ne pas s'en soucier.

Les philosophes, de leur côté, adorent parler de la conscience (et écrire des livres à son sujet). Certains la situent au-delà de toute description physique. C'est-à-dire que, même si l'on savait complètement expliquer le fonctionnement du cerveau, la conscience demeurerait inexpliquée. Le philosophe David Chalmers a fait ce fameux commentaire selon lequel la conscience est « le problème difficile » par opposition à la compréhension du cerveau, qui est le « problème facile ». La formule a pris, au point que beaucoup partent directement du principe que la conscience est en soi un problème sans solution.

Je ne vois pour ma part aucune raison de penser que la conscience se situe au-delà de toute explication. Je ne souhaite pas entrer dans le débat avec les philosophes, pas plus que je ne souhaite définir la conscience. Mais la théorie des mille cerveaux apporte certaines explications physiques à plusieurs aspects de la conscience. La façon dont le cerveau apprend le monde, par exemple, est intimement liée à notre sentiment de soi et à la façon dont nous formons nos croyances.

Dans ce chapitre, j'entends décrire ce que dit la théorie du cerveau de certains aspects de la conscience. Je m'en tiendrai à ce que l'on sait du cerveau et vous laisserai déterminer ce qui reste à expliquer, si tant est qu'il reste quelque chose à expliquer.

L'éveil

Imaginons que je puisse réinitialiser votre cerveau dans l'état précis où il se trouvait ce matin à votre réveil. Avant mon intervention, vous auriez entamé votre journée et accompli vos activités habituelles. Peut-être auriez-vous lavé votre voiture ce jour-là. Puis, à l'heure du dîner, je remettrais votre cerveau dans l'état où il était au lever, annulant tout changement survenu dans la journée – notamment dans les synapses. Chaque souvenir de vos activités du jour serait donc effacé. Vous auriez le sentiment de vous réveiller à l'instant. Si je vous disais alors que vous avez lavé votre voiture aujourd'hui, vous commenceriez par protester que ce n'est pas vrai. Je vous passerais alors la vidéo où l'on vous voit laver votre voiture et vous commenceriez à admettre que tout semble indiquer que vous l'avez bien fait, mais qu'il est impossible que vous ayez été conscient à ce moment-là. Vous pourriez aussi affirmer qu'on ne peut vous tenir responsable de rien de ce que vous avez fait dans la journée parce que vous n'aviez pas conscience de le faire. Évidemment, vous étiez en fait parfaitement conscient au moment de laver votre voiture. Ce n'est qu'une fois effacés vos souvenirs de la journée que vous pourriez penser et affirmer que vous ne l'étiez pas. Cet exercice mental montre que notre sens de l'éveil, ce que beaucoup appelleraient « être conscient », exige que l'on fabrique instant après instant des souvenirs de nos actes.

La conscience requiert aussi que l'on constitue instant après instant des souvenirs de nos pensées. Rappelons ici que la pensée n'est guère qu'une activation séquencée de neurones dans le cerveau. On peut se souvenir d'un enchaînement d'idées comme on peut se souvenir de l'enchaînement des notes d'une mélodie. Sans ce souvenir de nos pensées, nous ne saurions pas pourquoi nous faisons quoi que ce soit. Il est par exemple arrivé à chacun de nous d'entrer dans une pièce pour faire quelque chose mais, une fois à l'intérieur, d'avoir oublié ce que nous sommes venus faire là. Dans ce cas, on se demande souvent « Où étais-je et à quoi pensais-je l'instant d'avant ? » On essaie de retrouver le fil de nos pensées récentes pour comprendre ce qu'on fabrique dans la cuisine.

Lorsque notre cerveau fonctionne correctement, les neurones forment un souvenir continu de nos pensées comme de nos actes. Ainsi, en entrant dans la cuisine, on peut rappeler les pensées qu'on avait juste avant. On récupère le souvenir récemment stocké d'avoir envie de faire un sort à la dernière part de gâteau restée dans le frigo et on sait pourquoi on est venu dans la cuisine.

Les neurones actifs du cerveau représentent à certains moments notre expérience actuelle, et à d'autres une expérience ou une pensée antérieure. C'est cette accessibilité du passé – la possibilité de faire un saut en arrière et de revenir au présent – qui nous confère notre sens de la présence et de l'éveil au monde. Si l'on ne pouvait se repasser ses pensées et ses expériences récentes, on n'aurait pas conscience d'être vivant.

Nos souvenirs d'instant à instant ne sont pas éternels. On les oublie généralement après quelques heures ou quelques jours. Je me souviens de ce que j'ai pris au petit-déjeuner ce matin, mais ce souvenir aura disparu d'ici un ou deux jours. Il n'est pas rare que la capacité à former des souvenirs à court terme décline avec l'âge. Et donc qu'avec l'âge on soit de plus en plus amené à se demander « mais qu'est-ce que j'étais venu faire ici ? »

Ces exercices mentaux montrent que notre éveil, notre sens de la présence – qui est l'élément central de la conscience –, dépend de la formation continue d'une mémoire de nos pensées ou de nos expériences récentes et de leur relecture dans le courant de la journée.

Admettons à présent que nous créions une machine intelligente. Elle apprend un modèle du monde selon les mêmes principes que le cerveau. Les états internes du modèle de monde que se constitue la machine sont équivalents à ceux des neurones dans le cerveau. Si notre machine se souvient de ces états quand ils se produisent et si elle peut relire ces souvenirs, serait-elle alors éveillée et consciente de sa propre existence, comme nous le sommes nous-mêmes ? Je pense que oui.

Si vous êtes de ceux qui pensent que la conscience ne peut s'expliquer par la recherche scientifique et les lois connues de la physique, vous pourrez avancer que j'ai montré que le stockage et le rappel d'états du cerveau sont nécessaires sans pour autant prouver qu'ils suffisent. Si vous vous engagez sur cette voie, c'est à vous qu'il échoit de démontrer que cela ne suffit pas.

Pour moi, le sens de l'éveil – le sens de ma présence, le sentiment que je suis un agent agissant dans le monde – constitue le cœur de ce qu'être conscient veut dire. Cela s'explique aisément par l'activité des neurones, et je n'y vois aucun mystère.

Les qualia

Les fibres nerveuses qui pénètrent le cerveau à partir des yeux, des oreilles et de la peau se ressemblent. Elles sont non seulement identiques par leur aspect, mais les impulsions par lesquelles elles transmettent les informations se ressemblent aussi. Il est impossible en observant les entrées du cerveau de distinguer ce qu'elles représentent. Pourtant, la vision produit un certain type de sensation et l'ouïe un autre, et ce ne sont jamais des impulsions. Devant une scène pastorale, on ne ressent pas le *tac-tac-tac* des impulsions électriques pénétrant le cerveau ; on voit des collines, des couleurs, des ombres.

Les qualia sont le nom donné à la façon dont sont perçus les intrants sensoriels, la sensation qu'ils produisent. Ils sont déroutants. Considérant que toutes les sensations sont créées par des impulsions identiques, pourquoi le fait de voir ne produit-il pas la même sensation que celui de toucher ? Et pourquoi certaines impulsions entrantes provoquent-elles une sensation de douleur et d'autres pas ? Ces questions peuvent sembler idiotes, mais il suffit d'imaginer le cerveau bien assis dans le crâne et ne recevant pour intrants que des impulsions électriques, pour que le mystère commence à apparaître. D'où viennent les sensations que nous percevons ? L'origine des qualia demeure l'un des mystères de la conscience.

Les qualia font partie du modèle du monde du cerveau

Les qualia sont subjectifs, ce sont des expériences internes. Je connais par exemple le goût qu'a pour moi un cornichon, mais je ne puis être certain que c'est le même pour vous. Peut-être décrirons-nous le goût du cornichon en employant les mêmes mots, mais il demeure possible que vous et moi le percevions différemment. On sait d'ailleurs avec certitude que le même intrant n'est pas toujours perçu de la même manière par tout le monde. On en a encore eu un exemple récent où certains voyaient sur une photo une robe blanc et or alors que d'autres la voyaient noir et bleu. La même photo peut produire des perceptions de couleurs différentes. Et cela nous dit que les qualia de la couleur ne sont pas purement une propriété du monde physique. S'ils l'étaient, nous verrions tous la robe de la même couleur. La couleur de la robe est une propriété du modèle du monde de notre cerveau. Si deux personnes perçoivent différemment le même intrant, cela indique que leur modèle est différent.

Il y a près de chez moi une caserne de pompiers à côté de laquelle stationne toujours un beau camion rouge. La surface du camion apparaît toujours rouge, mais la fréquence et l'intensité de la lumière qui s'y réfléchit peuvent varier. La lumière change selon l'angle du Soleil, la météo et l'orientation du camion dans l'allée. Je n'ai pourtant pas l'impression que la couleur du camion change. Cela montre qu'il n'existe pas de correspondance individuelle exacte entre ce que nous percevons comme rouge et une fréquence particulière de la lumière. Le rouge est *associé* à certaines fréquences précises de la lumière, mais ce que nous percevons comme rouge n'est pas toujours de la même fréquence. Le rouge du camion de pompiers est une fabrication du cerveau – c'est une propriété de son modèle des surfaces, pas de la lumière en soi.

Certains qualia s'acquièrent par le mouvement, tout comme nous apprenons les objets

Si les qualia sont une propriété du modèle du monde de notre cerveau, comment ce dernier s'y prend-il pour les créer ? Rappelons que le cerveau acquiert des modèles du monde par le mouvement. Pour apprendre la sensation que procure une tasse à café, il faut déplacer ses doigts dessus, en toucher différents emplacements.

Certains qualia s'acquièrent de la même façon, par le mouvement. Imaginez que vous tenez un bout de papier vert dans la main. En le contemplant, vous le bougez. Vous le regardez d'abord de face, puis vous l'orientez un peu vers la gauche, puis vers la droite, puis vers le haut et vers le bas. À chaque changement d'angle du papier, la fréquence et l'intensité de la lumière pénétrant vos yeux varient, et le motif des impulsions atteignant votre cerveau en fait autant. Quand on fait bouger un objet, comme le bout de papier vert, le cerveau prédit la façon dont changera la lumière. On peut être certain que cette prédiction a lieu parce que si la lumière ne changeait pas avec le mouvement du papier, ou si elle changeait de façon anormale, vous remarqueriez que quelque chose ne va pas. Le cerveau possède des modèles de la façon dont les surfaces reflètent la lumière sous différents angles. Différents modèles pour différentes surfaces. Et nous nommerons éventuellement « vert » le modèle d'une surface et « rouge » celui d'une autre.

Comment alors apprend-on le modèle de la couleur d'une surface ? Imaginons que nous possédions un référentiel pour les surfaces que nous nommons vertes. Le référentiel du vert présente au moins une différence de taille avec celui d'un objet tel qu'une tasse à café : celui de la tasse représente des intrants perçus en différents *emplacements* de la tasse. Le référentiel d'une surface verte représente les intrants perçus selon différentes *orientations* de la surface. Il peut vous sembler difficile d'imaginer un référentiel représentant des orientations, mais d'un point de vue théorique les deux types de référentiels sont similaires. Les mécanismes fondamentaux auxquels recourt le cerveau pour acquérir des modèles de tasse à café pourraient aussi lui apprendre des modèles de couleurs.

En l'absence d'éléments supplémentaires, je ne saurais dire si les qualia de la couleur répondent vraiment à ce modèle. Cet exemple ne vise qu'à montrer qu'il est possible de construire des théories et des explications neuronales testables de la façon dont nous apprenons les qualia et en faisons l'expérience. Il montre que les qualia n'échappent pas nécessairement au domaine de l'explication scientifique normale, comme certains le pensent.

Tous les qualia ne sont pas acquis. Il est par exemple à peu près certain que la sensation de douleur est innée, transmise par des récepteurs spécialement dédiés et d'anciennes structures du cerveau, mais pas par le néocortex. Quand on touche un poêle brûlant, le bras se rétracte sous l'effet de la douleur avant que le néocortex n'ait eu le temps de savoir ce qui arrive. Il est donc impossible que la douleur soit comprise de la même façon que la couleur verte, qui, selon ma proposition, s'acquiert dans le néocortex.

Lorsqu'on éprouve une douleur, elle se situe « quelque part », en un point donné de notre corps. Son emplacement fait partie du qualia de la douleur, et nous possédons une explication solide du fait qu'on la perçoive en des points différents. Mais je ne saurais expliquer pourquoi la douleur fait mal, ni pourquoi elle produit cette sensation-là et pas une autre. Ça ne me dérange pas plus que cela. Il nous reste beaucoup de choses à comprendre du cerveau, mais les progrès constants que nous avons accomplis me murmurent que cette question, comme d'autres liées aux qualia, trouvera réponse dans le cours normal de la recherche et des découvertes en neurosciences.

La conscience selon les neurosciences

Certains chercheurs en neurosciences étudient la conscience. À un bout du spectre se trouvent les neuroscientifiques qui jugent probable que la conscience échappe au champ de l'explication scientifique normale. Ils étudient le cerveau en quête d'une activité neuronale *corrélée* à la conscience, mais ne pensent pas que l'activité neuronale puisse *l'expliquer*. Ils laissent entendre que la conscience ne sera peut-être jamais bien comprise, ou bien qu'elle est la création d'effets quantiques ou de lois de la physique restant à découvrir. C'est un point de vue qu'à titre personnel je ne comprends pas. Pourquoi aller supposer qu'une chose puisse ne jamais être comprise ? La longue histoire des découvertes humaines nous montre à l'envi que des choses qui semblent au départ au-delà du compréhensible finissent par trouver une explication logique. Lorsqu'un scientifique fait la déclaration extraordinaire selon laquelle la conscience ne peut s'expliquer par l'activité neuronale, il faut être sceptique et lui indiquer qu'il lui échoit de le démontrer.

D'autres chercheurs en neurosciences étudiant la conscience pensent en revanche qu'elle n'est pas moins compréhensible que d'autres phénomènes physiques. La conscience ne paraît mystérieuse que parce que nous n'en connaissons pas encore le mécanisme, et parce que nous ne posons pas nécessairement les bonnes questions. Mes collègues et moi-même sommes résolument de ceux-là. Tout comme le neurobiologiste Michael Graziano, de Princeton. Il a proposé qu'une région précise du néocortex se consacre à modéliser l'attention comme les régions somatiques modélisent le corps. Selon lui, le modèle de l'attention du cerveau nous porte à *croire* que nous sommes conscients, comme le modèle cérébral du corps nous porte à *croire* que nous avons un bras ou une jambe. J'ignore si la théorie de Graziano est juste, mais elle relève à mes yeux de la bonne approche. Notons que cette théorie repose sur le fait que le néocortex acquiert un *modèle* d'attention. Si c'est le cas, je suis prêt à parier que ce modèle est constitué à l'aide de référentiels semblables à ceux des cellules grilles.

La conscience machine

S'il est vrai que la conscience n'est qu'un phénomène physique, à quoi faut-il s'attendre concernant les machines intelligentes? Il ne fait à mes yeux aucun doute que les machines qui fonctionneront selon les principes du cerveau seront conscientes. Les systèmes d'AI ne fonctionnent pas ainsi aujourd'hui, mais ils le feront un jour, et ils seront conscients. Je ne doute pas non plus que beaucoup d'animaux, notamment d'autres mammifères, soient eux aussi conscients. Ils n'ont pas à nous le dire pour que nous le sachions; on voit bien que leur cerveau fonctionne de façon similaire au nôtre.

Aurons-nous l'obligation morale de ne pas éteindre une machine consciente? Cela équivaudra-t-il à un meurtre? Non. Je n'aurai aucun scrupule à débrancher une machine consciente. Considérons déjà le fait que nous, humains, nous éteignons tous les soirs au coucher.

Et que nous nous rallumons au réveil. Cela, à mon sens, équivaut à débrancher une machine consciente et à la rallumer plus tard.

Mais qu'en est-il alors de détruire une machine intelligente lorsqu'elle est débranchée, ou même de ne jamais la rallumer ? Cela équivaudrait-il à tuer quelqu'un dans son sommeil ? Pas tout à fait.

Notre peur de la mort provient des parties plus anciennes du cerveau. Lorsqu'on détecte une situation de risque mortel, le cerveau ancien crée la sensation de peur et l'on se met à agir de façon plus réfléchie. La perte d'un être cher nous plonge dans le deuil et le chagrin. Les peurs et les émotions sont créées par les neurones du cerveau ancien qui libèrent des hormones et d'autres substances chimiques dans le corps. Le néocortex aide peut-être le cerveau ancien à déterminer quand il faut libérer ces substances, mais sans cerveau ancien, nous n'éprouverions ni peur ni chagrin. La peur de la mort et le chagrin consécutif à la perte ne sont pas des ingrédients indispensables de la conscience ou de l'intelligence d'une machine. À moins que nous prenions la peine de les doter de peurs et d'émotions de ce type, les machines se ficheront bien qu'on les éteigne, qu'on les démonte ou qu'on les envoie à la casse.

Il est possible qu'un humain s'attache à une machine intelligente. Peut-être auront-ils vécu beaucoup de choses ensemble, et que cela aura doté l'humain du sentiment d'un lien personnel. Ce qu'il faudrait alors considérer avant de débrancher la machine, c'est le tort causé à l'humain. Mais il n'y aurait aucune obligation morale envers la machine intelligente proprement dite. Si nous prenons la peine de doter les machines intelligentes de la peur et d'autres émotions, j'adopterai sans doute une autre position, mais l'intelligence et la conscience seules ne suffisent pas à créer ce type de dilemme moral.

Mystère de la vie et mystère de la conscience

Il n'y a pas si longtemps, la question « qu'est-ce que la vie » était aussi mystérieuse que « qu'est-ce que la conscience ? » Il semblait impossible d'expliquer que certains bouts de matière soient vivants et d'autres pas. Aux yeux de beaucoup, ce mystère échappait manifestement au champ de l'explication scientifique. En 1907, pour décrire la différence entre choses vivantes et non vivantes, le philosophe Henri Bergson a introduit un concept mystérieux qu'il a nommé élan vital. Selon Bergson, la matière inanimée devenait de la matière vivante dès lors que s'y ajoutait l'élan vital. Détail important, ce n'était pas une chose physique et cela ne se prêtait pas à l'étude scientifique.

Depuis la découverte des gènes, de l'ADN et du champ tout entier de la biochimie, nous avons cessé de considérer que la matière vivante est inexplicable. Beaucoup de questions à propos de la vie demeurent pour l'heure sans réponse, notamment comment elle a commencé, si elle est répandue dans l'Univers, si un virus est une chose vivante ou si elle peut exister en utilisant d'autres molécules et une autre chimie. Mais ce sont là des questions d'avant-garde, tout comme les débats qu'elles suscitent. La recherche a cessé de s'interroger sur le fait que la vie soit ou non explicable. Il est un jour devenu manifeste que la vie pouvait s'entendre selon des critères biologiques et chimiques. Et certains concepts tels que l'élan vital sont devenus une chose du passé.

Je m'attends à voir survenir le même type de changement d'attitude concernant la conscience. Tôt ou tard, nous finirons par admettre que n'importe quel système qui apprend un modèle du monde, conserve le souvenir des états de ce modèle et se rappelle les états qu'il a conservés est conscient. Certaines questions demeureront, mais on ne parlera plus de la conscience comme du « problème difficile ». Ni même comme d'un problème du tout.

10 L'avenir de l'intelligence machine

Rien de ce que nous appelons aujourd'hui l'IA n'est intelligent. Aucune machine ne montre les capacités de modélisation flexibles que j'ai décrites aux chapitres qui précèdent. Il n'y a pourtant aucune raison technique de ne pas créer des machines vraiment intelligentes. Les obstacles étaient jusqu'ici notre méconnaissance de ce qu'est l'intelligence et des mécanismes requis pour la créer. À force d'étudier le fonctionnement du cerveau, nous avons considérablement avancé sur cette voie. Il me semble que nous franchirons inévitablement au cours de notre siècle, probablement dans les deux ou trois prochaines décennies, les derniers obstacles pour entrer dans l'ère de l'intelligence machine.

L'intelligence machine va transformer notre existence et notre société. Je pense que son impact sur le XXIe siècle sera supérieur à celui de l'informatique au XXe. Mais comme toujours avec les technologies nouvelles, il est impossible de savoir précisément comment cette transformation se déroulera. L'histoire nous souffle qu'il est impossible de dire à l'avance quels progrès technologiques feront émerger l'intelligence machine. Songez aux innovations qui ont permis l'accélération de l'informatique, comme le circuit intégré, la mémoire à semi-conducteurs, les communications cellulaires sans fil, la cryptographie à clé publique et internet. Personne dans les années 1950 n'a prédit ces progrès ni bien d'autres. De même, personne n'a vu venir la façon dont l'ordinateur allait transformer les médias, les communications et le commerce. Je pense que nous ne sommes pas moins ignorants aujourd'hui de ce que seront les machines intelligentes et de l'usage que nous en ferons dans soixante-dix ans.

Mais si nous ne connaissons pas les détails de l'avenir, la théorie des mille cerveaux peut nous aider à en définir les limites. Comprendre comment le cerveau crée l'intelligence nous donne une idée de ce qui est possible, de ce qui ne l'est pas et, dans une certaine mesure, des avancées qui sont probables. Tel est l'objectif de ce chapitre.

Les machines intelligentes ne seront pas comme les humains

Ce qu'il faut bien avoir en tête quand on pense intelligence machine, c'est la division fondamentale du cerveau dont je vous ai parlé au chapitre 2 : il y a le cerveau ancien et le cerveau nouveau. Rappelons que les parties plus anciennes du cerveau humain contrôlent les fonctions de base de la vie. Elles créent nos émotions, notre désir de survie et de procréation et nos comportements innés. Pour créer des machines intelligentes, rien n'exige de les doter de toutes les fonctions du cerveau humain. Le cerveau nouveau, le néocortex, étant l'organe de l'intelligence, la machine intelligente devra en posséder quelque équivalent. Mais pour ce qui est du reste du cerveau, à nous de choisir quelles parties nous voulons et de délaisser les autres.

L'intelligence est la capacité d'un système à apprendre un modèle du monde. Mais le modèle lui-même est en soi dénué de valeurs, d'émotions et d'objectifs. Les objectifs et les valeurs sont fournis par le système utilisant le modèle, quel qu'il soit. C'est comme lorsque les explorateurs, du XVIe au XXe siècle, se sont employés à créer une carte exacte de la Terre. Un général de l'armée sans scrupules utilisera cette carte pour mieux encercler et écraser une armée ennemie. Un commerçant utilisera la même carte pour pacifiquement échanger des marchandises. La carte ne dicte pas ces usages, pas plus qu'elle n'impartit de valeurs à son utilisation. Ce n'est qu'une carte, elle n'est ni meurtrière ni pacifique. Évidemment, les cartes varient par leur détail et leur contenu. Certaines sont plus adaptées à la guerre, d'autres au commerce. Mais la volonté de faire la guerre ou de commercer vient de l'utilisateur de la carte.

De façon similaire, le néocortex apprend un modèle du monde, dépourvu en soi d'objectifs et de valeurs. Les émotions qui commandent notre comportement sont déterminées par le cerveau ancien. Si le cerveau ancien d'un être humain est agressif, il utilisera le modèle que contient le néocortex pour mieux exercer son agressivité. Si celui d'un autre est bienveillant, celui-là utilisera le modèle contenu dans le néocortex pour mieux servir ses objectifs bienveillants. Comme avec une carte, le modèle du monde que possède un individu peut être mieux adapté à un ensemble donné d'objectifs que celui d'un autre, mais ce n'est pas le néocortex qui crée ces objectifs.

La machine intelligente doit posséder un modèle du monde et la souplesse de comportement découlant de ce modèle, mais elle n'a pas besoin des instincts humains de survie et de procréation. D'ailleurs, il serait beaucoup plus difficile de concevoir une machine pourvue d'émotions de type humain qu'une machine intelligente, parce que le cerveau ancien possède de nombreux organes, comme l'amygdale et l'hypothalamus, qui ont un motif et une fonction propres. La création d'une machine dotée d'émotions de type humain exigerait la recréation des différentes parties du cerveau ancien. Le néocortex, bien qu'il soit beaucoup plus grand que le cerveau ancien, comprend une ribambelle de copies d'un élément relativement petit, la colonne corticale. Une fois qu'on saura construire une colonne corticale, il devrait être relativement facile d'en accumuler la quantité nécessaire dans une machine pour la rendre plus intelligente.

La recette de la fabrication d'une machine intelligente peut se décomposer en trois parties : l'incarnation, les parties du cerveau ancien et le néocortex. Il y a beaucoup de marge pour chacun de ces composants, et c'est pourquoi il y aura beaucoup de types de machines intelligentes.

L'incarnation

J'ai expliqué plus haut que nous apprenons par le mouvement. Pour acquérir le modèle d'un bâtiment, nous devons le traverser, de pièce en pièce. Pour acquérir un nouvel outil, nous devons le tenir en main, le tourner dans un sens et dans l'autre, l'observer et en palper les différentes parties avec nos doigts. Au niveau élémentaire, l'apprentissage d'un modèle du monde exige le mouvement d'un ou plusieurs capteurs par rapport aux choses du monde.

Les machines intelligentes ont aussi besoin de capteurs et de la capacité de les mouvoir. C'est ce qu'on appelle l'incarnation. Elle peut donner un robot à l'aspect humain, de chien ou de serpent. Elle peut prendre des formes non biologiques, comme une voiture ou un robot industriel à dix bras. L'incarnation peut même être virtuelle, comme ces bots qui explorent internet. L'idée même de corps virtuel peut sembler étrange. Il suffit néanmoins qu'un système intelligent soit capable d'accomplir des actions qui modifient l'emplacement de ses capteurs ; les actions et les emplacements n'ont pas à être physiques. Quand vous naviguez sur internet, vous allez d'un emplacement à un autre et ce que vous éprouvez change à chaque site. Nous faisons cela en bougeant physiquement une souris ou en touchant en écran, mais une machine intelligente pourrait en faire autant à l'aide d'un logiciel, sans qu'il y ait aucun mouvement physique. La plupart des réseaux actuels d'apprentissage profond n'ont pas d'incarnation. Ils n'ont pas de capteurs mobiles ni de référentiels pour savoir où se situent leurs capteurs. Mais l'absence d'incarnation pose une limite à ce qui peut s'apprendre.

Il n'y a quasiment pas de limite aux types de capteurs que peut utiliser une machine intelligente. Les sens fondamentaux des humains sont la vision, le toucher et l'ouïe. Les chauves-souris ont le sonar. Certains poissons sont dotés de sens qui émettent des champs électriques. Dans le domaine de la vision, on trouve des yeux équipés d'une lentille (comme les nôtres), les yeux composés et ceux qui perçoivent l'infrarouge ou l'ultraviolet. On imagine sans peine des capteurs d'un nouveau type conçus pour tel ou tel problème concret. Un robot capable de sauver des gens dans les décombres d'un immeuble sera par exemple équipé de capteurs de type radar pour voir dans l'obscurité.

La vision, le toucher et l'ouïe des humains fonctionnent grâce à des panoplies de capteurs en réseau. Un œil, par exemple, n'est pas un capteur unique. Il contient des milliers de capteurs déployés à l'arrière de l'œil. Pareillement, le corps contient des milliers de capteurs répartis sur la peau. Les machines intelligentes posséderont elles aussi des panoplies de capteurs. Imaginez le fait de n'avoir qu'un seul doigt pour le toucher, ou de ne pouvoir regarder le monde qu'à travers une fine paille. Vous seriez encore capable d'apprendre des choses au sujet du monde, mais cela mettrait beaucoup plus de temps et votre répertoire d'actions serait limité. J'imagine facilement qu'une machine intelligente simple aux capacités limitées ne soit dotée que de quelques capteurs, mais une machine approchant l'intelligence humaine ou la dépassant possèdera de vastes panoplies de capteurs – comme nous.

L'odorat et le toucher se distinguent qualitativement de la vision et du toucher. À moins de coller directement le nez sur une surface, comme le font les chiens, il nous est difficile de dire avec précision d'où provient une odeur. De même, le goût se limite à ressentir les choses se trouvant dans la bouche. L'odorat et le goût nous permettent de décider ce qu'on peut manger sans risque, et l'odorat peut nous amener à désigner une zone générale, mais nous ne comptons pas trop dessus pour apprendre la structure détaillée du monde. Cela découle du fait que nous ne pouvons pas facilement associer une odeur et un goût à un emplacement précis. Cette limite n'est pas inhérente à ces sens. Une machine intelligente pourrait par exemple être pourvue d'une batterie de capteurs chimiques goûteurs répartis sur la surface de son corps, permettant à la machine de « ressentir » les substances chimiques comme vous et moi ressentons les textures.

Le son se situe quelque part au milieu. En exploitant nos deux oreilles et la façon dont le son rebondit sur notre oreille externe, notre cerveau situe beaucoup mieux la provenance des sons que celle des odeurs ou des goûts, mais pas aussi bien que celle de la vision et du toucher.

L'essentiel ici est que pour apprendre un modèle du monde, une machine intelligente a besoin d'intrants sensoriels qui soient mobiles. Chaque capteur doit être associé à un référentiel qui piste la position du capteur par rapport aux choses du monde. Il existe beaucoup de types de capteurs qu'une machine intelligente pourrait posséder. Les meilleurs capteurs pour une application donnée dépendent du type de monde dans lequel la machine évolue et de ce qu'on espère la voir apprendre.

Peut-être serons-nous un jour conduits à bâtir des machines à l'incarnation inhabituelle. Imaginons par exemple une machine intelligente existant à l'intérieur d'une cellule et capable de décoder les protéines. Les protéines sont de longues molécules qui se plient naturellement en adoptant des formes complexes. La forme d'une molécule protéique détermine sa fonction. La médecine gagnerait immensément à mieux connaître la forme des protéines pour les manipuler selon la nécessité, mais notre cerveau n'est pas très doué pour la compréhension des protéines. Nous ne pouvons pas les ressentir directement ni interagir avec elles. Même la vitesse avec laquelle elles agissent est bien trop élevée pour la capacité de traitement de notre cerveau. Mais peut-être serait-il possible de créer une machine intelligente capable de comprendre et de manipuler les protéines comme vous et moi comprenons et manipulons les tasses à café ou les téléphones portables. Le cerveau de l'Intelligent Protein Machine (IPM) pourrait résider dans un ordinateur ordinaire, mais ses mouvements et ses capteurs évolueraient à très petite échelle, à l'intérieur des cellules. Les capteurs reconnaîtraient les acides aminés, différents types de plis de protéines ou certaines liaisons chimiques précises. Elle pourrait agir sur le déplacement de ses capteurs par rapport à une protéine, comme on déplace le doigt sur une tasse à café. Elle serait aussi capable de pousser une protéine à changer de forme, comme on touche l'écran d'un smartphone pour en modifier l'affichage. L'IPM apprendrait un modèle du monde à l'intérieur des cellules puis s'en servirait pour atteindre certains objectifs, comme éliminer les mauvaises protéines ou réparer celles qui sont endommagées.

Autre exemple d'incarnation inhabituelle, le cerveau distribué. Le néocortex humain compte environ 150 000 colonnes corticales, dont chacune modélise la partie du monde qu'elle peut ressentir. Il n'y a aucune raison que les « colonnes » d'une machine intelligente soient physiquement disposées les unes à côté des autres, comme dans le cerveau biologique. Imaginons une machine intelligente pourvue de millions de colonnes et de milliers de séries de capteurs. Les capteurs et les modèles associés pourraient très bien être physiquement disséminés sur la surface de la Terre, dans les océans ou dans tout le système solaire. Une machine intelligente dont les capteurs seraient répartis sur toute la surface terrestre pourrait comprendre le comportement du climat mondial comme vous et moi comprenons celui d'un smartphone.

J'ignore s'il sera vraiment possible un jour de construire une machine protéique intelligente ou quelle sera la valeur réelle des machines à intelligence distribuée. Je n'évoque ces exemples que pour stimuler votre imagination et parce qu'ils relèvent de l'envisageable. L'essentiel est que les machines intelligentes prendront probablement des formes diverses. Quand on songe à l'avenir de l'intelligence machine et à ses implications, il ne faut pas se borner aux formes humaines ou animales dans lesquelles réside l'intelligence aujourd'hui ; il faut voir grand.

L'équivalence du cerveau ancien

Pour créer une machine intelligente, il faut malgré tout un petit nombre de choses qui existent dans les parties plus anciennes de notre cerveau. J'ai dit plus haut qu'il n'était pas nécessaire de répliquer les régions du cerveau ancien. C'est globalement vrai, mais certaines des choses qu'accomplit le cerveau ancien sont indispensables aux machines intelligentes.

Les mouvements élémentaires, par exemple. Rappelons que le néocortex ne contrôle directement aucun muscle. Lorsqu'il veut faire quelque chose, il envoie des signaux aux parties anciennes qui contrôlent plus directement le mouvement. Se tenir en équilibre sur ses deux jambes, marcher ou courir sont certains des comportements que met en œuvre le cerveau ancien. On ne compte pas sur le néocortex pour tenir debout, marcher ou courir, et c'est somme toute logique puisque les animaux ont eu besoin de marcher et de courir longtemps avant que l'évolution nous dote du néocortex. Et pourquoi voudrait-on que le néocortex réfléchisse à chaque pas accompli alors qu'il pourrait être en train de réfléchir à la voie qui permettra d'échapper à un prédateur ?

Est-ce pour autant une fatalité ? Ne pourrait-on construire une machine intelligente où l'équivalent du néocortex contrôlerait directement le mouvement ? Je pense que non. Le néocortex exécute un algorithme quasi universel, mais cette souplesse a un prix. Le néocortex doit être relié à quelque chose qui possède déjà des capteurs et des comportements. Il ne crée pas de comportement totalement nouveau ; il trouve des façons nouvelles et créatives d'enchaîner ceux qui existent déjà. Les primitives comportementales peuvent être aussi simples que le fait de plier un doigt ou aussi complexes que de marcher, mais le néocortex a besoin qu'elles existent. Les primitives comportementales des anciennes parties du cerveau ne sont pas toutes fixes – elles peuvent aussi se modifier par l'apprentissage. Le néocortex doit donc constamment s'adapter lui aussi.

Il faut que les comportements intimement liés à l'incarnation d'une machine soient intégrés. Admettons qu'il s'agisse d'un drone volant dont la mission est de livrer des denrées d'urgence aux victimes d'une catastrophe naturelle. On pourrait rendre le drone intelligent, afin qu'il évalue de lui-même quelles zones sont dans le plus grand besoin et qu'il se coordonne avec les autres drones pour livrer les denrées. Le « néocortex » du drone ne peut pas contrôler tous les aspects du vol, et ce ne serait pas souhaitable. Le drone doit être doté de comportements intégrés concernant la stabilité du vol, l'atterrissage, l'évitement d'obstacles, etc. La partie intelligente du drone n'aurait pas à réfléchir au contrôle du vol, tout comme votre néocortex n'a pas à penser à l'équilibre quand vous êtes debout.

La sécurité est aussi un type de comportement qu'il faut intégrer à une machine intelligente. L'écrivain de science-fiction Isaac Asimov a proposé trois lois de la robotique devenues célèbres. Elles ressemblent à un protocole de sécurité :

1. Un robot ne peut porter atteinte à un être humain ni, restant passif, permettre qu'un être humain soit exposé au danger.
2. Un robot doit obéir aux ordres que lui donne un être humain, sauf si de tels ordres entrent en conflit avec la première loi.
3. Un robot doit protéger son existence tant que cette protection n'entre pas en conflit avec la première ou la deuxième loi.

Asimov a proposé ces trois lois dans le contexte de romans de science-fiction, elles ne s'appliquent donc pas nécessairement à toute forme d'intelligence machine. Mais dans la conception de n'importe quel produit, certaines précautions méritent d'être envisagées. Elles peuvent être très simples. Ma voiture possède par exemple un système de sécurité intégré pour éviter les accidents. En temps normal, ma voiture obéit à mes ordres, que je lui communique par les pédales d'accélérateur et de frein. Mais si elle détecte un obstacle que je vais heurter, elle ignore mes ordres et freine d'elle-même. On peut dire que la voiture obéit à la première et la deuxième loi d'Asimov, ou que les ingénieurs qui ont conçu ma voiture y ont intégré des dispositifs de sécurité. Les machines intelligentes seront elles aussi dotées de comportements intégrés à des fins de sécurité. Je ne mentionne cette idée que par souci d'exhaustivité, mais ces exigences ne sont pas le propre des machines intelligentes.

Enfin, une machine intelligente doit posséder des objectifs et des motivations. Les objectifs et motivations des humains sont complexes. Certains tiennent à nos gènes, comme le désir sexuel, le désir de nourriture ou d'un abri. Les émotions – comme la peur, la colère ou la jalousie – peuvent aussi beaucoup influencer notre comportement. Certains de nos objectifs et motivations sont plus sociétaux. Ce qu'on considère comme une vie réussie, par exemple, varie d'une culture à l'autre.

Les machines intelligentes ont besoin elles aussi d'objectifs et de motivations. On ne va tout de même pas envoyer pas une équipe de robots constructeurs sur Mars pour qu'ils passent leurs journées à recharger leurs batteries au Soleil. Comment alors dote-t-on une machine intelligente d'objectifs, et cela comporte-t-il un risque ?

Il est important de se souvenir en premier lieu que le néocortex, de lui-même, ne crée pas d'objectifs, de motivations, ni d'émotions. Rappelons l'analogie entre le néocortex et la carte du monde. Une carte peut dire comment se rendre du point où l'on se trouve à celui que l'on souhaite atteindre, ce qu'il arrivera si l'on agit de telle ou telle façon, et quelles choses se trouvent à tel ou tel endroit. Mais une carte n'a pas de motivations propres. Une carte ne souhaite se rendre nulle part, pas plus qu'elle ne nourrira spontanément d'objectifs ou d'ambitions. Cela vaut pour le néocortex.

Le néocortex est très impliqué dans la façon dont les motivations et les objectifs influencent le comportement, mais il ne dirige rien. Pour vous faire une idée de comment cela fonctionne, imaginez cette conversation entre cerveau ancien et néocortex. Le cerveau ancien dit « J'ai faim, je veux à manger. » Le néocortex répond : « Il m'est arrivé deux fois de chercher et de trouver à manger près d'ici.

Pour atteindre le premier lieu, il faut longer un cours d'eau. Pour atteindre l'autre, on traverse un champ où habitent des tigres. » Le néocortex dit cela calmement, sans y rattacher de valeur. Mais aussitôt qu'il entend le mot « tigre », le cerveau ancien passe à l'action. Il libère dans le sang des substances chimiques qui accélèrent le rythme cardiaque et produisent d'autres effets physiologiques que nous associons à la peur. Il peut aussi libérer une substance particulière, les neuromodulateurs, directement dans certaines vastes régions du néocortex, lui disant en essence : « Quoi que tu aies pensé à l'instant, NE LE FAIS PAS. »

Pour doter une machine d'objectifs et de motivations, il faut concevoir des mécanismes spécifiques correspondant à ces objectifs et motivations puis les intégrer à l'incarnation de la machine. Les objectifs peuvent être fixes, comme notre désir génétiquement déterminé de nourriture, ou acquis, comme notre objectif socialement déterminé de mener une belle vie. Bien entendu, tout objectif doit être bâti sur des mesures de sécurité telles que les deux premières lois d'Asimov. Pour résumer, une machine intelligente a besoin d'objectifs et de motivations, mais les objectifs et les motivations ne sont pas une conséquence de l'intelligence, ils n'apparaîtront pas d'eux-mêmes.

L'équivalence du néocortex

Le troisième ingrédient nécessaire à une machine intelligente est un système d'apprentissage généraliste qui remplisse les mêmes fonctions que le néocortex. Là encore, une foule d'options conceptuelles sont possibles. J'en évoquerai deux : la vitesse et la capacité.

La vitesse

Il faut au moins cinq millisecondes à un neurone pour accomplir quoi que ce soit d'utile. Un transistor de silicone opère jusqu'à un million de fois plus vite. Par conséquent, un néocortex de silicone serait potentiellement capable de réfléchir et d'apprendre un million de fois plus vite qu'un humain. On peine à imaginer ce que pourrait entraîner une accélération si spectaculaire de la pensée. Mais avant de laisser notre imagination partir au galop, permettez-moi de souligner que ce n'est pas parce qu'une partie d'une machine intelligente est capable d'agir un million de fois plus vite qu'un cerveau biologique que la machine elle-même est un million de fois plus rapide, ou que le savoir peut s'acquérir à cette vitesse-là.

Revenons par exemple à nos robots du bâtiment, ceux que nous avions envoyés sur Mars pour construire un habitat destiné aux humains. Ils seront peut-être capables de réfléchir et d'analyser très vite les problèmes, mais le processus de construction proprement dit ne peut être accéléré que jusqu'à un certain point. Au-delà, les matériaux lourds seront tordus et rompus par les forces en jeu. Un robot qui perce un trou dans une plaque de métal ne le fait pas plus vite qu'un humain. Mais il peut évidemment travailler de façon continue sans fatigue et commettra moins d'erreurs. Le processus de préparation de Mars à l'accueil des humains s'avérera donc sensiblement plus rapide avec des machines intelligentes qu'avec des humains, mais pas selon un facteur d'un million.

Prenons un autre exemple. Et si des machines intelligentes accomplissaient le travail des chercheurs en neurosciences, mais en réfléchissant un million de fois plus vite ? Il a fallu des décennies aux neurosciences pour atteindre notre niveau de connaissance actuel du cerveau. Ce progrès aurait-il été un million de fois plus rapide, prenant au total moins d'une heure, avec des neurobiologistes artificiels ? Non, bien sûr. Certains scientifiques, dont mon équipe et moi-même, sont des théoriciens. Nous passons nos journées à lire des articles, à débattre de théories possibles et à écrire des logiciels. Une part de ce travail serait en principe beaucoup plus rapide si elle était accomplie par une machine intelligente. Mais l'exécution de nos simulations informatiques demanderait encore plusieurs jours. Et puis, nous ne développons pas nos théories dans le vide : nous sommes dépendants des découvertes expérimentales. La théorie du cerveau que présente ce livre a dû se plier aux contraintes et aux résultats obtenus dans des centaines de laboratoires expérimentaux. Même si nous pouvions réfléchir un million de fois plus vite, il faudrait encore attendre la publication des résultats des expérimentalistes, qui n'ont aucun moyen de vraiment accélérer leurs expériences. Il faut par exemple entraîner des rats et collecter les données. Il est impossible de presser un rat, ne serait-ce que pour gagner une seconde. Là encore, le recours à des machines intelligentes plutôt qu'à des humains pour étudier les neurosciences accélèrerait sans doute les découvertes scientifiques, mais toujours pas selon un facteur d'un million.

Les neurosciences ne sont pas particulières à cet égard. Presque tous les champs de la recherche scientifique reposent sur les données expérimentales. Il existe par exemple aujourd'hui de nombreuses théories sur la nature du temps et de l'espace. Pour découvrir si l'une de ces théories est juste, il faut de nouvelles données expérimentales. Des machines intelligentes cosmologistes capables de réfléchir un million de fois plus vite que leurs homologues humains pourraient peut-être produire plus vite de nouvelles théories, mais nous aurions encore à bâtir des télescopes spatiaux et des détecteurs de particules souterrains pour récolter les données qui nous permettront de savoir si l'une de ces théories est juste. On ne peut pas considérablement accélérer la création de télescopes et de détecteurs de particules, pas plus qu'on ne peut réduire le temps qu'il leur faut pour récolter les données.

Dans certains domaines scientifiques, en revanche, les choses pourraient considérablement s'accélérer. L'activité d'un mathématicien consiste essentiellement à réfléchir, écrire et communiquer ses idées. En principe, une machine intelligente devrait pouvoir travailler un million de fois plus vite qu'un mathématicien humain sur un problème mathématique. Autre exemple, notre machine intelligente virtuelle qui indexe internet. La vitesse à laquelle apprend un robot d'indexation intelligent est limitée par la vitesse à laquelle il se « déplace » en suivant des liens et en ouvrant des fichiers. Cela pourrait aller vraiment très vite.

L'ordinateur actuel nous offre probablement une bonne analogie concernant ce qu'on est en droit d'attendre. Nos ordinateurs accomplissent des tâches que l'humain accomplissait à la main, et ils le font près d'un million de fois plus vite. Ils ont transformé notre société et ont produit un accroissement extraordinaire de notre capacité d'effectuer des découvertes scientifiques et médicales. Mais l'ordinateur n'a pas multiplié par un million la cadence à laquelle nous faisons ces choses. L'effet qu'auront les machines intelligentes sur notre société et sur la vitesse à laquelle s'effectuent nos découvertes sera du même ordre.

La capacité
Vernon Mountcastle a compris que notre néocortex s'est développé, et qu'il nous a rendus plus intelligents, en fabriquant des copies du même circuit, la colonne corticale. L'intelligence machine peut suivre le même plan. Une fois qu'on aura une idée précise de ce que fait la colonne corticale et qu'on aura appris à en fabriquer une en silicone, il devrait être relativement facile de bâtir des machines intelligentes d'une capacité variant selon le nombre d'éléments de colonne utilisés.

Il n'y a aucune limite claire à la taille que l'on peut donner à un cerveau artificiel. Le néocortex humain contient environ 150 000 colonnes. Qu'adviendrait-il si l'on fabriquait un néocortex artificiel en contenant 150 millions ? Quels avantages procurerait un cerveau mille fois plus grand que le cerveau humain ? On l'ignore encore, mais l'idée appelle certaines remarques.

La taille des régions néocorticales varie considérablement d'un individu à l'autre. La région primaire de la vision V1, par exemple, peut être deux fois plus volumineuse chez certains que chez d'autres. L'épaisseur de V1 est la même pour tous, mais sa surface peut varier, et son nombre de colonnes avec elle. Un individu doté d'une région V1 relativement petite et un autre d'une région V1 relativement grande ont l'un et l'autre une vision normale, et aucun n'est conscient de la différence. Mais cette différence existe ; l'individu doté d'un grand V1 possède une acuité plus élevée, c'est-à-dire qu'il peut voir de plus petites choses. Cela peut être utile si l'on est horloger, par exemple. Partant de ce principe, l'accroissement de la taille de certaines régions du néocortex peut entraîner de modestes changements, mais il ne vous dotera pas de superpouvoirs.

Au lieu d'agrandir la taille des régions, peut-être pourrions-nous en créer davantage et les interconnecter de manière plus complexe. C'est dans une certaine mesure ce qui distingue le singe de l'humain. L'habileté visuelle du singe est similaire à celle de l'humain, mais nous sommes dotés d'un néocortex globalement plus grand qui compte plus de régions. Nous conviendrons pour la plupart que l'humain est plus intelligent que le singe, que notre modèle du monde est à la fois plus profond et plus complet. Cela laisse supposer que les machines intelligentes pourraient surpasser les humains en ce qui concerne la profondeur de compréhension. Mais cela ne signifie pas forcément que les humains ne comprendront pas ce qu'apprend une machine intelligente. Je n'aurais jamais pu faire les découvertes d'Einstein, mais cela ne m'empêche pas de les comprendre.

On peut encore se représenter la capacité autrement. Une part importante du volume de notre cerveau est consacrée au câblage, aux axones et aux dendrites qui relient nos neurones. C'est une disposition coûteuse en énergie et en espace. Pour conserver l'énergie, le cerveau est forcé de limiter le câblage et donc de limiter ce qu'on peut apprendre rapidement. À la naissance, notre néocortex contient du câblage en surabondance, mais cela s'atténue beaucoup lors des premières années de la vie. On présume que le cerveau apprend alors quelles connexions sont utiles et lesquelles ne le sont pas, en se fondant sur l'expérience acquise dans la petite enfance. Mais la suppression des liens non utilisés possède ses inconvénients : l'apprentissage de nouveaux types de savoirs devient plus difficile plus tard dans la vie. Lorsqu'un enfant n'est pas exposé à plusieurs langues assez tôt dans la vie, il lui sera plus difficile d'en parler couramment plusieurs plus tard. De même, un enfant dont les yeux tardent trop à fonctionner dans la vie perdra définitivement la capacité de voir, même si ses yeux se réparent ensuite. Cela répond sans doute au fait que certaines des connexions nécessaires au plurilinguisme ou à la vision ont été rejetées parce qu'elles ne servaient pas.

Les machines intelligentes ne connaissent pas ces contraintes de câblage. Dans les modèles logiciels de néocortex que crée mon équipe, par exemple, nous pouvons instantanément établir une connexion entre n'importe quels groupes de neurones. Contrairement au câblage physique du cerveau, le logiciel permet la formation de toutes les connexions possibles. Cette souplesse de connectivité pourrait constituer l'un des principaux avantages de l'intelligence machine sur l'intelligence biologique. Elle pourrait permettre aux machines intelligentes de garder ouvertes toutes leurs options, en supprimant l'un des principaux obstacles que rencontre l'humain adulte lorsqu'il cherche à apprendre quelque chose.

Apprentissage ou clonage

Il est une autre différence entre intelligence machine et intelligence humaine, c'est la capacité de cloner des machines intelligentes. Chaque être humain doit apprendre un modèle du monde à partir de zéro. On commence sa vie en ne sachant quasiment rien et on passe des décennies à apprendre. On va à l'école, on lit des livres et, bien entendu, on apprend par l'expérience personnelle. Les machines intelligentes auront aussi à apprendre un modèle du monde. Mais à la différence des humains, nous pouvons à tout moment fabriquer une copie d'une machine intelligente, un clone. Imaginez que nous disposions d'un modèle matériel standard pour nos robots bâtisseurs intelligents sur Mars. Dans l'équivalent d'une école, nous enseignerions à un robot les méthodes de construction, les matériaux et le fonctionnement des outils. Cette formation demanderait peut-être des années, mais une fois satisfaits des capacités de notre robot, nous n'aurions plus qu'à le copier en transférant ses connexions acquises à des dizaines d'autres robots identiques. Et nous mettre dès le lendemain à reprogrammer des robots, selon une conception améliorée ou avec une tout autre gamme de capacités.

Les applications futures de l'intelligence machine nous sont inconnues

Lorsqu'on crée une nouvelle technologie, on imagine qu'elle servira à remplacer ou améliorer quelque chose qu'on connaît déjà. Mais, avec le temps, apparaissent de nouveaux usages auxquels on n'avait pas songé, et qui deviennent souvent précisément les usages principaux, ceux qui transformeront la société. Internet, par exemple, a été inventé pour permettre l'échange de fichiers entre ordinateurs scientifiques et militaires, jusqu'alors effectué manuellement et désormais plus rapide et plus efficace. Internet sert toujours à échanger des fichiers, mais il a surtout radicalement transformé le secteur du divertissement, le commerce, la fabrication et la communication individuelle. Il a même changé la façon dont nous écrivons et nous lisons. Rares étaient ceux qui imaginaient de tels basculements sociétaux lors de la création des protocoles d'internet.

L'intelligence machine est vouée à connaître le même type de transition. La plupart des chercheurs en IA tentent de faire accomplir aux machines des choses dont les humains sont capables – de la reconnaissance de la parole à l'étiquetage d'images en passant par la conduite de voitures. L'idée selon laquelle l'objectif de l'IA est d'imiter les humains est illustrée à merveille par le fameux « test de Turing ». Initialement proposé par Alan Turing sous le nom de « jeu de l'imitation », le test de Turing affirme que si une personne n'est pas en mesure de dire si elle est en train de converser avec un humain ou une machine, cette dernière doit être considérée comme intelligente. Malheureusement, cette insistance à prendre les capacités de type humain pour critère d'intelligence a fait plus de tort que de bien. Notre enthousiasme pour des missions telles qu'apprendre à un ordinateur à jouer au go nous a empêchés d'imaginer jusqu'au bout l'impact que pourraient avoir des machines intelligentes.

Nous utiliserons évidemment les machines intelligentes pour faire ce que nous faisons aujourd'hui. Notamment dans les tâches dangereuses et insalubres trop risquées pour nous, comme les réparations à effectuer dans les grands fonds marins ou le nettoyage de déversements toxiques. Nous confierons aussi aux machines intelligentes des missions où les humains sont trop rares, comme peut-être les soins aux personnes âgées. Certains voudront les voir remplacer des emplois bien payés ou aller faire la guerre. Resteront à résoudre les dilemmes que poseront certaines de ces applications.

Que dire alors des applications imprévisibles de l'intelligence machine ? Nul ne connaît le détail de ce que nous réserve l'avenir, mais nous pouvons tenter de dégager les idées-forces et les tendances susceptibles de propulser l'adoption de l'IA dans des directions inattendues. L'une de celles qui me titillent particulièrement est l'acquisition de savoir scientifique. L'humain a soif d'apprendre. Quelque chose nous pousse à explorer, à rechercher le savoir, à comprendre l'inconnu. Nous voulons connaître les réponses aux mystères de l'Univers : comment tout cela a-t-il commencé ? Comment cela finira-t-il ? La vie est-elle répandue dans l'Univers ? Y a-t-il d'autres êtres intelligents ? Le néocortex est l'organe qui permet à l'humain de se mettre en quête de ces connaissances. Une fois que les machines intelligentes réfléchiront plus vite et plus loin que nous, qu'elles sentiront des choses que nous ne sentons pas et qu'elles se rendront là où nous ne pouvons pas aller, qui sait ce qu'elles apprendront ? Cette possibilité me paraît exaltante.

Tout le monde ne partage pas mon optimisme quant aux bienfaits de l'intelligence machine. Certains y voient la plus grande menace pesant sur l'humanité. Nous allons donc évoquer au prochain chapitre les risques que pose l'intelligence machine.

11 Les risques existentiels que pose l'intelligence machine

Au début du XXIᵉ siècle, le champ tout entier de l'intelligence artificielle était considéré comme un échec. Au moment de lancer Numenta, nous avons réalisé une étude de marché pour choisir les termes à employer pour expliquer notre activité. Nous avons alors découvert que les termes « IA » et « intelligence artificielle » étaient négativement perçus par à peu près tout le monde. Aucune entreprise n'aurait même envisagé de les insérer dans la description de ses produits. De l'avis général, la tentative de créer des machines intelligentes s'enlisait et risquait fort de ne jamais aboutir. En l'espace de dix ans, l'impression suscitée par l'IA sur la population a complètement basculé. C'est aujourd'hui l'un des domaines les plus actifs de la recherche, et les entreprises appliquent le qualificatif IA à tout ce qui touche de près ou de loin à l'apprentissage machine, ou presque.

Plus étonnant encore est l'empressement avec lequel les grands pontes de la technologie sont passés de « l'IA n'aura peut-être jamais lieu » à « il y a de fortes chances dans un avenir proche que l'IA détruise l'humanité ». Plusieurs instituts sans but lucratif ainsi que des groupes de réflexion se sont constitués pour étudier les risques existentiels que pose l'IA, et bon nombre d'éminents représentants de la technologie, des sciences et de la philosophie ont émis des mises en garde publiques, affirmant que la création de machines intelligentes risquait de rapidement conduire à l'extinction de l'espèce humaine ou au moins à son asservissement. Beaucoup considèrent aujourd'hui l'intelligence artificielle comme une menace existentielle pesant sur l'humanité.

N'importe quelle technologie nouvelle peut faire l'objet d'abus à des fins néfastes. Si limitée qu'elle soit, l'IA d'aujourd'hui sert déjà à suivre les individus à la trace, à influencer le cours d'élections et à diffuser de la propagande. Les abus de ce type vont encore s'aggraver lorsque nous disposerons de machines vraiment intelligentes. L'idée que des armes puissent être rendues intelligentes et autonomes, par exemple, a de quoi effrayer. Imaginez des drones intelligents qui, au lieu de livrer des médicaments ou de la nourriture, livrent des armes. Les armes intelligentes pouvant se passer de toute supervision humaine, on pourrait les déployer par dizaines de milliers. Il est essentiel que nous prenions ces menaces au sérieux et que nous mettions en place des politiques pour empêcher les mauvais dénouements.

Des individus malveillants utiliseront les machines intelligentes pour priver des gens de liberté ou les menacer de mort, mais pour l'essentiel, l'utilisation de machines intelligentes par quelqu'un de malintentionné n'aura que peu de chances de conduire à l'extermination de l'humanité. Les inquiétudes soulevées par les risques existentiels que comporte l'IA sont d'une autre nature. Que de mauvaises personnes utilisent des machines intelligentes pour accomplir de mauvaises actions est une chose ; que les machines intelligentes soient elles-mêmes malveillantes et qu'elles décident seules de balayer l'humanité en est une autre. Je m'en tiendrai ici à la seconde possibilité, celle des menaces existentielles induites par l'IA. Que cela soit clair : mon propos n'est aucunement de minimiser le danger très réel du mauvais usage que pourraient faire certains de l'IA.

Les risques existentiels de l'intelligence machine généralement évoqués reposent en gros sur deux craintes. La première est ce qu'on appelle l'explosion d'intelligence, et en voici le scénario : nous créons des machines plus intelligentes que les humains. Ces machines nous surpassent dans à peu près tout, notamment dans la création de machines intelligentes. Nous laissons les machines intelligentes créer des machines intelligentes, qui créent alors des machines plus intelligentes encore. L'intervalle de temps séparant chaque génération améliorée de machines intelligentes se réduit de plus en plus et bientôt l'écart entre notre intelligence et celle des machines est devenu tel que nous ne comprenons plus ce qu'elles font. À ce stade, les machines peuvent aussi bien décider de se débarrasser de nous parce que nous ne leur servons plus à rien (extinction de l'humanité) que de nous tolérer parce que nous leur sommes encore utiles (asservissement de l'humanité).

Le second risque est celui de la divergence d'objectifs, qui désigne des scénarios où les machines intelligentes visent des objectifs contraires à notre bien-être sans que nous puissions les arrêter. Technologues et philosophes ont imaginé diverses façons dont cela pourrait se produire. Des machines intelligentes pourraient par exemple spontanément se fixer des objectifs propres qui nous nuisent. Ou encore, chercher à atteindre un objectif que nous leur avons fixé, mais de manière si implacable qu'elles consomment toutes les ressources de la Terre, rendant au passage la planète inhabitable pour nous.

Le présupposé qui sous-tend chacun de ces scénarios est celui de la perte de contrôle de nos créations. Les machines intelligentes nous empêchent de les éteindre ou de nous interposer de quelque autre façon dans la progression vers leurs objectifs. On suppose parfois que les machines intelligentes se répliquent, qu'elles créent des millions de copies d'elles-mêmes, ou alors qu'une seule machine intelligente devient omnipotente. Mais c'est toujours elles contre nous, et les machines sont plus intelligentes.

Quand j'entends s'exprimer des craintes de ce type, c'est par un chapelet d'arguments qui me semblent dénués de la moindre connaissance de ce qu'est l'intelligence. Ils paraissent furieusement spéculatifs, fondés sur des notions inexactes à propos non seulement de ce qui est techniquement possible, mais de ce qu'être intelligent veut dire. Voyons comment résistent ces hypothèses alarmistes à la lumière de ce qu'on sait du cerveau et de l'intelligence biologique.

La menace de l'explosion d'intelligence

L'intelligence exige que nous ayons un modèle du monde. Ce modèle nous sert à reconnaître où nous nous trouvons et à planifier nos mouvements. Il nous sert à reconnaître les objets, à les manipuler et à prévoir les conséquences de nos actes. Lorsque nous voulons faire quelque chose, que ce soit aussi simple que préparer du café ou aussi complexe qu'abroger une loi, les modèles de notre cerveau nous servent à décider des choses à accomplir pour atteindre l'objectif souhaité.

À quelques exceptions près, l'apprentissage d'idées et de compétences nouvelles réclame une interaction physique avec le monde. La récente découverte de planètes dans d'autres systèmes solaires, par exemple, a d'abord exigé la construction d'un nouveau type de télescope et plusieurs années de collecte de données. Aucun cerveau, si gros ou rapide soit-il, ne pouvait connaître par la seule pensée la profusion des exoplanètes et leur composition. On ne peut pas contourner la phase d'observation de la découverte. Apprendre à piloter un hélicoptère exige que l'on apprenne de quelle façon la moindre fluctuation du comportement peut entraîner de subtils changements dans le vol. Il n'y a pas d'autre manière d'assimiler ces relations sensori-motrices que par la pratique. Peut-être qu'une machine pourrait l'accomplir sur un simulateur, théoriquement plus vite encore qu'en pilotant un hélicoptère réel, mais cela prendrait encore un certain temps. Diriger une usine de fabrication de puces informatiques demande des années de pratique. On peut lire un livre sur la fabrication de puces, mais le vrai spécialiste connaît tous les pièges du processus de fabrication et sait s'en prémunir. Rien ne remplace cette expérience-là.

L'intelligence ne se programme pas dans un logiciel et ne se détermine pas sous la forme d'une liste de règles et de faits. On peut doter une machine de la capacité à apprendre un modèle du monde, mais le savoir dont se compose ce modèle doit s'apprendre, et l'apprentissage prend du temps. On a vu au chapitre précédent que s'il est possible de fabriquer des machines intelligentes un million de fois plus rapides qu'un cerveau biologique, elles n'acquièrent pas de nouvelles connaissances un million de fois plus vite.

L'acquisition de connaissances et de compétences nouvelles demande toujours du temps, quelles que soient la taille et la rapidité du cerveau. Dans certains domaines, comme les mathématiques, une machine intelligente apprendra beaucoup plus vite qu'un être humain. Mais le plus souvent, la vitesse de l'apprentissage est limitée par la nécessité d'une interaction physique avec le monde. Il est donc impossible que survienne une explosion d'intelligence par laquelle les machines sauraient d'un coup davantage de choses que nous.

Les défenseurs de la thèse de l'explosion d'intelligence parlent parfois d'« intelligence surhumaine », ce qui désigne le stade où les machines surpassent les humains à tous égards et dans toutes les tâches. Imaginons ce que cela suppose. Une machine dotée d'intelligence surhumaine pourrait expertement piloter n'importe quel avion, actionner n'importe quelle machine et écrire des logiciels dans n'importe quel langage de programmation. Elle parlerait toutes les langues, connaîtrait l'histoire de toutes les cultures du monde et l'architecture de toutes les villes. La liste de choses dont les humains sont collectivement capables est si longue qu'aucune machine ne saurait surpasser les performances humaines dans tous les domaines.

L'intelligence surhumaine est impossible aussi parce que notre connaissance du monde ne cesse d'évoluer et de croître. Imaginons par exemple que des chercheurs découvrent un nouveau mode de communication quantique permettant la transmission instantanée sur de vastes distances. Dans un premier temps, personne d'autre qu'eux n'est au courant. Si leur découverte est issue de données expérimentales, nul n'a pu y aboutir par la seule pensée – pas même une machine, si intelligente soit-elle. À moins de supposer que les machines ont remplacé tous les chercheurs du monde (et tous les spécialistes humains de tous les domaines), il y aura toujours des humains qui en sauront plus à propos de quelque chose que les machines. Tel est le monde dans lequel nous vivons aujourd'hui. Aucun être humain ne sait tout. Et ce n'est pas une question de manque d'intelligence ; c'est juste que personne ne peut se trouver partout et tout faire. Cela vaut aussi pour les machines intelligentes.

Vous remarquerez que la plupart des réussites actuelles de la technologie de l'IA touchent à des problèmes de nature statique – qui n'évoluent pas dans le temps et ne requièrent pas d'apprentissage continu. Les règles du go, par exemple, sont immuables. Tout comme les opérations mathématiques qu'accomplit ma calculette. Même les systèmes qui étiquettent des images sont formés et testés à l'aide d'un ensemble fixe d'étiquettes. Pour les tâches statiques de ce type, une solution dédiée ne fera pas seulement mieux que les humains, elle le fera indéfiniment. Mais le monde, pour l'essentiel, n'est pas figé, et les tâches à accomplir ne cessent de changer. Dans un tel monde, il n'est aucune machine ni aucun homme qui puisse conserver un avantage définitif sur une tâche donnée, et encore moins sur toutes les tâches.

Les personnes qui redoutent une explosion d'intelligence décrivent l'intelligence comme si elle se créait à l'aide d'une recette ou d'un ingrédient secret qui resterait à découvrir. Une fois connu, il n'y aurait qu'à l'appliquer dans des quantités croissant sans cesse, jusqu'à produire des machines super intelligentes. J'adhère à la première prémisse. L'ingrédient secret, pour ainsi dire, c'est que l'intelligence se crée à travers des milliers de petits modèles du monde, chacun utilisant des référentiels pour entreposer du savoir et créer des comportements. Toutefois, doter les machines de cet ingrédient ne leur procure aucune capacité immédiate. Cela ne leur offre qu'un substrat pour l'apprentissage, conférant aux machines la capacité d'apprendre un modèle du monde et donc d'acquérir du savoir et des compétences. On peut tourner un bouton de la cuisinière pour augmenter la chaleur. Il n'existe pas de bouton pour « augmenter le savoir » d'une machine.

La menace de la divergence d'objectifs

Cette menace proviendrait de la possibilité qu'une machine intelligente cherche à atteindre un objectif nuisible aux êtres humains *et* que nous ne puissions pas l'arrêter. On parle parfois de problème de « l'apprenti sorcier ». Dans le poème de Goethe, un apprenti sorcier envoûte un balai pour qu'il aille chercher de l'eau, avant de s'apercevoir qu'il ne sait pas faire en sorte que le balai cesse d'aller chercher de l'eau. Lorsqu'il tente de couper le balai à la hache, il ne fait que multiplier les balais et les seaux d'eau. La crainte est ici qu'une machine intelligente fasse ce qu'on lui a demandé, mais qu'elle interprète toute commande d'arrêter comme un obstacle à sa mission première. Elle fera n'importe quoi pour atteindre son objectif initial. Le problème de la divergence d'objectifs est souvent illustré par l'histoire de la machine à laquelle on demande de maximiser la production de trombones à papier et que plus rien ne peut arrêter. Au point qu'elle finit par transformer en trombones toutes les ressources de la planète.

La menace de la divergence d'objectifs repose sur deux improbabilités : premièrement, même si la machine intelligente accepte la demande initiale, elle ignore les suivantes, et deuxièmement, elle est capable de mobiliser suffisamment de ressources pour annihiler toute tentative humaine de l'arrêter.

Je l'ai dit et redit, l'intelligence est la capacité à apprendre un modèle du monde. Comme une carte, le modèle peut vous dire comment accomplir quelque chose, mais il n'a pas d'objectif ni de motivation propres. Nous, concepteurs de machines intelligentes, devons faire tous les efforts du monde pour y intégrer des motivations. Pourquoi irions-nous fabriquer une machine qui accepte notre premier ordre puis refuse tous les suivants ? C'est aussi improbable que de créer une voiture sans chauffeur qui, une fois qu'on lui a indiqué le point d'arrivée, ignorerait toute demande d'arrêt ou de changement de destination. Ce dernier scénario suppose en outre que nous ayons construit une voiture qui verrouillerait toutes les portières, bloquerait le volant, la pédale de frein, le bouton d'alimentation, etc. Notons que la voiture sans chauffeur n'ira pas développer ses propres objectifs. Évidemment, quelqu'un pourrait construire une voiture qui entretiendrait ses propres objectifs et ignorerait les demandes des humains. Une telle voiture serait sans doute susceptible de causer des dégâts. Mais même si quelqu'un concevait une telle machine, elle ne constituerait pas de menace existentielle, à moins de satisfaire à la seconde exigence.

La seconde exigence de la menace de la divergence d'objectifs est que la machine intelligente puisse réquisitionner les ressources de la planète pour atteindre ses objectifs, ou qu'elle trouve d'autres moyens de nous empêcher de l'arrêter. On voit mal comment cela pourrait arriver. Il faudrait que la machine soit en contrôle de la grande majorité des moyens de communication, de production et de transport dans le monde. Et cela n'est clairement pas à la portée d'une voiture intelligente rebelle. Une machine intelligente pourrait toutefois nous empêcher de l'arrêter en exerçant sur nous un chantage. Si l'on confiait par exemple la responsabilité de l'armement nucléaire à une machine intelligente, elle pourrait alors dire « si vous cherchez à m'arrêter, je nous fais tous sauter ». Une machine contrôlant l'essentiel d'internet pourrait aussi nous menacer de calamités de toutes sortes en perturbant les communications et le commerce.

Nous rencontrons le même type de craintes au sujet des humains. Et c'est pourquoi aucun individu, aucune entité, ne contrôle seul internet et c'est pourquoi nous décidons qu'il faut être deux pour lancer un missile nucléaire. Les machines intelligentes ne nourriront pas d'objectifs divergents à moins que nous nous donnions toutes les peines du monde pour leur en allouer la capacité. Et même si elles le faisaient, aucune machine ne pourra jamais réquisitionner les ressources mondiales sans notre consentement. Nous ne laissons pas un individu, ni même un petit groupe d'humains, contrôler les ressources du monde. Il faut prendre le même type de précautions avec les machines.

Le contre-argument

Il ne fait selon moi aucun doute que les machines intelligentes ne représentent aucune menace existentielle pour l'humanité. Ceux qui ne pensent pas comme moi brandissent volontiers l'argument suivant : tout au long de l'histoire, les populations indigènes se sont senties en sécurité elles aussi. Mais lorsque des étrangers sont arrivés avec leur supériorité en armes et en technologie, elles ont été vaincues et exterminées. Nous ne sommes pas moins vulnérables, disent-ils, et nous ne devons pas nous fier à ce sentiment de sécurité. Nous sommes incapables d'imaginer à quel point les machines pourront être plus intelligentes, plus rapides et plus capables que nous, et cela nous rend vulnérables.

Il y a là une part de vérité. Certaines machines intelligentes seront en effet plus intelligentes, plus rapides et plus capables que les humains. Mais la question de l'inquiétude renvoie inévitablement à celle de la motivation. Les machines intelligentes souhaiteront-elles prendre le contrôle de la Terre, nous asservir ou faire quelque chose qui nous nuise ? La destruction des cultures indigènes est venue des motivations des envahisseurs, parmi lesquelles se trouvait la soif de richesse, de réputation et de domination. Ce sont là des motivations du cerveau ancien. La technologie supérieure a certes aidé les envahisseurs, mais elle n'a pas causé le carnage.

Redisons-le, les machines intelligentes ne possèderont pas d'émotions ni de motivations de type humain à moins qu'on les en dote volontairement. Les désirs, les objectifs et l'agression n'apparaissent pas par magie aussitôt qu'une chose est intelligente. À l'appui de mon propos, considérons le fait que l'essentiel des pertes parmi les populations indigènes n'a pas été infligé par l'envahisseur humain, mais par les maladies qu'il a apportées avec lui – les bactéries et les virus contre lesquels les autochtones n'avaient que peu ou pas de défenses naturelles. Les vrais meurtriers ont été de simples organismes dotés de la motivation de se reproduire et dépourvus de technologie. L'intelligence a un alibi : elle n'était pas présente lors de l'essentiel du génocide.

Il me semble que l'autoréplication constitue pour l'humanité une menace bien plus réelle que l'intelligence machine. Si un individu malveillant souhaitait créer quelque chose qui extermine l'humanité entière, le moyen le plus sûr serait de concevoir des virus et des bactéries très infectieux et contre lesquels notre système immunitaire ne pourrait rien. Il est théoriquement possible qu'une équipe de chercheurs et d'ingénieurs malfaisants conçoive des machines intelligentes voulant s'autorépliquer. Il faudrait aussi que ces machines soient capables de réaliser des copies d'elles-mêmes sans interférence possible des humains. De tels événements paraissent hautement improbables et, même s'ils se produisaient, tout cela prendrait beaucoup de temps. Ce que je veux montrer, c'est que toute chose capable d'autoréplication, notamment les virus et les bactéries, constitue une menace potentielle. L'intelligence, par elle-même, non.

Nous ne pouvons pas lire l'avenir ; il nous est donc impossible d'anticiper tous les risques associés à l'intelligence machine, ni à quelque nouvelle technologie que ce soit. Mais dans le débat sur les risques et les avantages de l'intelligence machine, j'invite chacun à bien distinguer entre trois choses : la réplication, les motivations et l'intelligence.

- **La réplication** : tout ce qui est capable d'autoréplication est dangereux. L'humanité pourrait être balayée par un virus. Internet pourrait s'effondrer sous l'action d'un virus informatique. Les machines intelligentes n'auront la capacité ou l'envie de s'autorépliquer que si les humains se donnent vraiment la peine de les leur inculquer.
- **Les motivations** : les motivations et la volonté biologiques sont une conséquence de l'évolution. L'évolution a découvert que les animaux dotés de certaines motivations se répliquaient mieux que les autres. Une machine qui ne se réplique pas et qui n'évolue pas ne va pas nourrir d'un coup le désir, par exemple, de dominer les gens ou de les réduire à l'esclavage.
- **L'intelligence** : de ces trois choses, l'intelligence est la plus bénigne. Une machine intelligente ne se mettra pas d'elle-même à s'autorépliquer, pas plus qu'elle ne développera spontanément de motivations ou de volonté. Il faudra vraiment se donner la peine de concevoir et d'intégrer aux machines intelligentes toute la motivation que nous souhaiterons leur donner. Mais à moins qu'elles s'autorépliquent et qu'elles évoluent, elles ne constitueront par elles-mêmes aucune menace existentielle pour l'humanité.

Je ne voudrais pas vous donner l'impression que l'intelligence machine ne présente aucun danger. Comme toute technologie puissante, elle peut faire beaucoup de mal entre les mains d'humains malintentionnés. Je le répète, il n'y a qu'à imaginer des millions d'armes intelligentes autonomes ou l'utilisation de machines intelligentes à des fins de propagande et de contrôle politique. Que faire contre cela ? Faut-il interdire toute action de recherche et développement en IA ? Ce serait non seulement difficile, mais contraire à nos propres intérêts. L'intelligence machine apportera beaucoup de bienfaits à la société et nous allons voir au prochain chapitre qu'elle pourrait même s'avérer indispensable à notre survie à long terme. Pour l'heure, il apparaît que notre meilleure option soit de travailler d'arrache-pied à la préparation d'accords internationaux exécutoires sur ce qui est admissible et ce qui ne l'est pas, comme nous le faisons concernant les armes chimiques.

On compare souvent l'intelligence machine au génie dans la bouteille. Une fois libéré, il ne peut y être remis et échappe rapidement à tout contrôle. Ce que j'ai voulu montrer dans ce chapitre, c'est que ces craintes ne sont pas fondées. Contrairement aux craintes des prédicateurs de l'explosion d'intelligence, nous ne perdrons pas le contrôle, et rien ne surviendra trop rapidement. Si nous commençons aujourd'hui, nous avons largement le temps d'examiner les risques et les avantages et de choisir quelle voie nous souhaitons emprunter.

Dans la dernière partie de ce livre, nous aborderons les risques existentiels que pose l'intelligence humaine et ses possibilités.

Troisième partie
L'INTELLIGENCE HUMAINE

Nous sommes à un tournant de l'histoire de la Terre, dans une phase de changement rapide et spectaculaire pour la planète autant que pour les formes de vie qui la peuplent. Le climat se réchauffe à une telle vitesse qu'il va probablement d'ici cent ans rendre certaines villes inhabitables et de vastes zones agricoles désertiques. Des espèces vont s'éteindre à une cadence telle que certains scientifiques parlent d'une sixième grande extinction de l'histoire de la Terre. Tout cela est le fruit de l'intelligence humaine.

La vie est apparue sur Terre il y a quelque 3,5 milliards d'années. Dès le début, le cours pris par la vie a été régi par les gènes et l'évolution. Il n'y a pas de plan ni d'orientation voulue pour l'évolution. Les espèces ont évolué et se sont éteintes en fonction de leur aptitude à laisser des descendants portant des copies de leurs gènes. La vie a été conduite par la lutte concurrentielle pour la survie et la procréation. Rien d'autre n'a jamais compté.

Notre intelligence a permis à notre espèce, *Homo sapiens*, de s'épanouir et de prospérer. En à peine deux siècles – un instant à l'échelle géologique –, nous avons multiplié par deux notre espérance de vie, vaincu une foule de maladies et mis la vaste majorité de l'humanité à l'abri de la famine. Nous menons une existence en meilleure santé, plus confortable, et nous trimons moins que nos prédécesseurs.

L'être humain est intelligent depuis des centaines de milliers d'années, alors d'où vient ce brusque changement de fortune ? La nouveauté, c'est l'intensification rapide de nos découvertes technologiques et scientifiques, qui nous ont permis de produire de la nourriture en abondance, d'éliminer des maladies et de transporter les biens là où ils sont le plus nécessaires.

Mais notre réussite a aussi créé des problèmes. Notre population est passée d'un milliard, voici deux siècles, à près de huit aujourd'hui. Nous sommes tellement nombreux que nous polluons la planète jusque dans ses moindres recoins. Il apparaît clairement désormais que notre impact écologique va entraîner, au mieux, le déplacement de centaines de millions d'individus ; au pire, il rendra la Terre inhabitable. Le climat n'est pas notre seul motif de préoccupation. Certaines de nos technologies, comme les armes nucléaires ou l'édition des gènes, confèrent à un petit nombre d'individus la possibilité d'en tuer des milliards.

Notre intelligence est à l'origine d'un grand nombre de réussites, mais elle en est aussi venue à constituer une menace existentielle. Ce que nous ferons dans les années qui viennent déterminera si notre brusque prolifération mène à un brusque effondrement – ou si nous sortirons de cette phase de changement rapide sur une trajectoire durable. Ces questions sont celles que j'aborderai dans les derniers chapitres de ce livre.

Nous commencerons par examiner les risques inhérents à notre intelligence et à la structure de notre cerveau. Partant de là, nous verrons plusieurs options possibles pour augmenter nos chances de survie à long terme. J'évoquerai les initiatives et les propositions existantes, sous le prisme de la théorie du cerveau. Et je présenterai certaines idées qu'il me semble nécessaire de prendre en considération, mais qui, à ma connaissance, n'ont pas intégré le débat public.

Mon objectif n'est aucunement de prescrire la marche à suivre, mais de stimuler le débat sur des questions qui me paraissent trop souvent ignorées. Notre connaissance nouvelle du cerveau nous permet un nouveau regard sur les risques et les occasions qui se présentent à nous. Certaines des choses que j'évoquerai susciteront peut-être un peu de controverse, mais telle n'est pas mon intention. J'entends simplement livrer une évaluation sincère et impartiale de la situation où nous nous trouvons et étudier ce que nous pouvons faire à ce propos.

12 Fausses croyances

À l'adolescence, mes amis et moi étions fascinés par l'hypothèse dite du cerveau dans une cuve. Serait-il possible de faire baigner notre cerveau dans une cuve de nutriments qui le maintiennent en vie, et de relier ses entrées et ses sorties à un ordinateur ? L'hypothèse du cerveau dans une cuve suppose la possibilité que le monde dans lequel nous croyons vivre ne soit pas réel, mais une simulation par ordinateur. Je ne pense pas que nos cerveaux soient reliés à un ordinateur, mais ce qu'il se produit concrètement est presque aussi étrange. Le monde dans lequel nous croyons vivre n'est pas réel ; c'est une simulation du monde réel. Et cela pose un problème. Bien souvent, ce que nous croyons n'est pas vrai.

Votre cerveau se trouve dans une boîte, le crâne. Il ne possède pas lui-même de capteurs, ses neurones sont posés là, dans le noir, isolés du monde extérieur. La seule façon pour votre cerveau de connaître quoi que ce soit de la réalité passe par les fibres nerveuses sensorielles qui pénètrent le crâne. Les fibres nerveuses provenant des yeux, des oreilles et de la peau ont le même aspect, et les impulsions qui les parcourent sont identiques. Aucune lumière, aucun son ne pénètrent le crâne, seulement des impulsions électriques.

Le cerveau projette aussi des fibres nerveuses jusqu'aux muscles, qui font bouger le corps et ses capteurs, modifiant ainsi la portion du monde que le cerveau est en train de ressentir. À force de ressenti et de mouvement, de ressenti et de mouvement, le cerveau acquiert un modèle du monde situé hors du crâne.

Vous remarquerez à nouveau qu'il n'y a pas de lumière, de sensation tactile ni de son pénétrant le cerveau. Aucune des perceptions constituant notre expérience mentale – de la douceur d'un animal de compagnie à la vue d'un ami en passant par la couleur du feuillage d'automne – ne vient par nos nerfs sensoriels. Les nerfs n'émettent que des impulsions. Et puisque ce ne sont pas des impulsions que nous percevons, tout ce que nous ressentons est forcément fabriqué dans le cerveau. Même les plus élémentaires sensations lumineuses, sonores ou tactiles sont des créations du cerveau : elles n'existent que dans son modèle du monde.

Peut-être cette description vous a-t-elle fait tiquer. Les impulsions entrantes ne sont-elles pas en fin de compte une *représentation* de la lumière et du son ? En quelque sorte. Il est certaines propriétés de l'Univers, comme le rayonnement électromagnétique ou les vagues de compression des molécules gazeuses, que nous percevons bel et bien. Nos organes sensoriels convertissent ces propriétés en impulsions nerveuses, qui sont ensuite converties en perception de la lumière et du son. Mais les organes sensoriels ne ressentent pas tout. La lumière existe par exemple dans le monde réel sous une vaste gamme de fréquences, mais nos yeux ne sont sensibles qu'à une tranche infime de cette gamme. De même, nos oreilles ne détectent que les sons d'une bande étroite des fréquences audio. Notre perception de la lumière et du son ne peut donc représenter qu'une partie de ce qu'il se passe dans l'Univers. Si nous percevions toutes les fréquences du rayonnement électromagnétique, nous verrions les transmissions radiophoniques et serions dotés d'une vision à rayons X. Si nos capteurs étaient différents, le même univers produirait des expériences perceptuelles différentes.

Les deux points essentiels sont ici que le cerveau ne connaît qu'un sous-ensemble du monde réel et que nous ne percevons pas le monde lui-même, mais notre modèle du monde. Nous allons voir dans ce chapitre que ces idées produisent de fausses croyances, avant de nous demander s'il y a quelque chose à y faire et quoi.

Nous vivons dans une simulation

À tout moment donné, certains neurones du cerveau sont actifs et d'autres pas. Les neurones actifs représentent ce qu'on est en train de penser et de percevoir. Fait important : ces pensées et perceptions concernent le modèle du monde que possède le cerveau, pas le monde physique hors du crâne. Le monde que nous percevons est donc une simulation du monde réel.

Je sais qu'on n'a pas l'impression de vivre une simulation. On a l'impression de directement regarder le monde, de le toucher, de le sentir, de le ressentir. On croit souvent que les yeux sont comme des caméras. Le cerveau reçoit une image provenant des yeux et cette image est ce que l'on voit. Il est naturel de se représenter la chose ainsi, mais c'est faux. Nous avons vu plus haut que notre perception visuelle est stable et uniforme, alors que les intrants de nos yeux sont distordus et changeants. La vérité, c'est que nous percevons notre modèle du monde, pas le monde lui-même ni les impulsions éphémères et changeantes qui pénètrent le crâne. Au fil de notre journée, les intrants sensoriels du cerveau invoquent les parties correspondantes de notre modèle du monde, mais ce que nous percevons et ce que nous croyons qu'il survient est le modèle. Notre réel ressemble à l'hypothèse du cerveau dans la cuve ; nous vivons dans un monde simulé, mais pas dans un ordinateur – dans notre tête.

L'idée est tellement contre-intuitive qu'elle mérite plusieurs exemples. Commençons par la perception de lieu. Une fibre nerveuse représentant la pression sur le bout d'un doigt ne véhicule aucune information concernant l'emplacement du doigt. La fibre nerveuse du bout du doigt réagit de la même façon selon que la chose touchée se trouve devant soi ou sur le côté. Pourtant, la sensation de toucher est perçue comme se situant en un point relatif au corps. C'est tellement naturel que vous ne vous êtes sans doute jamais demandé comment cela se produit. On l'a vu, la réponse est qu'il y a des colonnes corticales qui représentent chaque partie du corps. Et dans ces colonnes se trouvent des neurones qui représentent la localisation de cette partie du corps. Vous sentez que votre doigt se trouve à tel ou tel endroit parce que les cellules représentant le lieu de votre doigt vous le disent.

Le modèle peut être faux. Les gens qui ont perdu un membre, par exemple, ressentent souvent qu'il est encore là. Le modèle du cerveau comprend le membre manquant et sa localisation. De sorte que même si le membre n'existe plus, ces gens continuent de le percevoir et de ressentir qu'il leur est encore rattaché. Le membre fantôme peut « bouger » et adopter différentes positions. Une personne amputée dira par exemple que son bras manquant se tient le long du corps ou que sa jambe manquante est pliée ou raide. Il éprouvera en tel ou tel point précis du membre en question des sensations, comme des démangeaisons ou une douleur. Les sensations se trouvent « quelque part », là où le membre est perçu, mais physiquement, il n'y a rien à cet endroit. Le modèle du cerveau comporte le membre ; que ce soit vrai ou faux, c'est cela qui est perçu.

Certains rencontrent le problème inverse. Ils possèdent bien leur membre, mais ont la sensation qu'il ne leur appartient pas. Ce sentiment d'étrangeté les pousse parfois à en souhaiter l'amputation. On ignore ce qui conduit certains à penser que leur membre n'est pas le leur, mais cette fausse perception est sans doute ancrée dans le fait que leur modèle du monde est dépourvu de représentation normale de ce membre. Si le modèle de votre corps que possède votre cerveau ne comporte pas de jambe gauche, celle-ci semblera ne pas appartenir à votre corps. Comme si on vous avait collé une tasse à café sur le coude. Vous auriez envie de l'enlever au plus vite.

Mais la perception qu'a de son corps une personne parfaitement ordinaire peut aussi être trompée. L'illusion de la main en caoutchouc est un jeu de salon dont le sujet voit une main en caoutchouc, mais pas sa vraie main. Lorsqu'une personne gratte de la même façon la fausse main et la vraie, qui est masquée, le sujet commence à percevoir la main en caoutchouc comme faisant vraiment partie de son corps.

Ces exemples nous montrent que notre modèle du monde peut être incorrect. On peut percevoir des choses qui n'existent pas (le membre fantôme) ou percevoir incorrectement des choses qui existent (le membre étranger ou la main en caoutchouc). Le modèle du cerveau est manifestement faux, et c'est préjudiciable. La douleur d'un membre fantôme peut être débilitante. En vérité, le fait que le modèle du cerveau ne concorde pas avec ses intrants n'est pas rare. Et le plus souvent, c'est utile.

L'image suivante, créée par Edward Adelson, est un exemple éloquent de ce qui différencie le modèle dans notre cerveau (ce que nous percevons) de l'objet perçu. Dans l'image de gauche, la case marquée d'un A paraît plus foncée que celle marquée d'un B. La teinte de ces deux cases est pourtant identique. Vous allez dire : « Impossible. A est incontestablement plus foncé que B. » Vous aurez tort. Le meilleur moyen de vérifier si A et B sont identiques consiste à cacher le reste de l'image en ne laissant visibles que ces deux cases, et l'on constatera alors qu'en effet, A n'est pas plus foncée que B. Pour vous aider, j'ai ajouté deux fragments de l'image principale. L'effet est moins prononcé dans la tranche, et complètement inexistant lorsqu'on ne voit que les cases A et B.

Lorsqu'on parle d'illusion, cela suggère que le cerveau s'est fait duper, mais c'est en fait l'inverse qui est vrai. Votre cerveau perçoit correctement le damier, sans se laisser tromper par l'ombre. Un damier est un damier, qu'il y ait une ombre dessus ou non. Le modèle du cerveau nous dit que le motif du damier fait s'alterner les cases blanches et noires, et c'est ce que vous percevez, même si dans ce cas la lumière émanant d'une case « foncée » et d'une case « claire » est identique.

Le modèle du monde qu'héberge notre cerveau est habituellement juste. Il saisit habituellement la structure du réel quels que soient notre point de vue actuel ou les données discordantes, comme l'ombre projetée sur l'échiquier. Toutefois, le modèle du monde que contient notre cerveau peut aussi être complètement faux.

Fausses croyances

On parle de fausse croyance lorsque le modèle du cerveau croit qu'une chose existe alors qu'elle n'existe pas dans le monde physique. Que l'on songe encore au membre fantôme. Le phénomène du membre fantôme est dû au fait que certaines colonnes dans le néocortex le modélisent. Ces colonnes possèdent des neurones qui représentent l'emplacement du membre par rapport au corps. Aussitôt après l'amputation, ces colonnes sont encore là, et elles possèdent toujours le modèle du membre. La personne amputée croit donc que son membre se tient encore dans telle ou telle position, alors qu'il n'existe pas dans le monde physique. Le membre fantôme est un exemple de fausse croyance. (La perception du membre fantôme s'estompe généralement après quelques mois, lorsque le cerveau ajuste son modèle du corps, mais cela peut parfois prendre des années.)

Considérons à présent un autre modèle erroné. Certaines personnes croient que la Terre est plate. Pendant des dizaines de milliers d'années, tout ce qu'avaient jamais éprouvé les humains coïncidait avec l'hypothèse d'une Terre plate. La courbure de la planète est si légère qu'il n'était pas possible dans le cours d'une vie de la déceler. Il y avait bien quelques discordances, par exemple dans la façon dont la coque d'un navire disparaissait à l'horizon avant les mâts, mais c'était difficilement perceptible, même avec une excellente vue. Le modèle dans lequel la Terre est plate ne correspond pas seulement à notre ressenti, c'est un bon modèle pour interagir avec le monde. Je dois par exemple me rendre aujourd'hui du bureau à la bibliothèque pour restituer un livre. La planification de ce trajet qui utilise le modèle de Terre plate fonctionne : je n'ai pas à prendre en considération la courbure de la Terre pour circuler en ville. En matière de survie au jour le jour, un modèle de Terre plate fonctionne parfaitement, du moins l'a-t-il fait jusque récemment. Aujourd'hui, si vous êtes astronaute ou pilote d'avion, voire un passager fréquent des lignes aériennes et que vous croyez que la Terre est plate, cela peut avoir des conséquences graves, et même fatales. Mais si vous ne voyagez pas au long cours, le modèle de Terre plate fonctionne encore pour la vie quotidienne.

Pourquoi certaines personnes croient-elles encore que la Terre est plate ? Comment conservent-elles leur modèle de Terre plate malgré les messages contraires des intrants sensoriels, comme les photos de la Terre prises du ciel ou le récit des explorateurs qui ont franchi le pôle Sud ?

Rappelons que le néocortex effectue sans cesse des prédictions. La prédiction est le moyen par lequel le cerveau teste si son modèle du monde est correct ; une prédiction incorrecte indique un défaut du modèle qui demande réparation. Une erreur de prédiction entraîne une poussée d'activité dans le néocortex, qui dirige notre attention vers l'intrant qui a engendré l'erreur. En s'intéressant à l'intrant mal prédit, le néocortex réapprend cette partie-là du modèle. Cela aboutit en fin de compte à une modification du modèle du cerveau pour qu'il soit un reflet plus fidèle du monde. La réparation de modèle est intégrée au néocortex, et elle fonctionne généralement très bien.

Conserver un modèle erroné, comme la Terre plate, suppose le rejet d'indices en conflit avec le modèle. Les « platistes » affirment se méfier de tout indice qu'ils ne puissent directement percevoir. Une photo peut être truquée. Le récit d'un explorateur peut avoir été fabriqué. L'envoi d'une expédition sur la Lune dans les années 1960 peut tout aussi bien avoir été une production hollywoodienne. Si l'on se borne à ne croire que ce dont on peut directement faire l'expérience, et qu'on n'est pas un astronaute, on finit forcément par posséder un modèle de Terre plate. Pour entretenir un modèle erroné, il n'est pas inutile de s'entourer de gens possédant les mêmes croyances erronées, accroissant ainsi la probabilité que les intrants reçus correspondent au modèle. Cela supposait autrefois de physiquement s'isoler au sein d'une communauté partageant ses croyances, mais on peut aujourd'hui atteindre le même résultat en choisissant les vidéos que l'on regarde sur internet.

Prenons le cas du réchauffement climatique. Les indices que l'activité humaine est en train de provoquer des changements à grande échelle dans le climat sur Terre sont écrasants. Cette évolution, si l'on n'y fait rien, risque d'entraîner la mort ou le déplacement de milliards d'individus. Certains débats ont légitimement cours sur les mesures à prendre, mais beaucoup se contentent de nier tout bonnement que le réchauffement ait lieu. Leur modèle du monde dit que le climat de change pas – et que même s'il le fait, il n'y a pas lieu de s'inquiéter.

Comment les climatosceptiques entretiennent-ils leurs fausses croyances face aux preuves physiques du contraire ? Comme les platistes, ils se méfient de la plupart des gens et ne se fient qu'à ce qu'ils observent personnellement ou à ce que leur disent des gens partageant leurs idées. S'ils ne voient pas de réchauffement climatique, c'est qu'il n'a pas lieu. Selon les enquêtes, une personne qui nie le réchauffement climatique a de fortes chances de changer de camp aussitôt qu'elle fera personnellement l'expérience d'un événement météorologique extrême ou d'une inondation due à la montée des océans.

Si l'on ne se fie qu'à son propre vécu, il est possible de mener une existence à peu près normale en croyant que la Terre est plate, que la conquête lunaire est une imposture, que l'activité humaine n'influence pas le climat mondial, que les espèces n'évoluent pas, que les vaccins sont la cause de maladies et que les fusillades de masse sont une mystification.

Les modèles viraux du monde

Certains modèles du monde sont viraux, c'est-à-dire que le modèle incite le cerveau qui l'abrite à agir de façon à transmettre son modèle à d'autres cerveaux. Le modèle d'un membre fantôme n'est pas viral ; il est incorrect, mais cantonné à un cerveau. Un modèle de Terre plate ne l'est pas non plus, parce qu'il exige que l'on ne se fie qu'à l'expérience personnelle. La croyance que la Terre est plate ne vous fait pas agir d'une façon qui transmette votre croyance à d'autres.

Les modèles viraux du monde prescrivent des comportements qui transmettent le modèle de cerveau en cerveau, de façon croissante. Mon modèle du monde inclut par exemple la croyance que chaque enfant doit recevoir une bonne éducation. Si dans cette éducation se trouve l'enseignement que chaque enfant mérite une bonne éducation, cela conduit inévitablement à faire gonfler les rangs de ceux qui croient que chaque enfant mérite une bonne éducation. Mon modèle du monde, du moins pour ce qui concerne l'éducation des enfants, est viral. Il est voué à se propager de façon croissante dans le temps.

Mais est-il correct ? Difficile à dire. Mon modèle du comportement à attendre des humains n'est pas une chose physique, comme l'existence d'un membre ou la courbure de la Terre. D'autres possèdent un modèle du monde où seuls certains enfants méritent de recevoir une bonne éducation. Leur modèle comprend le fait d'éduquer leurs enfants à croire qu'eux seuls et leurs semblables méritent une bonne éducation. Ce modèle d'éducation sélective est, lui aussi, viral, et peut-être même est-il préférable en termes de transmission de gènes ? Les gens qui reçoivent une bonne éducation, par exemple, auront un meilleur accès aux ressources financières et aux soins de santé, ils auront donc de meilleures chances de transmettre leurs gènes que ceux n'ayant reçu que peu ou pas d'éducation. D'un point de vue darwinien, l'éducation sélective est une bonne stratégie, tant que les laissés-pour-compte n'entrent pas en rébellion.

Des modèles faux et viraux du monde

Venons-en à présent aux modèles du monde les plus perturbants : ceux qui sont à la fois viraux et dont on peut démontrer qu'ils sont faux. Imaginons un livre d'histoire rempli d'erreurs factuelles. L'ouvrage s'ouvre par une série d'instructions à l'attention du lecteur. La première est la suivante : « Tout ce que contient ce livre est vrai. Ignorez tout indice contredisant ce livre. » La deuxième dit : « Si vous rencontrez d'autres personnes convaincues elles aussi que ce livre dit vrai, venez-leur en aide dans toute l'étendue de vos possibilités et ils en feront autant avec vous. » Et la troisième : « Parlez de ce livre au plus grand nombre d'interlocuteurs possible. S'ils refusent d'y croire, bannissez-les ou tuez-les. »

Sans doute commencerez-vous par penser « qui donc irait croire ça ? » Il suffit pourtant que quelques cerveaux croient au livre pour qu'avec le temps les modèles cérébraux incluant sa véracité se propagent de façon virale à beaucoup, beaucoup de cerveaux. Le livre ne se contente pas de décrire une série de croyances erronées sur l'histoire, il prescrit des actes précis. Ces actes poussent les gens à répandre la croyance dans le livre, à aider ceux qui y croient et à éliminer les sources d'indices contraires.

Ce livre d'histoire est ce qu'on appelle un mème. Initialement proposé par le biologiste Richard Dawkins, le mème est une chose qui se réplique et qui évolue, à la façon d'un gène, mais par la culture. (Le terme « mème » a récemment été réapproprié pour désigner des images sur internet. J'emploie ici le terme selon sa définition d'origine.) Notre livre d'histoire est en fait un ensemble de mèmes qui se soutiennent mutuellement, comme un organisme individuel est créé par un ensemble de gènes se soutenant mutuellement. Chaque instruction du livre pourrait par exemple être considérée comme un mème.

Les mèmes du livre d'histoire entretiennent une relation symbiotique avec les gènes de l'individu qui croit au livre. Le livre dicte par exemple que ceux qui croient en lui doivent obtenir une aide préférentielle de la part des autres croyants. Cela augmente les probabilités que les croyants aient plus d'enfants qui survivent (plus de copies des gènes), ce qui augmente les rangs de gens qui croient au livre (plus de copies des mèmes).

Les mèmes, comme les gènes, évoluent, et ils le font parfois de façon à se renforcer mutuellement. Disons par exemple qu'apparaisse en librairie une variante de notre livre d'histoire. La différence entre l'ancienne version et la nouvelle consiste en l'ajout de quelques instructions au commencement du livre, comme « Les femmes auront autant d'enfants que possible » et « N'inscrivez pas vos enfants dans une école où ils pourraient être exposés à des critiques du livre. » Deux livres d'histoire circulent à présent. Le plus récent, avec ses nouvelles instructions, est légèrement plus efficace en matière de réplication que l'ancien. Au fil du temps, il est voué à prédominer. Les gènes biologiques des croyants pourraient similairement évoluer de façon à sélectionner des individus plus disposés à faire beaucoup d'enfants, plus capables d'ignorer les indices contredisant le livre ou plus disposés à faire du mal aux non-croyants.

Les modèles erronés du monde peuvent se propager et se développer tant que la fausse croyance aide les croyants à répandre leurs gènes. Le livre d'histoire et ceux qui y croient entretiennent une relation symbiotique. Ils s'aident mutuellement à se répliquer et évoluent de façon à mutuellement se renforcer. Le livre d'histoire peut être factuellement faux, mais la vie ne consiste pas à posséder un modèle correct du monde. La vie est une affaire de réplication.

Le langage et la propagation de fausses croyances

Avant l'apparition du langage, le modèle du monde que possédait un individu se limitait aux lieux qu'il avait personnellement visités et aux choses qu'il avait personnellement rencontrées. Il était impossible de savoir ce qu'il y avait de l'autre côté d'une cime ou d'un océan sans s'y rendre. L'apprentissage du monde par l'expérience personnelle est globalement fiable.

À l'avènement du langage, les humains ont étendu leur modèle du monde à des choses qu'ils n'avaient pas personnellement observées. Sans avoir jamais mis les pieds à La Havane, je peux par exemple discuter avec des gens qui disent y être allés et lire ce que d'autres ont écrit à son sujet. Je crois que La Havane est un endroit bien réel parce que des gens en qui j'ai confiance me disent qu'ils y ont été et que leurs récits concordent. Beaucoup de ce que l'on croit aujourd'hui au sujet du monde n'étant pas directement observable, nous comptons sur le langage pour nous en informer. Ce sont des découvertes telles que l'atome, les molécules et les galaxies. Ce sont des processus lents tels que l'évolution des espèces et la tectonique des plaques. Ce sont des lieux où l'on n'a jamais été, mais dont on croit à l'existence, comme la planète Neptune ou, dans mon cas, La Havane. Le triomphe de l'intellect humain, l'éclairement de notre espèce, c'est l'expansion de notre modèle du monde au-delà de ce qui est directement observable. Cette expansion du savoir a été rendue possible par des outils – navires, microscopes et autres télescopes – et par diverses formes de communication comme le langage écrit et les images.

Mais l'apprentissage indirect du monde par le biais du langage n'est pas fiable à 100 %. Il se pourrait par exemple que La Havane n'existe pas. Que ceux qui m'en ont parlé m'aient menti, qu'ils se soient concertés pour me tromper. On a vu avec notre faux livre d'histoire que de fausses croyances peuvent se propager par la voie du langage sans que personne ne cherche sciemment à diffuser de la désinformation.

Nous ne connaissons qu'un moyen de distinguer le faux du vrai, de voir si notre modèle du monde comporte des erreurs. Cela consiste à rechercher activement des informations contredisant ce que l'on croit. Les indices soutenant ce qu'on croit sont utiles, mais pas concluants. En revanche, dès lors qu'on trouve une preuve du contraire, on sait que le modèle dans notre tête est inexact et qu'il demande à être modifié. La quête active d'informations réfutant ce que l'on croit correspond à la méthode scientifique. C'est la seule méthode dont nous ayons connaissance qui puisse nous rapprocher de la vérité.

Aujourd'hui, à l'orée du XXIe siècle, les fausses croyances prolifèrent dans l'esprit de milliards d'individus. On peut le comprendre lorsqu'il s'agit de mystères restant à résoudre. Il est par exemple compréhensible que les gens aient cru il y a cinq siècles que la Terre était plate, parce que tout le monde ne connaissait pas la nature sphérique de notre planète, et que les indices contradictoires étaient rares, voire inexistants. De même, on peut comprendre qu'il y ait aujourd'hui des divergences dans ce que les gens croient à propos de la nature du temps (toutes les hypothèses sont forcément fausses sauf une), étant donné que l'on n'a pas encore découvert ce qu'est le temps. Mais ce qui me perturbe, c'est que des millions de gens continuent de receler des croyances dont il a été démontré qu'elles étaient fausses. Trois siècles après les Lumières, par exemple, la plupart des humains croient toujours aux origines mythiques de la Terre. Ces mythes originels ont été réfutés par des montagnes de preuves empiriques, mais on continue d'y croire.

On peut ici parler de fausses croyances virales. Comme notre faux livre d'histoire, les mèmes comptent sur le cerveau pour se répliquer, ce qui leur a permis de se doter par l'évolution de moyens de contrôler le comportement des cerveaux pour défendre leurs intérêts. Étant donné que le néocortex ne cesse de faire des prédictions pour tester son modèle du monde, ce modèle est intrinsèquement autocorrectif. Par lui-même, un cerveau tend inexorablement vers des modèles de plus en plus justes du monde. Mais ce processus est enrayé, à l'échelon global, par de fausses croyances virales.

Je présenterai en fin d'ouvrage une vision plus optimiste de l'humanité, mais avant d'en venir à cette version plus radieuse, je voudrais évoquer la menace bien réelle que nous, humains, constituons pour nous-mêmes.

13 Les risques existentiels de l'intelligence humaine

L'intelligence en soi est inoffensive. On l'a vu deux chapitres plus haut : à moins que nous y intégrions volontairement des envies, des motivations et des émotions égoïstes, les machines intelligentes ne poseront aucun risque à notre survie. L'intelligence humaine, elle, n'est pas aussi inoffensive. La possibilité que le comportement de notre espèce mène à sa destruction est connue depuis longtemps. Depuis 1947, par exemple, le *Bulletin of the Atomic Scientists* tient à jour l'horloge de la fin du monde pour indiquer à quel point nous sommes proches de rendre la Terre inhabitable. Initialement inspirée par la possibilité qu'une guerre nucléaire détruise la Terre, cette horloge de la fin du monde a été étendue en 2007 au réchauffement climatique en tant que deuxième cause potentielle d'extinction auto-infligée. On pourra débattre du fait que les armes nucléaires et le réchauffement climatique provoqué par les humains constituent réellement une menace existentielle, mais il est indiscutable qu'ils ont le potentiel de causer beaucoup de souffrance parmi les humains. Concernant le réchauffement climatique, nous sommes au-delà de l'incertitude ; le débat porte essentiellement désormais sur l'étendue des dégâts, qui ils frapperont, la rapidité de leur progression et ce qu'il convient de faire.

La menace existentielle que posent les armes nucléaires et le réchauffement climatique n'existaient pas il y a cent ans. Au rythme actuel du changement technologique, il est à peu près certain que nous nous apprêtons dans les prochaines années à créer de nouvelles menaces existentielles. Chacune de ces menaces devra être combattue, mais si nous voulons durer, il faudra impérativement considérer ces problèmes sous un angle systémique. Je me pencherai dans ce chapitre sur les deux risques systémiques fondamentaux qu'on associe au cerveau humain.

Le premier est posé par les parties anciennes de notre cerveau. Bien que le néocortex nous dote d'une intelligence supérieure, 30 % de notre cerveau a évolué très longtemps avant, il crée les plus primitifs de nos désirs et de nos actions. Notre néocortex a inventé de puissantes technologies capables de transformer la Terre entière, mais le comportement humain qui contrôle ces technologies transformatrices demeure souvent dicté par l'égoïsme et la vision à court terme du cerveau ancien.

Le second risque est plus directement associé au néocortex et à l'intelligence. Le néocortex peut se faire duper. Il peut former de fausses croyances à propos d'aspects fondamentaux du monde. Partant de ces fausses croyances, nous sommes capables d'agir à l'encontre de nos intérêts à long terme.

Les risques relatifs au cerveau ancien

Nous sommes des animaux, les descendants d'innombrables générations d'autres animaux. Chacun de nos ancêtres, sans exception, est parvenu à avoir au moins un petit, qui a son tour en a eu un, et ainsi de suite. Notre lignée remonte à des milliards d'années. Tout au long de cette période, la mesure ultime de la réussite – peut-être, en fait, la seule – a été la transmission préférentielle de ses gènes à la génération suivante.

Le cerveau n'avait d'utilité que s'il profitait à la survie et à la fécondité de ses détenteurs. Les premiers systèmes nerveux étaient simples ; ils ne contrôlaient que les réactions réflexes et les fonctions corporelles. Leur profil et leur rôle étaient entièrement spécifiés par les gènes. Au fil du temps, les fonctions intégrées se sont étendues à des comportements que nous estimons aujourd'hui désirables, comme le soin porté à ses petits ou la coopération sociale. Mais les comportements que nous n'approuvons pas forcément autant sont aussi apparus, comme la lutte pour le territoire, pour les droits d'accouplement, la copulation forcée et le vol de ressources.

Tous les comportements intégrés, quel que soit le regard qu'on porte dessus, sont apparus parce que c'était une adaptation porteuse de réussite. Les parties anciennes de notre cerveau abritent encore ces comportements primitifs ; nous vivons tous avec cet héritage en nous. Évidemment, chacun se situe quelque part sur le spectre de la partie de ces comportements anciens que nous laissons s'exprimer et de la capacité du néocortex à les maîtriser. On pense que cette variation est en partie génétique. Mais on ignore quelle part en est culturelle.

Alors malgré toute notre intelligence, le cerveau ancien est toujours là. Il opère toujours selon les règles établies par des centaines de millions d'années de survie. Nous continuons de nous battre pour des territoires, nous continuons de nous battre pour les droits d'accouplement, et nous continuons de tricher, de violer et de duper nos congénères humains. Tout le monde ne fait pas ces choses, et nous inculquons à nos enfants les comportements que nous souhaitons qu'ils adoptent, mais un simple coup d'œil sur les actualités confirmera que notre espèce, toutes cultures et toutes communautés confondues, n'est pas parvenue à se délivrer de ces comportements primitifs peu désirables. Redisons-le, quand je parle de comportement moins désirable, c'est d'un point de vue individuel ou sociétal. Sous l'angle de la génétique, tous ces comportements sont utiles.

Par lui-même, le cerveau ancien ne pose aucun risque existentiel. Ses comportements ne sont en fin de compte que des adaptations réussies. Dans le passé, si une tribu en quête de territoire tuait tous les membres d'une autre, l'ensemble du genre humain n'était pas menacé. Il y avait des gagnants et des perdants. Les actes d'un individu ou de plusieurs étaient cantonnés à un point du globe et à une part de l'humanité. Si le cerveau ancien en vient aujourd'hui à constituer une menace existentielle, c'est parce que le néocortex a créé des technologies capables d'altérer la planète entière, voire de la détruire. Munis des technologies du néocortex capables de transformer le monde, les actes à courte vue du cerveau ancien en sont venus à constituer une menace existentielle pour l'humanité. Voyons ce que cela signifie aujourd'hui sous le prisme du réchauffement climatique et de l'une de ses causes sous-jacentes, la croissance démographique.

Croissance démographique et réchauffement climatique

Le réchauffement climatique dû aux humains est la résultante de deux facteurs. Le premier est le nombre d'habitants que compte la planète, le second est la quantité de pollution produite par chacun de ces habitants. L'un et l'autre sont en hausse. Commençons par la croissance démographique.

En 1960, la Terre comptait quelque trois milliards d'habitants. Mes premiers souvenirs remontent à cette époque. Personne à ma connaissance n'a prétendu que les problèmes du monde des années 1960 seraient résolus si nous étions deux fois plus nombreux. La population mondiale atteint aujourd'hui huit milliards d'individus et continue de croître.

La logique élémentaire nous dit que la Terre courrait moins le risque de dégradation ou d'effondrement dû aux humains si nous étions moins nombreux. Si nous étions deux milliards au lieu de huit, par exemple, peut-être que les écosystèmes de la planète absorberaient notre impact sans subir de changement radical et rapide. Et même si la Terre ne pouvait durablement supporter la présence de deux milliards d'habitants, nous aurions davantage de temps pour adapter nos comportements à une existence durable.

Pourquoi alors la population mondiale est-elle passée de trois milliards en 1960 à huit milliards aujourd'hui ? Pourquoi ne s'est-elle pas maintenue à trois milliards, voire réduite à deux ? Chacun ou presque conviendra que la Terre s'en tirerait à meilleur compte avec moins d'habitants plutôt que davantage. Pourquoi cela ne se produit-il pas ? La réponse est peut-être évidente, mais il vaut la peine de la creuser un peu.

La vie repose sur une idée très simple : les gènes produisent autant de copies d'eux-mêmes que possible. Les animaux ont donc cherché à avoir le plus grand nombre possible de petits et les espèces à habiter autant de lieux que possible. Le cerveau a évolué de façon à servir cet aspect on ne peut plus élémentaire de la vie. Le cerveau aide les gènes à produire le plus de copies possible d'eux-mêmes.

Mais ce qui est bon pour les gènes ne l'est pas forcément pour l'individu. Dans l'optique des gènes, par exemple, il est bon qu'une famille compte plus de membres qu'elle ne peut en nourrir. Certains mourront sans doute de faim certaines années, mais pas toujours. Du point de vue des gènes, mieux avoir de temps en temps trop d'enfants que trop peu. Certains enfants connaîtront d'horribles souffrances, les parents inconsolables se démèneront sans cesse pour y remédier, mais les gènes s'en fichent pas mal. Nous, individus, n'existons que pour servir les besoins des gènes. Les gènes qui nous incitent à faire autant d'enfants que possible réussiront mieux, même si cela conduit parfois à la mort et au malheur.

De même, du point de vue des gènes, il est préférable que les animaux s'efforcent d'aller habiter de nouveaux lieux, quitte à ce que leurs tentatives échouent souvent. Mettons qu'une tribu humaine se divise et occupe quatre nouveaux habitats, mais qu'un seul des sous-groupes survive alors que les trois autres rencontrent toutes les difficultés, souffrent de la faim et finissent par s'éteindre. Tout cela aura été très pénible pour les individus humains, mais constituera une réussite pour les gènes, qui occuperont à présent deux fois plus de territoire que précédemment.

Un gène ne comprend rien à rien. Il ne tire aucune satisfaction de sa condition de gène et aucune souffrance du fait de ne pas parvenir à se répliquer. Ce n'est qu'une molécule complexe capable de réplication.

Le néocortex, lui, voit le tableau d'ensemble. À la différence du cerveau ancien – avec ses objectifs et ses comportements intégrés –, le néocortex apprend un modèle du monde et peut prédire les conséquences d'une croissance démographique incontrôlée. Nous sommes donc capables de nous attendre au malheur et aux souffrances qui nous guettent si nous continuons à laisser croître la population mondiale. Alors pourquoi ne sommes-nous pas collectivement en train de la faire baisser ? Parce que c'est toujours le cerveau ancien qui est aux commandes.

Rappelons l'exemple de la part de gâteau si tentatrice évoquée au chapitre 2. Notre néocortex sait parfaitement qu'elle nous fera du mal, qu'elle peut conduire à l'obésité, à la maladie et à une mort prématurée. Lorsqu'on quitte son domicile le matin, on est bien déterminé à manger sainement. Mais à la vision de la part de gâteau et en sentant son odeur, il arrive bien souvent qu'on la mange malgré tout. Le cerveau ancien est aux manettes, et il a évolué à une époque où les calories ne se trouvaient pas si facilement. Le cerveau ancien n'entend rien aux conséquences futures. Dans la lutte entre cerveau ancien et néocortex, c'est généralement le premier qui gagne. On mange le gâteau.

Étant donné qu'on peine à maîtriser son alimentation, on fait de son mieux. On use de son intelligence pour limiter les dégâts. On invente des recours médicaux, comme des médicaments ou des interventions chirurgicales. On donne des conférences sur l'épidémie d'obésité. On lance des campagnes pour informer les gens des dangers d'une mauvaise alimentation. Malgré tout cela, alors même qu'en toute logique il serait préférable de mieux s'alimenter, le problème de fond demeure. On mange encore le gâteau.

On observe un phénomène analogue dans le cas de la croissance démographique. On sait bien qu'à un moment donné il faudra y mettre un frein. C'est somme toute logique ; une population ne peut croître éternellement, et de nombreux écologistes pensent que la nôtre est déjà insoutenable. Nous avons pourtant du mal à gérer notre démographie parce que le cerveau ancien veut des enfants. Alors nous avons usé de notre intelligence pour perfectionner l'agriculture, pour inventer de nouvelles cultures et de nouvelles méthodes offrant un meilleur rendement. Nous avons aussi créé les technologies qui nous permettent d'expédier de la nourriture aux quatre coins du monde. Grâce à notre intelligence, nous avons créé un miracle : nous avons fait reculer la faim et la famine alors que la population humaine était quasiment multipliée par trois. Mais cela ne durera pas éternellement. Soit la croissance démographique s'enraye, soit les humains sont voués à connaître de terribles souffrances sur la Terre. C'est une certitude.

La situation est évidemment plus nuancée que cela. Certains décident en toute logique d'avoir moins d'enfants ou pas du tout, d'autres n'ont peut-être pas reçu l'éducation qui leur permettrait de saisir les implications à long terme de leur comportement, d'autres encore sont si pauvres qu'il leur faut absolument des enfants pour survivre. Les questions relatives à la croissance démographique sont complexes, mais si l'on prend un peu de recul pour considérer le tableau d'ensemble, on constate que les humains connaissent la menace de la croissance démographique depuis au moins cinquante ans et que dans ce laps de temps, la population a quasiment triplé. À la racine de cette croissance se trouvent les structures du cerveau ancien et les gènes qu'elles servent. Par bonheur, il y a des moyens par lesquels le néocortex peut remporter cette bataille-là.

Comment le néocortex peut contrecarrer le cerveau ancien

Ce qu'il y a d'insolite avec la surpopulation, c'est que l'idée d'une population humaine moins nombreuse ne prête pas à controverse, mais la question des moyens pour y parvenir aujourd'hui est inacceptable d'un point de vue social et politique. Peut-être est-ce le souvenir de la politique chinoise très décriée de l'enfant unique ? Ou bien associe-t-on inconsciemment la réduction de la population au génocide, à l'eugénisme ou aux pogroms ? Toujours est-il qu'on ne parle que rarement de se fixer volontairement l'objectif d'une population moins nombreuse. En fait, lorsque la population d'un pays décline, comme au Japon aujourd'hui, on parle de crise économique. Nul n'érige jamais la population décroissante du Japon en modèle à suivre par le monde.

Nous avons la chance qu'une solution simple et intelligente existe à la croissance démographique, une solution qui ne contraint personne à faire quoi que ce soit contre sa volonté, une solution dont on sait qu'elle ramènera la population à des dimensions plus soutenables, et une solution qui favorise le bonheur et le bien-être des personnes concernées. C'est pourtant une solution qui soulève beaucoup d'objections. Cette solution simple et intelligente consiste à s'assurer que chaque femme ait la maîtrise de sa propre fertilité et qu'elle ait toute latitude d'exercer ce choix si elle le souhaite.

Si je qualifie cette solution d'intelligente, c'est que dans la lutte entre le néocortex et le cerveau ancien, ce dernier l'emporte presque toujours. L'invention du contrôle des naissances illustre la façon dont le néocortex peut user de son intelligence pour prendre le dessus.

La propagation des gènes s'effectue au mieux lorsque notre progéniture est aussi nombreuse que possible. Le désir sexuel est le mécanisme qu'a trouvé l'évolution pour servir l'intérêt des gènes. Même si l'on ne veut plus d'enfants, il est difficile de renoncer à la sexualité. Nous avons donc fait usage de notre intelligence pour créer des méthodes de contrôles des naissances qui permettent au cerveau ancien de copuler autant qu'il le veut sans engendrer plus d'enfants. Le cerveau ancien n'est pas intelligent ; il ne comprend ni ce qu'il fait ni pourquoi il le fait. Notre néocortex, avec son modèle du monde, perçoit les inconvénients d'une progéniture trop nombreuse ainsi que les avantages qu'il peut y avoir à retarder la fondation d'une famille. Au lieu de combattre le cerveau ancien, le néocortex lui concède ce qu'il désire tout en prévenant le dénouement indésirable.

D'où vient alors cette résistance constante à l'idée de laisser les femmes exercer ce pouvoir ? Pourquoi tant de gens s'opposent-ils à l'égalité des salaires, aux systèmes universels de garde d'enfants et au planning familial ? Et pourquoi les femmes continuent-elles de rencontrer des obstacles pour accéder à une représentation équitable aux postes de pouvoir ? Selon presque toutes les mesures objectives, l'émancipation des femmes conduira à un monde plus viable abritant moins de souffrance humaine. Vu de l'extérieur, il paraît très contreproductif de s'y opposer. On peut attribuer ce dilemme au cerveau ancien et aux fausses croyances virales. Ce qui nous conduit au second risque fondamental que pose le cerveau humain.

Le risque des fausses croyances

Malgré toutes les choses étonnantes dont il est capable, le néocortex peut être berné. Les gens se laissent facilement convaincre de croire au sujet du monde certaines choses fondamentales qui sont fausses. Armé de fausses croyances, on peut être amené à prendre de mauvaises décisions qui sont fatales. Et cela peut s'avérer particulièrement grave si ces décisions ont des conséquences mondiales.

C'est à l'école primaire que j'ai découvert le dilemme des fausses croyances. On l'a vu, les sources de fausses croyances ne manquent pas, mais cette anecdote-ci concerne les religions. Un jour, en début d'année, j'ai vu à la récréation un groupe d'enfants en cercle dans la cour. Je me suis joint à eux. Chacun à son tour, ils disaient de quelle confession ils étaient. Lorsqu'un enfant disait en quoi il croyait, les autres intervenaient pour dire en quoi sa religion différait de la leur, en matière de fêtes ou de rites. La conversation était du genre : « Nous croyons ce qu'a dit Martin Luther et pas toi. » « Nous croyons en la réincarnation, ce qui n'est pas comme ce que tu crois toi. » Il n'y avait aucune animosité, juste une bande de gamins répétant ce qu'on leur avait dit à la maison et constatant les différences. C'était pour moi une nouveauté. Élevé dans un foyer non religieux, je n'avais jamais entendu décrire ces religions ni prononcer beaucoup des termes qui sortaient de la bouche de mes camarades. La conversation était centrée sur les différences entre leurs croyances. Je trouvais cela dérangeant. Si toutes ces croyances étaient différentes, n'aurions-nous pas dû être en train d'essayer de chercher lesquelles étaient vraies ?

En écoutant les autres parler des différences entre les choses auxquelles ils croyaient, je savais bien qu'ils ne pouvaient tous avoir raison. J'avais déjà à cet âge le sentiment que quelque chose n'allait pas. Chacun a parlé, puis mon tour est venu. On m'a demandé quelle était ma religion. J'ai dit que je n'en étais pas sûr, mais que je ne pensais pas en avoir une. Cela a suscité pas mal de remous, plusieurs enfants ont dit que ce n'était pas possible. Enfin, l'un d'eux m'a demandé « En quoi crois-tu alors ? Il faut bien que tu croies en quelque chose ! »

Cette discussion de cour de récréation m'a profondément marqué ; j'y ai souvent repensé. Je n'étais pas dérangé par ce qu'ils croyaient, mais plutôt par le fait qu'ils acceptaient de plein gré des croyances contradictoires et que ça ne les dérangeait pas. Comme si, regardant un arbre, l'un avait dit « ma famille croit que c'est un chêne », un autre « la mienne que c'est un palmier » et un troisième « ma famille pense que ce n'est pas un arbre, mais une tulipe », sans qu'aucun n'ait envie de débattre de ce qu'était la vraie réponse.

Aujourd'hui, je connais bien la façon dont le cerveau forme ses croyances. On a vu au chapitre précédent que le modèle du monde que possède le cerveau peut être incorrect et que les fausses croyances peuvent persister malgré les preuves du contraire. Voici, à des fins de révision, les trois ingrédients fondamentaux :
1. **L'impossibilité d'en faire l'expérience directe** : les fausses croyances concernent presque toujours des choses dont on ne peut directement faire l'expérience. Dès lors qu'on ne peut observer directement quelque chose – qu'on ne peut pas l'entendre, la toucher ou la voir par soi-même –, on est forcé de se fier à ce que d'autres nous en disent. Les voix qu'on écoute déterminent alors ce que l'on croit.
2. **Le rejet de tout élément contradictoire** : pour entretenir une fausse croyance, il faut ignorer les éléments qui la contredisent. La plupart des fausses croyances prescrivent des comportements et des raisonnements justifiant l'exclusion des éléments contradictoires.
3. **La propagation virale** : les fausses croyances virales commandent des comportements qui favorisent leur propagation vers d'autres individus.

Voyons à présent comment ces caractéristiques s'appliquent à trois croyances communes qui sont presque certainement fausses.

La croyance : les vaccins sont une cause d'autisme
1. **L'impossibilité d'en faire l'expérience directe** : il est impossible à un individu de sentir directement si les vaccins rendent autiste ; cela demande une étude contrôlée avec beaucoup de participants.
2. **Le rejet de tout élément contradictoire** : il faut ignorer l'avis de centaines de scientifiques et de praticiens de la médecine. Le raisonnement avancé est que ces gens dissimulent les faits pour leur bénéfice personnel ou parce qu'ils ignorent la vérité.
3. **La propagation virale** : on vous dit qu'en faisant circuler cette croyance, vous sauvez des enfants d'une maladie débilitante. Vous avez donc l'obligation morale de persuader d'autres gens des dangers de la vaccination.

La croyance que les vaccins sont la cause de l'autisme, même lorsqu'elle entraîne la mort d'enfants, ne constitue pas une menace existentielle pour l'humanité. Mais deux fausses croyances très répandues le font, ce sont la négation du réchauffement climatique et la croyance en une vie après la mort.

La croyance : le réchauffement climatique n'est pas une menace

1. **L'impossibilité d'en faire l'expérience directe** : le réchauffement climatique à l'échelle mondiale n'est pas observable par l'individu. La météo chez vous a toujours fluctué, et les événements climatiques extrêmes ont toujours existé. L'observation quotidienne à la fenêtre ne permet pas de constater le réchauffement climatique.
2. **Le rejet de tout élément contradictoire** : les politiques entreprises pour lutter contre le réchauffement de la planète nuisent aux intérêts à court terme de certains ainsi qu'à leur activité professionnelle. Une foule d'explications sont brandies pour protéger ces intérêts, notamment que les chercheurs spécialisés fabriquent des données et inventent des scénarios catastrophe à seule fin d'obtenir plus de fonds, ou que les études scientifiques sont défectueuses.
3. **La propagation virale** : les climatosceptiques affirment que les politiques entreprises pour atténuer le réchauffement climatique visent à supprimer les libertés publiques, peut-être pour constituer une gouvernance mondiale ou au profit d'un parti politique. C'est donc pour protéger la liberté que vous avez l'obligation morale de persuader tout le monde que le réchauffement climatique n'est pas une menace réelle.

J'espère que les raisons pour lesquelles le réchauffement pose une menace existentielle à l'humanité sont claires. Il se peut que nous soyons en train d'altérer la planète au point de la rendre inhabitable. On ignore la probabilité exacte d'un tel dénouement, mais on sait que notre plus proche voisine, Mars, a un jour ressemblé à la Terre et que c'est désormais un désert invivable. Même si le risque que cela se produise est faible, il mérite qu'on s'en préoccupe.

La croyance : il y a une vie après la mort

La croyance en une vie après la mort nous habite depuis très longtemps. Elle semble occuper dans le domaine des fausses croyances une niche récalcitrante.

1. **L'impossibilité d'en faire l'expérience directe** : nul ne peut directement observer la vie après la mort. Elle est inobservable par nature.
2. **Le rejet de tout élément contradictoire** : cette fausse croyance se distingue des autres par le fait qu'il n'existe pas d'étude scientifique démontrant qu'elle est fausse. Le discours plaidant contre l'existence d'une vie après la mort se fonde essentiellement sur l'absence de preuves. Et cela permet aux croyants d'ignorer plus facilement les affirmations contraires.
3. **La propagation virale** : la croyance en une vie après la mort est virale. La croyance au paradis, par exemple, suppose parfois que vos chances d'y accéder augmenteront si vous persuadez les autres d'y croire aussi.

En soi, la croyance en une vie après la mort est inoffensive. Croire en la réincarnation constitue par exemple une incitation à mener une vie plus bienveillante et ne pose apparemment aucun risque existentiel. La menace surgit lorsqu'on croit que la vie après la mort est plus importante que la vie présente. Poussée à l'extrême, cette croyance conduit à penser que la destruction de la Terre, ou juste de quelques grandes villes et de quelques milliards d'individus, vous aidera, vous et vos coreligionnaires, à atteindre cette vie après la mort tant désirée. Dans le passé, cela a pu conduire ici et là à la destruction d'une ou deux villes. Aujourd'hui, cela pourrait conduire à une escalade nucléaire susceptible de rendre la Terre inhabitable.

La grande idée

Ce chapitre n'est pas un compendium de toutes les menaces qui planent sur nos têtes, et je n'ai pas analysé dans toute leur complexité celles que j'ai évoquées. Mon propos ici est que notre intelligence, celle qui nous a valu de réussir en tant qu'espèce, pourrait aussi contenir la graine de notre destruction. Et c'est dans la structure de notre cerveau, avec son cerveau ancien et son néocortex, que réside le problème.

Notre cerveau ancien est très adapté à la survie à court terme et à la procréation maximale. Il a ses bons côtés, comme le soin que nous portons à nos petits ou l'attention que nous vouons à nos parents et amis. Mais il en a aussi de mauvais, qui vont des comportements antisociaux à l'accaparement des ressources ou de l'accès à la reproduction en passant par le meurtre et le viol. L'attribution des qualificatifs « bon » et « mauvais » est assez subjective. Du point de vue de la réplication des gènes, tous ces comportements sont efficaces.

Notre néocortex est apparu pour servir le cerveau ancien. Il apprend un modèle du monde que l'ancien peut exploiter pour mieux atteindre ses objectifs de survie et de procréation. Quelque part sur le chemin de l'évolution, le néocortex a acquis les mécanismes permettant le langage et une grande dextérité manuelle.

Le langage a permis la communication du savoir. Cela a évidemment offert d'immenses avantages en termes de survie, mais cela a aussi planté les graines de fausses croyances. Jusqu'à l'avènement du langage, le modèle du monde dans le cerveau se limitait aux choses que l'on pouvait personnellement constater. Le langage nous a permis d'étendre notre modèle aux choses que l'on apprend d'autrui. Un voyageur a ainsi pu me signaler la présence de dangereux animaux de l'autre côté de la montagne, où je n'avais jamais mis les pieds, augmentant du même coup mon modèle du monde. Mais le récit du voyageur pouvait être faux. Peut-être y a-t-il de l'autre côté de la montagne de précieuses ressources qu'il ne souhaite pas que je connaisse. De son côté, notre dextérité manuelle supérieure nous a permis de créer des outils sophistiqués, notamment les technologies globales sur lesquelles nous comptons de plus en plus pour soutenir notre vaste population humaine.

Nous voici aujourd'hui face à plusieurs menaces existentielles. Le premier problème, c'est que notre cerveau ancien est encore aux commandes et qu'il nous empêche de faire des choix soutenant notre survie à long terme, comme la réduction de notre population ou l'élimination des armes nucléaires. Le deuxième problème est que les technologies globales que nous avons créées peuvent être détournées par des gens habités de fausses croyances. Un petit nombre de ces gens suffit à perturber ces technologies ou à en faire un usage malveillant, en activant par exemple des armes nucléaires. Ces gens penseront sans doute qu'ils agissent pour le meilleur et qu'ils seront récompensés, peut-être dans une autre vie. La réalité est évidemment qu'aucune récompense de ce type n'aura lieu et que des milliards d'individus auront souffert.

Le néocortex nous a permis de devenir une espèce technologique. Nous sommes capables d'exercer sur la nature un contrôle parfaitement inconcevable il y a à peine cent ans. Mais nous demeurons une espèce biologique. Chacun de nous possède un cerveau ancien qui nous pousse à des comportements nuisant à la survie de notre espèce à long terme. Sommes-nous condamnés ? Y a-t-il une issue possible à ce dilemme ? Je consacrerai les chapitres restants à la description de nos options.

14 La fusion du cerveau et de la machine

Deux propositions dominent largement le débat sur la façon dont nous, humains, devrions associer le cerveau et l'ordinateur pour prévenir notre mort et notre extinction. L'une consiste à *téléverser* (*upload*) le cerveau dans l'ordinateur, l'autre à *fusionner* le cerveau et l'ordinateur. Ces propositions sont depuis des décennies la tarte à la crème de la science-fiction et du futurisme, mais voici récemment que scientifiques et technologues se sont mis à les prendre plus au sérieux, au point pour certains de s'employer aujourd'hui à en faire une réalité. Dans ce chapitre, nous allons examiner ces deux propositions à la lumière de ce que nous avons appris du cerveau.

Le téléversement de votre cerveau suppose de l'enregistrer dans le moindre détail et d'utiliser cet enregistrement pour le simuler sur un ordinateur. Le simulateur étant identique à votre cerveau, « vous » seriez vivant dans l'ordinateur. L'objectif est de séparer le « vous » intellectuel et mental de votre corps biologique. Vous pourriez ainsi vivre indéfiniment, y compris dans un ordinateur situé ailleurs que sur la Terre. Vous ne seriez donc pas condamné à mourir si celle-ci devenait inhabitable.

La fusion de votre cerveau et d'un ordinateur suppose que l'on raccorde les neurones de votre cerveau aux puces en silicone d'un ordinateur. Cela vous permettrait par exemple d'accéder à toutes les ressources d'internet par la simple pensée. L'un des objectifs ici visés est de vous doter de pouvoirs surhumains. Un autre est d'atténuer les effets négatifs d'une explosion d'intelligence, ce phénomène (abordé au chapitre 11) par lequel les machines deviendraient tellement intelligentes qu'elles échapperaient à notre contrôle, avant de nous soumettre ou de nous tuer. En fusionnant nos cerveaux avec les ordinateurs, nous deviendrions nous-mêmes super intelligents et ne resterions pas à la traîne. La fusion avec les machines serait notre planche de salut.

Ces idées vous sembleront peut-être ridicules, très en dehors du champ du possible. Beaucoup de gens intelligents les prennent pourtant au sérieux. On perçoit bien l'attraction qu'elles exercent. Le téléversement de votre cerveau vous rendrait immortel et sa fusion vous doterait de capacités surhumaines.

Ces propositions se concrétiseront-elles ? Et si oui, réduiront-elles les risques existentiels auxquels nous sommes confrontés ? Je ne suis pas optimiste à cet égard.

Pourquoi nous nous sentons piégés dans notre corps

Il m'arrive de me sentir prisonnier de mon corps – comme si mon intellect conscient pouvait exister sous une autre forme. Pourquoi faudrait-il alors que « je » meure sous prétexte que mon corps vieillit et meurt lui-même ? Ne vivrais-je pas éternellement si je n'étais coincé dans un corps biologique ?

La mort est étrange. D'un côté, notre cerveau ancien est programmé pour la craindre, mais notre corps est programmé pour mourir. Pourquoi l'évolution nous aurait-elle fait redouter la plus inévitable d'entre toutes les choses ? On suppose que l'évolution a eu une bonne raison d'adopter cette stratégie conflictuelle. Une fois encore, je tendrais à adhérer à l'idée proposée par Richard Dawkins dans *Le Gène égoïste*, selon laquelle l'évolution n'est pas une affaire de survie des espèces, mais de survie des gènes individuels. Du point de vue du gène, nous devons vivre assez longtemps pour nous reproduire – c'est-à-dire pour faire des copies du gène. Vivre très au-delà de cela, bien que ce soit bénéfique à l'individu animal, n'est pas forcément dans l'intérêt du gène individuel. Vous et moi sommes une combinaison particulière de gènes. Dès que nous avons des enfants, il peut être préférable selon le point de vue du gène de faire de la place à de nouvelles combinaisons, de nouvelles personnes. Dans un monde aux ressources limitées, il est préférable pour un gène donné d'exister dans beaucoup de combinaisons avec d'autres gènes, et c'est pourquoi nous sommes programmés pour mourir – faire la place à d'autres combinaisons –, mais seulement après avoir eu des petits. La théorie de Richard Dawkins implique que nous serions les serviteurs involontaires des gènes. Les animaux complexes tels que nous n'existent que pour véhiculer la réplication des gènes. Tout tourne autour du gène.

Mais il s'est récemment produit quelque chose d'inédit. Notre espèce est devenue intelligente. Cela nous aide évidemment à produire plus de copies de nos gènes. Notre intelligence nous permet de mieux échapper aux prédateurs, de trouver de la nourriture et de nous adapter à des écosystèmes divers. Mais notre intelligence émergente a aussi eu une conséquence qui ne sert pas forcément les intérêts des gènes. Pour la première fois dans l'histoire de la vie sur Terre, nous comprenons ce qu'il se passe. Nous sommes devenus des êtres éclairés. Notre néocortex contient un modèle de l'évolution et un modèle de l'Univers, et il est aujourd'hui au courant du véritable soubassement de notre existence. Grâce à notre savoir et notre intelligence, nous pouvons envisager de ne pas toujours agir dans l'intérêt de nos gènes, que ce soit par le biais du contrôle des naissances ou de la modification de gènes qui nous déplaisent.

La situation dans laquelle se trouve actuellement l'humanité m'apparaît comme une bataille que se livrent deux forces puissantes. Dans un coin, nous avons les gènes et l'évolution, qui ont dominé la vie pendant des milliards d'années. Les gènes ne se soucient guère de la survie de l'individu. Pas plus qu'ils ne se soucient de la survie de la société. La plupart ne se soucient même pas de voir notre espèce s'éteindre, parce qu'ils existent généralement dans plusieurs espèces. Les gènes n'ont pour seul souci que de faire des copies d'eux-mêmes. Il va de soi que les gènes sont de simples molécules qui ne se « soucient » de rien du tout. Mais leur évocation en termes anthropomorphes peut s'avérer utile.

Dans le coin opposé, face à nos gènes, se trouve notre intelligence récemment apparue. Le « moi » mental qui existe dans notre cerveau souhaite échapper à sa servitude génétique, ne plus être captif des processus darwiniens qui nous ont tous conduits jusqu'ici. Nous, individus intelligents, souhaitons vivre éternellement et préserver notre société. Nous voulons échapper aux forces de l'évolution qui nous ont créés.

Le téléversement de votre cerveau

Le téléversement de votre cerveau dans un ordinateur est une échappatoire. Il nous permettrait d'échapper à la biologie et à ses désordres et de vivre éternellement en tant que simulation informatique de l'être que nous étions. Sans aller jusqu'à qualifier cette idée de banale, reconnaissons qu'elle est dans l'air depuis longtemps et qu'elle excite beaucoup de monde.

Nous n'avons pas aujourd'hui le savoir ni la technologie nécessaires au téléversement d'un cerveau, mais les aurons-nous un jour ? Sur le plan théorique, je ne vois pas ce qui nous en empêcherait. Mais les difficultés techniques que cela comporte sont telles qu'il se peut que nous n'y parvenions jamais. En outre, indépendamment de sa faisabilité technique, je ne pense pas que la méthode soit satisfaisante. C'est-à-dire que même si vous pouviez téléverser votre cerveau dans un ordinateur, je ne pense pas que vous apprécieriez beaucoup le résultat.

Parlons d'abord de la faisabilité d'un tel téléversement. L'idée fondamentale consiste à créer la carte de tous les neurones et de toutes les synapses et de reproduire cette structure entière sous forme logicielle. L'ordinateur exécute alors une simulation de votre cerveau et, dès lors, vous avez la sensation que c'est vous. « Vous » serez vivant, mais « vous » logerez dans un cerveau informatique, pas dans votre cerveau biologique.

Quelle part de votre cerveau faut-il téléverser pour que ce soit vous qu'on téléverse ? Le néocortex est de toute évidence nécessaire, parce que c'est l'organe de la pensée et de l'intelligence. Bon nombre de nos souvenirs au quotidien se formant dans le complexe hippocampique, lui aussi sera nécessaire. Qu'en est-il de tous les centres émotionnels du cerveau ancien ? Du tronc cérébral et de la moelle épinière ? Notre corps informatique n'aura pas de poumons ni de cœur, alors faut-il vraiment téléverser les parties du cerveau qui les contrôlent ? Faut-il autoriser notre cerveau téléversé à éprouver la douleur ? Vous allez dire « Bien sûr que non ! Ne gardons que les bonnes choses ! » Mais toutes les parties de notre cerveau sont interconnectées de façon complexe. Si l'on n'incluait pas tout, le cerveau téléversé connaîtrait de graves problèmes. Rappelons-nous de la douleur débilitante que peut éprouver quelqu'un dans un membre fantôme, une douleur qui provient de l'absence d'un seul membre. Si on téléverse le néocortex, il comprendrait des représentations de chaque partie de notre corps. Mais si ce corps n'y est pas, on risque de sentir de terribles douleurs partout. Le même type de problème se pose dans toutes les autres parties du cerveau ; si quelque chose est exclu, les autres parties du cerveau seront confuses et ne fonctionneront pas correctement. En vérité, si l'on veut vous téléverser, et si l'on souhaite que le cerveau téléversé soit normal, il faut téléverser le cerveau entier, tout entier.

Qu'en est-il de votre corps ? Peut-être pensez-vous : « Je n'ai pas besoin d'un corps. Du moment que je peux penser et échanger des idées avec d'autres, je serai heureux. » Mais votre cerveau biologique est conçu pour parler en utilisant les poumons et le larynx, avec leur musculature précise, et votre cerveau biologique a appris à voir avec vos yeux, avec cette disposition précise de leurs photorécepteurs. S'il faut que votre cerveau simulé prenne le relais de la pensée là où votre cerveau biologique l'a laissée, ce sont *vos* yeux qu'il va falloir recréer : muscles oculaires, rétines, etc. Le cerveau téléversé n'a pas besoin de corps ni d'yeux, bien sûr – une simulation devrait suffire. Mais ce sont donc vos organes corporels et sensoriels précis qu'il faudrait simuler. Par les liens intimes qui les relient, cerveau et corps constituent à bien des égards un système unique. Il est impossible de supprimer des parties de l'un ou de l'autre sans gravement perturber quelque chose. Rien de tout cela n'est insurmontable ; il sera simplement bien plus difficile de vous téléverser dans un ordinateur qu'on ne le croit généralement.

La question qui se pose ensuite est celle de la « lecture » détaillée de votre cerveau biologique. Comment tout détecter et tout mesurer avec suffisamment de précision pour vous recréer dans un ordinateur ? Le cerveau humain compte environ cent milliards de neurones et plusieurs centaines de billions de synapses. Chacun de ces neurones et synapses possède une forme et une structure interne complexes. Pour recréer le cerveau dans un ordinateur, il faut prendre un cliché qui comporte l'emplacement et la structure de chaque neurone et de chaque synapse. Nous ne possédons pas aujourd'hui la technologie permettant de le faire sur un cerveau mort, et encore moins sur un cerveau vivant. Le volume de données requis pour représenter un cerveau dépasse de très loin la capacité de nos systèmes informatiques actuels. Il est si difficile d'obtenir les détails nécessaires à votre réplication dans un ordinateur que nous ne sommes pas sûrs d'y arriver un jour.

Mais laissons de côté ces préoccupations-là aussi. Admettons que nous soyons un jour capables de lire instantanément tout ce qui est requis pour vous recréer dans un ordinateur. Admettons que nos ordinateurs soient assez puissants pour vous simuler, vous et votre corps. Dans ce cas, je n'ai aucun doute que ce cerveau informatique serait conscient et présent, et pas moins que vous. Mais cela serait-il vraiment souhaitable ? Peut-être avez-vous imaginé l'un des scénarios suivants.

Vous êtes au terme de votre vie. Le médecin vous annonce qu'il ne vous reste que quelques heures. Là, vous actionnez un interrupteur. Votre esprit se vide. Après quelques minutes, vous constatez en vous réveillant que vous vivez dans un nouveau corps informatique. Vos souvenirs sont intacts, vous vous sentez bien portant, et vous entamez votre nouvelle vie éternelle. Vous vous écriez « Chic ! Je suis vivant ! »

Considérons à présent un scénario légèrement différent. Admettons que nous disposions de la technologie permettant de lire votre cerveau biologique sans l'affecter. Vous actionnez l'interrupteur, votre cerveau est copié sur un ordinateur, mais vous ne ressentez rien. Après quelques instants, l'ordinateur s'écrie : « Chic ! Je suis vivant ! » Mais vous, le vous biologique, êtes toujours là. Il existe à présent deux versions de vous, l'une dans un corps biologique, l'autre dans un corps informatique. Le vous-ordinateur dit : « À présent que je suis téléversé, je n'ai plus besoin de mon ancien corps, alors veuillez vous en débarrasser. » Le vous biologique dit : « Un instant, je suis encore là, je ne ressens aucune différence et je ne veux pas mourir. » Que faire alors ?

La solution à ce dilemme consiste peut-être simplement à laisser le vous biologique vivre sa vie jusqu'au bout et mourir de causes naturelles. Cela paraît équitable. Sauf qu'en attendant, deux versions de vous seront en vie. Le vous biologique et le vous informatique mènent des existences différentes. Alors au fil du temps, il se peut que vous adoptiez des notions morales et politiques différentes. Le vous biologique peut en venir à regretter d'avoir créé le vous informatique. Et le vous informatique peut ne pas apprécier qu'un ancien vous biologique revendique votre identité.

Pour corser les choses, une pression s'exercera certainement pour que votre cerveau soit téléversé tôt dans la vie. Imaginons par exemple que la santé intellectuelle du vous ordinateur dépende de celle du vous biologique au moment du téléversement. Pour donner à votre copie immortelle la meilleure qualité de vie possible, mieux vaudra téléverser votre cerveau au faîte de sa santé mentale, disons vers 35 ans. Autre motif pour téléverser votre cerveau assez tôt : chaque journée passée dans votre corps biologique est une journée où vous risquez de mourir dans un accident, perdant toute chance d'immortalité. Vous décidez donc de vous téléverser à 35 ans. Demandez-vous alors : le vous biologique n'aurait-il aucune objection à se tuer à 35 ans après avoir réalisé une copie de son cerveau ? Le vous biologique aurait-il le moindre sentiment d'immortalité alors que votre copie informatique mènerait sa propre existence tandis que vous mèneriez la vôtre en vieillissant lentement jusqu'à la mort ? Il me semble que non. La phrase « téléverser son cerveau » prête à confusion. Ce que vous avez fait, en vérité, c'est vous scinder en deux personnes.

Imaginons à présent qu'aussitôt après le téléversement de votre cerveau, le vous informatique crée d'emblée trois copies de lui-même. Nous voici en présence de quatre vous informatiques et d'un vous biologique. Les cinq versions de vous mènent désormais chacune leur vie et s'éloignent l'une de l'autre. Chacune sera consciente par elle-même. Êtes-vous devenu immortel ? Laquelle des quatre versions informatiques de vous est-elle le vous immortel ? À mesure que le vous biologique vieillit en avançant lentement vers la mort, il voit les quatre vous informatiques s'en aller mener leur vie. Il n'y a pas de « vous » commun, seulement cinq individus. Peut-être sont-ils issus du même cerveau et des mêmes souvenirs, mais ils deviennent immédiatement des êtres distincts et mènent désormais leur propre vie.

Peut-être aurez-vous remarqué la ressemblance entre ces scénarios et le fait d'avoir des enfants. La grande différence, bien sûr, c'est qu'on ne téléverse pas son cerveau dans le crâne de ses enfants quand ils naissent. Mais c'est d'une certaine manière ce que l'on s'efforce de faire par la suite. On raconte à ses enfants l'histoire de la famille, on les forme à partager ses convictions et son éthique. En ce sens, on transfère une partie de son savoir dans le cerveau de ses enfants. Mais à mesure qu'ils grandissent, ils font leurs propres expériences et deviennent des gens différents, comme le ferait un cerveau téléversé. Imaginez que vous ayez la possibilité de téléverser votre cerveau dans vos enfants. Souhaiteriez-vous le faire ? Je parie que vous regretteriez assez vite de l'avoir fait. Encombrés des souvenirs de votre passé, vos enfants passeraient leur vie à essayer d'oublier tout ce que vous avez fait.

Téléverser son cerveau peut avoir l'air d'une idée géniale – qui ne voudrait vivre éternellement ? Mais la création d'une copie de soi en téléversant son cerveau dans un ordinateur ne vous rendra pas plus immortel que la reproduction classique. La copie de soi est une fourche sur la route, pas un prolongement. Après la fourche, on a deux êtres sensibles, pas un seul, qui poursuivent leur chemin. Dès lors que l'on prend conscience de ce fait, l'attrait du téléversement de son cerveau commence à s'estomper.

Fusionner son cerveau avec un ordinateur

Au lieu de téléverser son cerveau dans un ordinateur, on peut aussi le fusionner avec un ordinateur. Dans ce scénario, on dispose des électrodes dans votre cerveau et on les raccorde à un ordinateur. Votre cerveau peut à présent recevoir directement des informations de l'ordinateur et l'ordinateur peut directement en recevoir de votre cerveau.

Il y a de bonnes raisons de raccorder un cerveau à un ordinateur. Une lésion de la moelle épinière peut par exemple entraîner une réduction de votre mobilité ou totalement vous en priver.

L'implantation d'électrodes dans le cerveau d'un blessé peut permettre à ce dernier d'apprendre à contrôler un bras robotisé ou une souris d'ordinateur par la pensée. De réels progrès ont déjà été accomplis dans ce type de prothèse à contrôle cérébral, qui promettent d'améliorer la vie de beaucoup de monde. Le nombre de connexions nécessaires pour que le cerveau contrôle un bras robotisé n'est pas grand. Quelques centaines, voire quelques dizaines d'électrodes reliant le cerveau à un ordinateur peuvent suffire à commander les mouvements élémentaires d'un membre.

Certaines personnes rêvent toutefois d'une interface cerveau-machine plus profonde, plus richement connectée, qui compterait des millions, voire des milliards de connexions dans les deux sens. Ils espèrent obtenir ainsi de nouvelles aptitudes épatantes, comme un accès à toutes les informations d'internet aussi simple que celui à nos propres souvenirs. Nos capacités de calcul et de recherche de données deviendraient hyper rapides. La fusion du cerveau avec une machine offrirait une amélioration radicale de nos capacités mentales.

Comme dans le scénario « téléversez votre cerveau », la fusion avec un ordinateur exigera que l'on surmonte des difficultés techniques considérables. Notamment celle de l'implantation de millions d'électrodes avec une intervention chirurgicale minimale, celle de l'évitement du rejet des électrodes par le tissu biologique ou celle du ciblage précis de millions de neurones, un à un. Des équipes d'ingénieurs et de chercheurs y travaillent actuellement. Ici encore, je ne souhaite pas tant m'étendre sur les difficultés techniques que sur les motivations et les résultats. Admettons donc que les problèmes techniques soient résolus. Pourquoi souhaiter faire cela ? Redisons-le, l'interface cerveau-ordinateur est parfaitement raisonnable pour aider un individu ayant subi une blessure. Mais pourquoi la souhaiter pour les bien-portants ?

On l'a vu, l'un des principaux arguments en faveur de la fusion du cerveau avec un ordinateur est de pouvoir contrecarrer la menace des IA super intelligentes. Rappelons ici que la menace de l'explosion d'intelligence consiste à ce que les machines intelligentes nous surpassent rapidement. J'ai affirmé plus haut que l'explosion d'intelligence n'aura pas lieu et qu'elle ne constitue pas une menace existentielle, mais beaucoup continuent à y croire. Ils espèrent qu'en fusionnant notre cerveau avec un ordinateur super intelligent, nous deviendrons nous aussi super intelligents et ne risquerons plus de rester à la traîne. Nous entrons là incontestablement dans la science-fiction, mais est-ce totalement absurde ? Je ne rejette pas en bloc l'idée d'interfaces cerveau-ordinateur pour augmenter le cerveau. Il faut poursuivre notre quête des connaissances scientifiques fondamentales pour restituer les mouvements aux blessés. Peut-être découvrirons-nous en chemin d'autres usages pour les technologies qui en découleront.

Imaginons par exemple que nous développions un moyen de précisément stimuler individuellement des millions de neurones dans le néocortex. Cela supposera peut-être d'étiqueter des neurones individuels avec des fragments d'ADN de type code-barres par l'intermédiaire d'un virus (ce type de technologie existe déjà aujourd'hui). On pourrait alors activer ces neurones en émettant des ondes radio adressées au code d'une cellule individuelle (cette technologie n'existe pas, mais elle ne sort pas du champ du possible). Nous voilà à présent dotés d'un moyen de précisément contrôler des millions de neurones sans chirurgie ni implants. Cela permettrait de rendre la vision à une personne dont les yeux ne fonctionnent pas, ou de créer un nouveau type de capteur, qui rendrait par exemple quelqu'un capable de percevoir la lumière ultraviolette. Je n'irais pas parier que nous pourrons un jour opérer la fusion complète, mais l'acquisition de nouvelles capacités relève des progrès probables.

À mon avis, la proposition « téléverser votre cerveau » offre peu d'avantages et s'avère si difficile qu'elle a peu de chances d'aboutir. La proposition « fusionner votre cerveau avec un ordinateur » sera sans doute menée à bien à des fins limitées, mais pas au point de pleinement unir le cerveau et la machine. Et la fusion d'un cerveau avec un ordinateur n'empêche pas qu'on reste doté d'un cerveau et d'un corps biologique voués à la déchéance et à la mort.

Surtout, aucune de ces propositions ne répond aux menaces existentielles qui pèsent sur l'humanité. Si notre espèce ne peut vivre éternellement, y a-t-il aujourd'hui des choses que nous puissions faire pour donner du sens à notre existence actuelle, même une fois que nous ne serons plus là ?

15 La planification successorale de l'humanité

J'ai évoqué jusqu'ici l'intelligence sous sa forme biologique et sous celle de machine. Je voudrais désormais me pencher sur la connaissance. On entend par connaissance, ou savoir, ce que l'on a appris du monde. Votre savoir est le modèle du monde qui réside dans votre néocortex. Celui de l'humanité est la somme de ce que nous avons appris individuellement. Dans ce chapitre et dans le dernier, j'examinerai l'idée selon laquelle le savoir mérite d'être préservé et propagé, quitte à ce que ce soit indépendamment des êtres humains.

Il m'arrive souvent de songer aux dinosaures, qui ont habité la Terre pendant environ 160 millions d'années. Ils ont lutté pour leur nourriture et leur territoire et combattu pour ne pas être mangés. Comme nous, ils avaient le souci de leur progéniture et s'efforçaient de protéger leurs petits des prédateurs. Après s'être perpétués sur des dizaines de millions de générations, ils ne sont plus là à présent. Quel sens ont eu leurs innombrables vies individuelles ? Leur existence a-t-elle servi quelque propos que ce soit ? Certaines espèces de dinosaures ont évolué pour devenir nos actuels oiseaux, mais la plupart se sont éteintes. Si les humains n'avaient pas découvert de vestiges de dinosaures, il est probable que rien dans l'Univers n'aurait rappelé leur existence.

Les humains pourraient bien connaître un destin similaire. Si notre espèce venait à s'éteindre, quelqu'un saura-t-il jamais que nous avons un jour existé, que nous avons un jour vécu ici, sur la Terre ? Si nul ne trouve nos vestiges, tout ce nous aurons accompli – notre science, nos arts, notre culture, notre histoire – sera perdu à jamais. Or, être perdu à jamais équivaut à ne jamais exister. Cette possibilité a quelque chose à mes yeux de déplaisant.

Il y a évidemment mille façons pour notre vie d'avoir du sens et un but à court terme, dans l'ici et maintenant. Nous améliorons le sort de nos communautés. Nous élevons et éduquons nos enfants. Nous créons des œuvres d'art et jouissons de la nature. Tout cela peut en venir à constituer une vie heureuse et épanouie. Mais ce sont là des avantages individuels et éphémères. Ils ont du sens pour nous dans la mesure où nos proches et nous-mêmes sommes présents, cela s'estompe dans le temps et s'évanouit totalement si notre espèce tout entière s'éteint sans laisser de trace.

Il est à peu près certain que nous, *Homo sapiens*, nous éteindrons un jour. D'ici plusieurs milliards d'années, le Soleil mourra, et cela mettra fin à toute vie dans le système solaire. Avant d'en arriver là, d'ici quelques centaines de millions à un milliard d'années, le Soleil se réchauffera et gonflera énormément, transformant la Terre en fournaise désertique. Ces événements sont tellement lointains que nous n'avons pas encore à nous en inquiéter. Mais une extinction beaucoup plus précoce est possible. Il se pourrait que la Terre soit heurtée par un grand astéroïde – c'est peu probable à court terme, mais possible à tout moment.

Les risques d'extinction les plus probables qui pèsent sur nous à court terme – disons dans les prochains siècles ou le prochain millénaire – sont des risques créés par nous. Bon nombre de nos puissantes technologies n'existent que depuis environ un siècle, et nous avons créé dans ce laps de temps deux menaces existentielles : les armes nucléaires et le réchauffement climatique. Il est à peu près certain que nous en créerons d'autres à mesure que progressera notre technologie. Nous avons par exemple récemment appris à modifier l'ADN avec précision. Rien ne nous empêchera de créer de nouvelles souches de virus ou de bactéries susceptibles de littéralement tuer les humains jusqu'au dernier. Nul ne sait ce qu'il adviendra, mais il y a peu de chances que nous cessions d'inventer de nouvelles façons de nous détruire.

Il faut évidemment faire notre possible pour atténuer ces risques, et je suis globalement optimiste quant à notre capacité d'éviter de nous éliminer prochainement. Mais il me semble opportun de discuter de ce qui peut être fait aujourd'hui, si un jour les choses prenaient une tournure moins heureuse.

La planification successorale est une disposition que l'on prend de son vivant et dont on ne bénéficiera pas soi-même, mais qui profitera à l'avenir. Beaucoup ne se donnent pas cette peine parce qu'ils estiment ne rien avoir à y gagner, mais ils n'ont pas forcément raison. Ceux qui planifient leur succession y trouvent souvent le sentiment d'un devoir accompli ou de transmission d'un héritage. Et puis, le fait même de planifier ainsi contraint à considérer la vie sous une perspective plus globale. Pour ceux-là, mieux vaut s'y prendre avant de se trouver sur son lit de mort, privé de la capacité de planifier et d'exécuter. On peut en dire autant de la planification successorale à l'échelle de l'humanité. Le moment est propice à réfléchir à l'avenir et à la façon d'y exercer notre influence une fois qu'on ne sera plus là.

Soit, mais si l'on parle de planification successorale de l'humanité, à qui est-elle censée profiter ? Certainement pas à des humains, puisque notre disparition est la prémisse de la question. Seul un être intelligent, animal ou machine, sera en mesure d'apprécier notre existence, notre histoire et le savoir que nous aurons accumulé. Deux grandes catégories d'êtres futurs de ce type me viennent à l'esprit. Si les humains s'éteignent, mais que la vie persiste sous d'autres formes, il se peut que l'évolution produise à nouveau des animaux intelligents sur la Terre. N'importe quelle deuxième espèce d'animal intelligent voudra certainement en savoir le plus possible au sujet des humains d'autrefois. On pourrait donner à un tel scénario le nom du célèbre roman adapté à l'écran *La Planète des singes*. L'autre catégorie que nous pourrions chercher à atteindre est celle d'une espèce intelligente extraterrestre vivant ailleurs dans notre galaxie. Leur période d'existence chevauchera la nôtre ou elle surviendra dans un avenir lointain. Je reviendrai plus loin sur ces deux scénarios, mais je pense que l'examen du second sera plus éloquent pour nous dans l'immédiat.

Pourquoi d'autres êtres intelligents se soucieraient-ils de nous ? Que faisons-nous aujourd'hui qui puisse susciter leur appréciation une fois que nous ne serons plus là ? Le plus important est de leur faire savoir que nous avons un jour existé. Ce simple fait a de la valeur par lui-même. Songez à ce que nous éprouverions en apprenant aujourd'hui que la vie intelligente existe ailleurs dans notre galaxie. Cela transformerait complètement la perspective de beaucoup d'entre nous sur la vie. Même si toute communication était impossible avec ces êtres extraterrestres, la connaissance de leur existence présente ou passée aurait un intérêt immense. Tel est d'ailleurs le propos du projet SETI (*Search for Extra-Terrestrial Intelligence*), un programme de recherche conçu pour trouver des signes de vie intelligente en d'autres points de la galaxie.

Outre le fait que nous ayons un jour existé, nous pourrions aussi transmettre notre histoire et notre savoir. Imaginez que les dinosaures puissent nous dire comment ils vivaient et ce qui a provoqué leur disparition. Cela aurait pour nous un intérêt considérable, peut-être même vital. Or le fait que nous soyons dotés d'intelligence nous permet de transmettre à l'avenir des choses bien plus précieuses que ce que pourraient nous dire les dinosaures. Nous avons les moyens de transférer tout ce que nous avons appris. Certaines de nos connaissances scientifiques et technologiques sont peut-être plus avancées que ne le seront celles du destinataire. (Gardons à l'esprit qu'il est ici question de ce que nous saurons à l'avenir, qui sera beaucoup plus avancé que notre savoir actuel.) Là encore, songez tout le parti qu'il y aurait à tirer aujourd'hui d'apprendre, par exemple, que le voyage dans le temps est possible, ou comment fabriquer un réacteur à fusion nucléaire, ou encore la réponse à certaines questions fondamentales, comme celle de savoir si l'Univers est fini ou infini.

Enfin, ce serait peut-être pour nous l'occasion d'expliquer ce qui aura conduit à notre disparition. Apprendre par exemple aujourd'hui que des êtres intelligents d'une autre planète se sont éteints à cause d'un réchauffement climatique auto-infligé nous inciterait à prendre la situation actuelle plus au sérieux. Savoir combien de temps ont vécu d'autres espèces intelligentes et ce qui les a conduites à leur perte nous aiderait à survivre plus longtemps. Difficile d'attribuer une valeur à ce genre de savoir.

Poussons le débat plus loin en évoquant trois scénarios par lesquels nous pourrions communiquer avec l'avenir.

La bouteille à la mer

Si, abandonné sur une île déserte, vous aviez l'occasion d'écrire un message, de le mettre dans une bouteille et de jeter cette dernière à la mer. Qu'écririez-vous ? Probablement votre localisation, dans l'espoir que quelqu'un trouve rapidement le message et vienne à votre secours, mais les chances que cela se produise seraient minces. Force est d'admettre que selon toute probabilité, votre message ne sera lu qu'après votre disparition. Peut-être alors préféreriez-vous écrire une présentation de votre personne et des circonstances qui vous ont conduit jusqu'à cette île. Votre espoir serait alors que votre sort soit connu et raconté par quelqu'un dans l'avenir. La bouteille et le message sont pour vous un moyen de ne pas sombrer dans l'oubli.

Les sondes spatiales *Pioneer* lancées au début des années 1970 sont sorties de notre système solaire pour entrer dans l'immensité du grand espace. L'astronome Carl Sagan a insisté pour que soit apposée une plaque à chacune de ces sondes. Ces plaques indiquent d'où provient l'engin et comportent une représentation d'un homme et une femme. Plus tard dans la même décennie, on a mis dans les sondes *Voyager* un disque d'or contenant des sons et des images de la Terre. Elles aussi ont quitté le système solaire. On ne s'attend pas à revoir un jour ces vaisseaux spatiaux. Considérant la vitesse à laquelle ils se déplacent actuellement, ils n'atteindront pas d'autre étoile avant des dizaines de millénaires. Ces sondes n'ont pas été conçues dans le but de communiquer avec de lointains extraterrestres, mais ce sont nos premières bouteilles à la mer. Elles sont fondamentalement symboliques, non pas à cause du temps qu'elles mettront à atteindre d'éventuels destinataires, mais parce que le plus probable est que personne ne les trouve. L'espace est tellement vaste et les engins tellement petits que les chances qu'ils rencontrent un jour quoi que ce soit sont infimes. N'empêche, il y a quelque chose de rassurant à savoir qu'ils existent, qu'ils avancent en ce moment dans l'Univers. Si notre système solaire venait demain à exploser, ces plaques et ces disques seraient la seule trace physique d'une vie sur la Terre. Ils seraient notre seul legs.

Certaines initiatives visent aujourd'hui à envoyer des vaisseaux spatiaux vers des étoiles voisines. La plus importante porte le nom de *Breakthrough Starshot* (« percée vers les étoiles »). Elle envisage de recourir à des canons lasers haute puissance basés dans l'espace pour propulser de minuscules sondes vers notre plus proche voisine, Alpha Centauri. Le premier objectif de cette mission est de prendre des photographies des planètes en orbite autour d'Alpha Centauri et de les diffuser vers la Terre. Selon les estimations les plus optimistes, cela demandera au total plusieurs décennies.

Comme les sondes *Pioneer* et *Voyager*, les sondes Starshot continueront de fendre l'espace longtemps après notre disparition. Si des êtres intelligents venaient à les rencontrer ailleurs dans la galaxie, ils sauraient que nous avons un jour existé et que nous étions suffisamment intelligents pour envoyer des vaisseaux spatiaux d'une étoile à une autre. C'est là malheureusement une piètre façon de chercher à faire connaître notre existence à autrui. Ces vaisseaux sont minuscules et lents. Ils n'atteindront jamais qu'une petite portion de notre galaxie et même s'ils arrivaient jusqu'à un système solaire habité, les chances qu'ils soient trouvés sont faibles.

Laisser la lumière allumée

L'institut SETI s'efforce depuis des années de déceler de la vie intelligente ailleurs dans notre galaxie. Le SETI part du principe que d'autres êtres intelligents diffusent un signal avec suffisamment de puissance pour que nous puissions le recevoir ici sur Terre. Nos diffuseurs radar, radio et TV émettent aussi des signaux dans l'espace, mais ils sont tellement faibles que même notre actuelle technologie SETI ne permettrait pas de les détecter s'ils provenaient d'ailleurs que d'une planète vraiment très proche. Il se pourrait donc que des millions de planètes similaires à la nôtre abritant de la vie intelligente et disséminées partout dans la galaxie soient dotées chacune d'un programme SETI comme le nôtre sans que personne ne détecte quoi que ce soit. Comme nous, elles seraient en train de se demander « mais où sont-ils donc tous ? »

Pour que le SETI réussisse, on suppose que des êtres intelligents produisent sciemment des signaux puissants, conçus pour être détectés à de longues distances. Il se peut aussi que nous détections un message qui ne nous était pas adressé. Nous pourrions en effet nous trouver sur la trajectoire d'un signal très ciblé et capter une conversation sans le vouloir. Mais pour l'essentiel, le SETI part du principe qu'une espèce intelligente est en train de chercher à se faire connaître en émettant un signal puissant.

Il serait alors de bon ton de lui rendre la politesse. Et c'est précisément ce que l'on appelle le METI (*Messaging Extra-Terrestrial Intelligence*: envoi de messages à une intelligence extraterrestre). Peut-être serez-vous surpris de savoir que certains considèrent le programme METI comme une mauvaise idée – possiblement la pire que l'humanité ait jamais eue. Ils craignent que l'émission d'un signal dans l'espace révèle notre présence et donne l'idée à des êtres plus avancés de gagner notre système solaire et de nous tuer, de nous réduire en esclavage, de nous prendre pour cobayes de leurs expériences ou de malencontreusement nous infecter de quelque bestiole invincible. Peut-être cherchent-ils une planète à occuper et qu'ils verront une aubaine dans le fait que des gogos de notre espèce lèvent la main en disant « hé, par ici ». Le sort de l'humanité serait alors scellé.

Cela me rappelle l'une des erreurs les plus communes parmi les entrepreneurs technologiques en herbe. Craignant de se faire voler leur idée, ils la cachent. Il est dans presque tous les cas préférable de communiquer votre idée aux personnes susceptibles de vous aider. Cela permet notamment de recevoir des conseils en matière de production ou de commercialisation, parmi bien d'autres avantages. Un entrepreneur a beaucoup plus de chances de réussir en disant ce qu'il est en train de faire qu'en le cachant. Il est dans la nature humaine – alias dans le cerveau ancien – de soupçonner que tout le monde cherche à vous dérober votre idée, mais la vérité est que vous pourrez déjà vous estimer heureux si quelqu'un daigne s'y intéresser.

Cette crainte suscitée par le programme METI part d'une série de présupposés improbables. Que d'autres êtres intelligents sont capables de voyage interstellaire. Qu'ils ont envie de consacrer une grande quantité de temps et d'énergie à faire le trajet jusqu'à la

Terre. À moins qu'ils soient cachés quelque part dans les parages, ils mettront probablement des milliers d'années à parvenir jusqu'à nous. L'hypothèse part aussi du principe que ces agents intelligents ont besoin de la Terre ou d'une chose qui s'y trouve, qu'ils ne peuvent obtenir autrement et qui justifierait le déplacement. Que malgré leur maîtrise de la technologie nécessaire au voyage interstellaire, ils n'ont pas été en mesure de détecter la présence de vie sur Terre avant que nous la trahissions en diffusant nos messages. Et enfin qu'une civilisation avancée à ce point souhaite nous nuire plutôt que nous aider, ou au moins ne pas nous faire de mal.

Concernant ce dernier point, on peut raisonnablement supposer que des êtres intelligents ailleurs dans la galaxie seraient, comme nous, le fruit de l'évolution d'une vie non intelligente. Ces extraterrestres auraient donc selon toute probabilité rencontré le type de menaces existentielles que nous rencontrons aujourd'hui. Le fait qu'ils aient survécu assez longtemps pour devenir une espèce voyageant dans la galaxie indiquerait qu'ils ont trouvé un moyen de surmonter ces menaces. Il serait donc probable que ce qui leur tient lieu de cerveau ne soit plus sous l'empire de fausses croyances ou de comportements dangereusement agressifs. Rien ne le garantit, mais cela réduit la probabilité qu'ils nous veuillent du mal.

Pour toutes ces raisons, je pense que nous n'avons rien à craindre du programme METI. Comme pour notre jeune entrepreneur, mieux vaut faire savoir à tout le monde qu'on existe en espérant que cela intéresse quelqu'un, n'importe qui.

La meilleure approche pour le SETI comme le METI dépend fondamentalement de la durée normale de l'existence de la vie intelligente. Peut-être que la vie intelligente est apparue des millions de fois dans notre galaxie sans qu'aucun des êtres intelligents ne vive à la même époque, ou presque. Voici une analogie qui peut s'avérer utile : disons que cinquante personnes sont invitées à une soirée. Chacune se présente à une heure choisie de façon aléatoire. Une fois arrivé, on ouvre la porte et on entre. Quelles chances y a-t-il qu'on tombe sur une fête battant son plein ou au contraire sur une salle vide ? Cela dépend du temps qu'y demeure chacun. Si chaque invité ne passe qu'une minute sur place avant de s'en aller, tous ceux qui s'y rendent, ou presque, trouveront une pièce vide et penseront que personne n'est venu. Mais si chaque invité reste une heure ou deux, la fête sera réussie et il y aura beaucoup de monde en même temps.

On ignore combien de temps dure généralement la vie intelligente. La Voie lactée, notre galaxie, est ancienne de quelque treize milliards d'années. Admettons qu'elle soit en mesure d'abriter de la vie intelligente depuis environ dix milliards d'années. Voilà la durée de notre fête. Si l'on part du principe que les humains, en tant qu'espèce technologique, survivent dix mille ans, ce serait comme débarquer à une fête qui dure six heures mais n'y rester qu'un cinquantième de seconde. Même si des dizaines de milliers d'autres espèces intelligentes venaient à la même soirée, le plus probable est que nous n'y verrons personne quand nous y serons. La salle sera vide. Pour espérer trouver de la vie intelligente dans notre galaxie, il faut à la fois que la vie intelligente apparaisse souvent *et* qu'elle dure longtemps.

Je pense que la vie extraterrestre est une chose ordinaire. On estime qu'il y a dans la seule Voie lactée quelque quarante milliards de planètes susceptibles d'abriter la vie, et la vie est apparue sur Terre il y a des milliards d'années, peu après la formation de la planète. Si la Terre est représentative, la vie dans notre galaxie est commune.

Je crois aussi qu'un grand nombre de planètes accueillant la vie finissent par abriter de la vie intelligente. J'ai émis l'hypothèse que l'intelligence repose sur des mécanismes du cerveau qui sont apparus pour nous permettre de déplacer notre corps et reconnaître les lieux où l'on s'est rendus. L'intelligence n'est donc pas forcément si remarquable que cela dès lors que des animaux multicellulaires circulent. Toutefois, ce qui nous intéresse ici, c'est l'intelligence capable de comprendre la physique et possédant les technologies avancées nécessaires à la réception et à l'émission de signaux depuis et vers l'espace. Sur la Terre, cela ne s'est produit qu'une fois, et seulement récemment. Si nous ignorons dans quelle mesure les espèces comme la nôtre sont communes, c'est que nous ne disposons simplement pas d'assez de données. Je hasarderais sans certitude que les espèces technologiques apparaissent plus souvent que ne porterait à le penser la seule histoire de notre planète. Je m'étonne du temps qu'il a fallu pour qu'apparaissent chez nous les technologies avancées. Rien n'explique par exemple qu'aucune espèce technologiquement avancée ne soit apparue il y a cent millions d'années, alors que les dinosaures sillonnaient le monde.

Mais, quelle que soit la fréquence à laquelle apparaît la vie technologiquement avancée, il se peut qu'elle soit éphémère. Une espèce technologiquement avancée vivant ailleurs dans la galaxie sera probablement appelée à rencontrer des problèmes similaires aux nôtres. L'histoire des extinctions de civilisations sur la Terre – ajoutée aux menaces existentielles que nous créons – suggère que les civilisations avancées ne durent pas très longtemps. Rien n'exclut totalement qu'une espèce comme la nôtre trouve le moyen de survivre pendant des millions d'années, mais cela me semble peu probable.

Il découle de tout cela que la vie intelligente et technologique est peut-être apparue des millions de fois dans la Voie lactée. Mais la scrutation des étoiles ne nous révèlera pas une vie intelligente n'attendant que de discuter avec nous. Il est plus probable que nous trouvions des étoiles où la vie intelligente a un jour existé, mais pas à notre époque. La réponse à la question « Mais où sont-ils tous ? » est donc qu'ils ont déjà quitté la fête.

Il y a un moyen d'éviter tous ces problèmes. Il y a un moyen de découvrir de la vie intelligente dans notre galaxie, et peut-être même dans d'autres. Imaginons que nous créions un signal indiquant que nous avons un jour été ici sur la Terre. Ce signal doit être assez puissant pour être détecté très loin et il doit durer longtemps, bien après notre disparition. Cela équivaudrait à laisser à la fête une carte de visite portant la mention « Nous sommes passés ». Ceux qui viendront après nous ne nous trouveront pas, mais ils sauront que nous avons été là.

Ce qui nous amène à une autre façon de se représenter les programmes SETI et METI. Concrètement, cela nous invite à commencer par centrer nos efforts sur la façon de créer un signal durable. Et par durable, j'entends cent mille, des millions, voire un milliard d'années. Plus ce signal dure, plus il a de chances d'être reçu. Et cette idée offre un avantage annexe plaisant : dès lors que nous saurons produire un tel signal, nous saurons aussi ce qu'il convient de rechercher nous-mêmes. D'autres êtres intelligents seront sans doute arrivés à la même conclusion. Eux aussi chercheront à créer un signal durable. Dès que nous saurons en produire un à notre tour, nous pourrons commencer à en chercher d'autres.

Le programme SETI recherche aujourd'hui un signal radio comportant un motif indiquant qu'il a été émis par un être intelligent. Un signal répétant en boucle les vingt premières décimales de π, par exemple, ne pourrait avoir été conçu que par une espèce intelligente. Je doute fort que nous trouvions un jour un signal de ce type. Il faudrait pour cela que des êtres intelligents ailleurs dans notre galaxie aient fabriqué un émetteur puissant et qu'aidés d'ordinateurs et d'électronique, ils aient placé un code dans le signal. Nous avons nous-mêmes procédé ainsi à quelques brèves reprises. Cela demande une grande antenne pointée vers le ciel, de l'énergie électrique, des gens et des ordinateurs. Du fait de la brièveté des signaux que nous avons émis, l'entreprise a davantage relevé de l'effort symbolique que de la réelle tentative de contacter le reste de la galaxie.

Le défaut d'un système émettant des signaux par le biais de l'électricité, d'ordinateurs et d'antennes, c'est qu'il est voué à ne pas durer très longtemps. Une antenne, l'électronique, les câbles, c'est à peine si tout cela fonctionne cent ans sans entretien, alors un million d'années... La méthode que nous choisirons pour signaler notre présence doit être puissante, à large portée et autonome. Une fois mise en route, il faut qu'elle dure des millions d'années sans intervention ni entretien. Les étoiles répondent à ces critères. Une fois active, une étoile émet de vastes quantités d'énergie pendant des milliards d'années. Ce qu'il faut chercher, c'est une chose de ce type, mais qui ne puisse avoir été activée que par la main d'une espèce intelligente.

Les astronomes ont trouvé dans l'Univers beaucoup de curieuses sources d'énergie qui, par exemple, oscillent, tournent ou émettent de brèves éruptions. Ils cherchent à ces signaux inhabituels des explications naturelles, et finissent généralement par leur en trouver. Mais peut-être que certains de ces phénomènes inexpliqués ne sont pas naturels, qu'il s'agit des signaux dont je parle, créés par des êtres intelligents. Ce serait formidable, mais je doute que ce soit aussi simple que cela. Le plus probable est que physiciens et ingénieurs devront longtemps plancher sur le problème avant de trouver un ensemble de méthodes crédibles pour créer un signal puissant, autonome et d'origine indiscutablement intelligente. Il faut aussi que nous soyons capables de mettre ces méthodes en œuvre. Il se peut par exemple qu'un physicien conçoive une nouvelle source d'énergie capable de générer un tel message, mais si nous ne sommes pas en mesure de la produire, force est d'admettre que d'autres êtres intelligents ne le peuvent pas davantage et qu'il faut continuer à chercher.

Voilà des années que ce problème me titille, et je garde un œil sur l'éventuelle apparition d'un candidat susceptible de cocher toutes les cases. Et c'est récemment arrivé. L'un des domaines les plus exaltants de l'astronomie est aujourd'hui la quête de planètes gravitant autour d'autres étoiles. On ignorait encore récemment si les planètes étaient communes ou rares. On le sait à présent : elles sont communes, et comme notre Soleil, la plupart des étoiles en comptent plusieurs. Nous l'avons découvert en décelant de légères baisses de luminosité à chaque fois qu'une planète passe entre une étoile lointaine et nos télescopes. Nous pourrions donc exploiter cette idée fondamentale pour signaler notre présence. Imaginons par exemple de mettre en orbite un ensemble d'objets qui masquent la lumière du Soleil selon un motif qui n'apparaîtrait pas naturellement. Ces écrans solaires en orbite continueraient de graviter autour du Soleil pendant des millions d'années, longtemps après notre disparition, et seraient détectables de très loin.

Nous avons déjà les moyens de construire un tel système d'écrans solaires, et peut-être existe-t-il de meilleures façons de signaler notre présence. Loin de nous l'intention d'évaluer ici les options qui s'offrent à nous, il ne s'agit que de faire quelques observations : premièrement, la vie a peut-être évolué des milliers ou des millions de fois dans notre galaxie, mais il est peu probable que nous soyons en train de coexister avec d'autres espèces. Deuxièmement, le programme SETI n'a que peu de chances d'aboutir si l'on ne recherche que des signaux exigeant l'intervention continue de l'expéditeur. Troisièmement, le programme METI n'est pas seulement dénué de risque, c'est ce que nous avons de mieux à faire pour trouver de la vie intelligente dans notre galaxie. Commençons par trouver le moyen de faire connaître notre présence d'une façon qui dure des millions d'années. Nous ne saurons qu'alors ce qu'il convient de rechercher.

Wiki Earth

Faire savoir à une civilisation lointaine que nous avons existé est un premier objectif important. Mais pour moi, ce que nous avons d'essentiel est notre savoir. Nous sommes la seule espèce sur Terre à savoir quelque chose au sujet de l'Univers et de son fonctionnement. Le savoir est une chose rare, et il faut que nous tentions de le préserver.

Admettons que les humains s'éteignent, mais pas la vie sur Terre. On estime par exemple qu'un astéroïde a tué les dinosaures, parmi bien d'autres espèces, mais que certains animaux de petite taille ont survécu à l'impact. Soixante millions d'années plus tard, quelques-uns de ces survivants sont devenus nous. C'est arrivé, et cela pourrait arriver de nouveau. Imaginons à présent que nous, humains, soyons éteints, à la suite d'une catastrophe naturelle ou de notre propre fait. D'autres espèces survivent et, d'ici cinquante millions d'années, l'une d'elles devient intelligente. Cette espèce-là tiendra certainement à savoir tout ce qu'il est possible de savoir de l'ère humaine, depuis longtemps révolue. Et elle s'intéressera particulièrement à l'étendue de notre savoir et à ce qu'il nous est arrivé.

Si les humains s'éteignent, toute trace relativement détaillée de notre existence aura probablement disparu d'ici un petit million d'années. Certains vestiges de nos villes et de nos grandes infrastructures resteront probablement enfouis, mais tout document, film et enregistrement aura cessé d'exister. Les archéologues non humains du futur auront toutes les peines du monde à assembler les pièces du puzzle de notre histoire, comme nos actuels paléontologues se démènent aujourd'hui pour comprendre ce qu'il est arrivé aux dinosaures.

Dans le cadre de notre planification successorale, nous pourrions préserver notre savoir de façon plus pérenne, pour plusieurs dizaines de millions d'années. Il y aurait alors plusieurs façons de procéder. Nous pourrions par exemple archiver en permanence une base de données telles que Wikipédia, qui est elle-même constamment mise à jour, si bien qu'elle consignerait des événements jusqu'au moment où nos sociétés deviendront défaillantes, décrivant une vaste gamme de domaines, et le processus d'archivage pourrait être automatisé.

Ces archives n'ont pas à être installées sur la Terre, susceptible de subir une destruction partielle à la suite d'un événement unique et dont seule une portion limitée resterait intacte après des millions d'années. En réponse à ce problème, nous pourrions installer nos archives dans un ensemble de satellites en orbite autour du Soleil. Ces archives seraient alors faciles à découvrir et difficiles à physiquement altérer ou à détruire.

Nous placerions ces archives sur satellite de façon à pouvoir envoyer des mises à jour automatiques sans jamais effacer le contenu. Les éléments électroniques du satellite cesseraient de fonctionner peu après notre disparition, alors pour lire ces archives, une espèce intelligente future devrait développer la technologie permettant de se rendre jusqu'à elles, de les ramener sur Terre et d'en extraire les données. Nous pourrions ainsi disposer plusieurs satellites sur plusieurs orbites à des fins de redondance. Nous sommes déjà capables de créer des archives sur satellite et de les récupérer. Imaginez un peu qu'une précédente espèce intelligente terrestre ait mis sur orbite un chapelet de satellites autour du système solaire. Nous les aurions aujourd'hui découverts et ramenés sur Terre.

En essence, nous pourrions concevoir une capsule temporelle capable de durer des millions ou des centaines de millions d'années. Dans l'avenir lointain, les êtres intelligents – qu'ils aient évolué sur Terre ou viennent d'une autre étoile – pourraient découvrir cette capsule temporelle et en lire le contenu. Nous ne saurons pas si notre cachette sera ou non découverte ; c'est le propre des planifications successorales. Mais si nous le faisons, et si quelqu'un le lit un jour, on imagine à quel point il l'appréciera. Quelle serait notre exaltation si nous venions nous-mêmes à découvrir une capsule temporelle de ce type !

La planification successorale de l'humanité ressemble à celle de l'individu. Nous voudrions que notre espèce vive éternellement, et peut-être que ce sera le cas. Mais il est sage de mettre en place un plan au cas où le miracle ne se produirait pas. J'ai suggéré plusieurs pistes à suivre en ce sens. L'une consiste à archiver notre histoire et notre savoir de façon à ce que de futures espèces intelligentes sur Terre puissent s'instruire à propos de l'humanité – ce que nous avons su, quelle fut notre histoire et ce qu'il a fini par nous arriver. Une autre consiste à créer un signal durable qui informe les êtres intelligents ailleurs dans l'espace et dans le temps que des humains intelligents ont un jour vécu autour de l'étoile nommée Soleil. Ce qu'il y a de beau dans ce signal durable, c'est qu'il pourrait nous aider à court terme en nous faisant découvrir que d'autres espèces intelligentes nous ont précédés.

Ce type d'entreprise mérite-t-il que nous y consacrions du temps et de l'argent ? Ne serait-il pas préférable de concentrer tous nos efforts à l'amélioration de la vie sur la Terre ? Les frictions entre investissement à court terme et à long terme sont inévitables. Les problèmes à court terme sont plus pressants, et l'investissement à long terme n'offre que peu de dividendes immédiats. Toute organisation – que ce soit un gouvernement, une entreprise ou un foyer – se heurte à ce dilemme. Pourtant, ne pas investir dans l'avenir est la garantie d'un échec futur. Et en l'occurrence, il me semble qu'investir dans la planification successorale de l'humanité offre plusieurs avantages à court terme. Cela affûtera notre conscience des menaces existentielles qui planent sur nous. Cela incitera plus de monde à réfléchir aux conséquences à long terme de nos actes en tant qu'espèce. Et cela donnera un certain objectif à notre existence si nous devions finir par disparaître.

16 Les gènes ou le savoir

« Cerveau ancien-cerveau nouveau », tel est le titre du premier chapitre de ce livre. C'est aussi son fil rouge. Rappelons que le cerveau ancien, qui constitue 30 % de notre cerveau, compte de nombreuses parties. Ce sont les régions qui contrôlent nos fonctions corporelles, nos comportements fondamentaux et nos émotions. Certains de ces comportements et émotions nous rendent agressifs, violents et envieux, ils nous poussent à mentir et à tricher. Chacun de nous abrite à un degré ou un autre ces tendances, parce que l'évolution s'est aperçue qu'elles ont leur utilité dans la propagation des gènes. Les 70 % restants de notre cerveau, le cerveau nouveau, n'est constitué que d'une chose : le néocortex. Le néocortex apprend un modèle du monde, et c'est ce modèle qui nous rend intelligents. L'évolution nous a dotés de l'intelligence parce qu'elle aussi s'avère utile à la propagation des gènes. Nous sommes là pour servir nos gènes, mais l'équilibre du pouvoir entre cerveau ancien et nouveau commence à basculer.

Nos ancêtres n'ont eu pendant des millions d'années qu'une connaissance limitée de notre planète et de l'Univers. Ils ne comprenaient que ce dont ils faisaient personnellement l'expérience. Ils ne connaissaient pas la dimension de la Terre ni le fait que c'est une sphère. Ils ignoraient ce que sont le Soleil, la Lune, les planètes et les étoiles et pourquoi tout cela se déplace ainsi dans le ciel. Ils n'avaient pas la moindre idée de l'âge de la Terre ni de la façon dont est advenue la vie sous ses diverses formes. Nos ancêtres ignoraient les faits les plus fondamentaux de notre existence. Ils ont fabriqué des histoires pour expliquer ces mystères, mais ces histoires n'étaient pas vraies.

Récemment, grâce à notre intelligence, nous avons non seulement éclairci les mystères qui taraudaient nos ancêtres, mais la cadence de nos découvertes scientifiques s'accélère. Nous connaissons l'incroyable immensité de l'Univers ainsi que notre incroyable petitesse. Nous savons aujourd'hui que notre planète est âgée de milliards d'années et que la vie y évolue depuis des milliards d'années aussi. Il semble fort heureusement que l'Univers n'opère que selon un ensemble limité de lois, dont nous connaissons désormais un certain nombre. Voici à présent qu'apparaît la possibilité alléchante de toutes les découvrir. Des millions d'individus dans le monde se consacrent activement à la recherche scientifique en général, et des milliards d'autres ressentent une affinité avec cette mission. Nous vivons une époque extraordinairement palpitante.

Il est toutefois un problème qui pourrait bien mettre un terme rapide à notre course vers la connaissance, et en finir pour de bon avec notre espèce. J'ai dit plus haut que malgré toute notre intelligence, notre néocortex demeure raccordé au cerveau ancien. L'augmentation de la puissance de nos technologies signifie que les comportements égoïstes et à courte vue du cerveau ancien deviennent susceptibles de nous mener à l'extinction ou à l'effondrement de notre civilisation et à un nouvel âge obscurantiste. Ce risque est accru par le fait que des milliards d'humains continuent d'entretenir de fausses croyances concernant les aspects les plus fondamentaux de la vie et de l'Univers. Les fausses croyances virales sont aussi à l'origine de comportements qui menacent notre survie.

Nous voici face à un dilemme. « Nous » – le modèle intelligent de nous-mêmes qui réside dans le néocortex – sommes piégés. Piégés dans un corps qui n'est pas seulement programmé pour mourir, mais qui se trouve largement sous l'empire d'une brute ignorante, le cerveau ancien. Nous pouvons employer notre intelligence à imaginer un avenir meilleur puis agir pour réaliser l'avenir que nous souhaitons. Mais rien ne dit que le cerveau ancien ne viendra pas tout gâcher. Il génère des comportements qui ont certes aidé les gènes à se répliquer dans le passé, mais dont beaucoup ne sont pas glorieux. Nous cherchons à maîtriser celles de ses pulsions qui sont destructrices et qui sèment la discorde, sans vraiment y être parvenus jusqu'ici. Beaucoup de pays sur Terre sont encore dirigés par des autocrates et des dictateurs dont les motivations sont amplement dictées par le cerveau ancien : fortune, sexe et domination de mâle alpha. Les mouvements populistes qui soutiennent les autocrates reposent aussi sur des traits du cerveau ancien tels que le racisme et la xénophobie.

Qu'y pouvons-nous ? J'ai évoqué au chapitre précédent certaines façons dont nous pourrions préserver notre savoir au cas où l'humanité ne survivrait pas. Dans celui-ci, le dernier, j'aborde trois méthodes pour empêcher notre disparition. La première ne fonctionnera pas forcément sans modifier nos gènes, la deuxième exige que nous le faisions et la troisième tourne complètement le dos à la biologie.

Mes idées vous paraîtront peut-être extrêmes. Demandez-vous toutefois : quel est le propos de la vie ? Quand on se bat pour survivre, que cherche-t-on vraiment à préserver ? Autrefois, la vie a toujours été un moyen de préserver nos gènes et de les répliquer, que nous en ayons été conscients ou pas. Mais est-ce vraiment la meilleure façon d'avancer ? Et si nous déterminions plutôt que la vie doit se concentrer sur l'intelligence et la préservation du savoir ? Ce que nous jugeons aujourd'hui extrême deviendrait alors la seule voie logique vers l'avenir. Les trois idées que je vais vous soumettre sont selon moi réalisables ; elles seront très probablement mises en œuvre un jour. Sans doute semblent-elles pour l'heure très improbables, tout comme l'était l'ordinateur de poche en 1992. Il va falloir laisser le temps faire son œuvre pour voir si l'une d'elles s'avère possible.

Devenir une espèce multiplanétaire

Lorsque s'éteindra notre Soleil, toute la vie dans le système solaire en fera autant. Mais la plupart des événements d'extinction qui nous concernent seront localisés sur la Terre. Si un grand astéroïde heurtait la Terre, par exemple, ou si nous rendions cette dernière inhabitable à la suite d'une guerre nucléaire, les planètes voisines n'en seraient pas affectées. L'un des moyens d'amenuiser le risque d'extinction consiste donc à devenir une espèce occupant deux planètes. Si nous pouvions établir une présence permanente sur une planète ou une lune voisine, notre espèce et le savoir qu'elle a accumulé pourraient se perpétuer, même si la Terre devenait inhabitable. Cette logique motive nos efforts actuels pour envoyer des gens sur Mars, qui apparaît comme la meilleure option pour fonder une colonie humaine. La possibilité de nous rendre sur d'autres planètes est très enthousiasmante. Le voyage vers des terres inexplorées est pour nous une activité ancienne.

Le gros problème si nous voulons vivre sur Mars, c'est que Mars est un endroit épouvantable à habiter. L'absence d'atmosphère digne de ce nom signifie que la moindre exposition à l'extérieur vous tuera, et que la moindre fenêtre brisée ou fuite dans votre toit pourra anéantir toute votre famille. Le rayonnement solaire, plus fort sur Mars, constitue aussi un risque majeur pour la vie, si bien qu'il faudra en permanence se protéger du Soleil. En outre, le sol martien est empoisonné et il n'y a pas d'eau en surface. Franchement, la vie est plus douce au pôle Sud que sur Mars. Mais il ne faut pas renoncer à l'idée pour autant. Je pense que nous pourrions vivre sur Mars, mais que cela réclamera une chose que nous n'avons pas encore. Il nous faut des robots intelligents et autonomes.

La vie humaine sur Mars réclamera de grands bâtiments hermétiques où vivre et faire pousser de la nourriture. Il faudra extraire de l'eau et des minéraux dans des mines et fabriquer l'air que nous respirerons. Enfin, il faudra terraformer Mars pour lui donner une atmosphère. Ce sont là d'immenses projets d'infrastructure que nous mettrons des décennies, voire des siècles, à mener à bien. En attendant que Mars devienne autonome, il faudra y envoyer de la nourriture, de l'air, de l'eau, des médicaments, des outils, des équipements et des matériaux de construction, et des gens – beaucoup de gens. Tous les travaux s'effectueront dans d'encombrantes combinaisons spatiales. On ne surestimera jamais assez les difficultés qu'affronteront les humains qui chercheront à construire un environnement vivable et toutes les infrastructures nécessaires à la création d'une colonie martienne permanente et autosuffisante. Le coût en vies humaines, les dégâts psychologiques et le coût financier seront énormes, sans doute supérieurs à ce que nous sommes disposés à accepter.

La préparation de Mars pour les humains sera toutefois possible si, plutôt que des ingénieurs et des ouvriers humains, nous y envoyons des ingénieurs et des ouvriers sous forme de robots intelligents. Ils tireront leur énergie du Soleil et pourront évoluer en extérieur sans besoin de nourriture, d'eau ni d'oxygène. Ils travailleront sans jamais se fatiguer, sans stress émotionnel et aussi longtemps qu'il le faudra pour nous rendre Mars habitable. Ce corps d'ingénieurs robots devra essentiellement travailler de façon autonome.

La nécessité d'un contact constant avec la Terre ralentirait beaucoup trop les travaux.

Je n'ai jamais été très amateur de science-fiction, et ce scénario sent la science-fiction à plein nez. Mais je ne vois aucune raison de l'estimer impossible, et je pense même que si nous voulons devenir une espèce multiplanétaire, nous n'aurons pas le choix. Le projet de faire vivre les humains sur Mars de façon permanente exige l'aide de machines intelligentes. Mais la main-d'œuvre robotisée sur Mars devra impérativement être dotée de l'équivalent d'un néocortex. Ces robots auront à manier des outils complexes, à manipuler des matériaux, à résoudre des problèmes imprévus et à communiquer entre eux, comme le font les humains. Il me semble que la seule façon d'obtenir cela consiste à réaliser la rétro-ingénierie du néocortex et à créer des structures équivalentes en silicone. Un robot autonome doit posséder un cerveau bâti selon les principes que j'ai énoncés plus haut, les principes de la théorie de l'intelligence des mille cerveaux.

La création de robots vraiment intelligents est possible, et je ne doute pas un instant qu'elle aura lieu. Cela ne nous prendra pas plus de quelques décennies si nous en faisons une priorité. Il y a heureusement aussi une foule de bonnes raisons bien terrestres de créer des robots intelligents. Par conséquent, même si nous n'en faisons pas une priorité nationale ou internationale, les forces du marché vont finir par financer le développement de l'intelligence machine et de la robotique. J'espère que partout dans le monde, on comprendra que notre évolution en tant qu'espèce multiplanétaire est un objectif emballant et important pour notre survie, et qu'il est indispensable de disposer d'ouvriers du bâtiment intelligents et robotisés pour l'atteindre.

Mais, même lorsque nous aurons créé des robots-ouvriers intelligents, terraformé Mars et établi des colonies humaines, un problème demeurera. Les colons humains sur Mars seront identiques à ceux sur la Terre. Ils auront un cerveau ancien, avec tous les risques et les complications qui l'accompagnent. Sur Mars, ces humains se battront à leur tour pour des territoires, prendront des décisions fondées sur de fausses croyances et créeront probablement de nouveaux risques existentiels pour leurs pairs.

Si l'on se fie à l'histoire, les gens vivant sur Mars et ceux vivant sur la Terre finiront par nourrir des querelles susceptibles de mettre en danger l'une de ces populations ou les deux. Disons par exemple que d'ici deux siècles, dix millions d'humains vivent sur Mars. Voici soudain que quelque chose se passe mal sur Terre. On a accidentellement contaminé l'essentiel de la planète d'éléments radioactifs. Ou bien le climat se dégrade très vite. Qu'adviendra-t-il alors ? Des milliards de terriens voudront sans doute brusquement aller s'installer sur Mars. Il n'y a pas à pousser très loin son imagination pour deviner que cela pourrait facilement mal tourner pour tout le monde. Je ne tiens pas particulièrement à agiter les dénouements négatifs. Mais il est important d'admettre que le fait de devenir une espèce multiplanétaire n'est en aucun cas une panacée. L'humain est humain, et les problèmes que nous créons sur la Terre existeront sur les autres planètes que nous habiterons.

Et si nous devenions une espèce multi stellaire alors ? Si les humains pouvaient coloniser d'autres systèmes solaires, nous pourrions nous déployer dans la galaxie et les chances de voir survivre indéfiniment certains de nos descendants augmenteraient considérablement.

Le voyage interstellaire est-il accessible aux humains ? D'un côté, on ne voit pas trop pourquoi il ne le serait pas. Quatre étoiles se trouvent à moins de cinq années-lumière de nous et onze à moins de dix. Einstein a montré qu'il est impossible d'aller plus vite que la lumière, alors disons que nous le faisons à la moitié de cette vitesse. Une mission vers une étoile voisine serait donc réalisable en une ou deux décennies. D'un autre côté, nous sommes encore très loin de savoir atteindre ce type de vitesse. Avec nos technologies actuelles, il nous faudrait des dizaines de milliers d'années pour atteindre notre plus proche voisine. Un si long voyage n'est pas à la portée des humains.

Des bataillons de physiciens réfléchissent à des manières intelligentes de résoudre les problèmes que pose le vol interstellaire. Peut-être découvriront-ils comment voyager à la vitesse de la lumière, voire plus vite encore. Tant de choses qui semblaient impossibles il y a deux cents ans sont désormais banales. Imaginez-vous prendre la parole à une convention scientifique en 1820 et annoncer que les gens voyageraient un jour confortablement d'un continent à l'autre en quelques heures, ou que l'on discuterait quotidiennement en face à face avec des interlocuteurs à l'autre bout du monde en regardant un objet tenant dans la main et en lui parlant. Rien de cela n'aurait paru possible un jour, et pourtant... L'avenir ne manquera pas de nous offrir un lot de surprises aujourd'hui impensables, et l'une de celles-ci pourrait être le voyage spatial. Mais je prédis sans hésiter que le voyage interstellaire des humains n'aura pas lieu avant cinquante ans. Et je ne serais pas étonné qu'il n'arrive jamais.

Cela ne m'empêche pas de continuer à plaider pour que nous devenions une espèce multiplanétaire. L'aventure de l'exploration sera en elle-même très instructive, et elle pourrait faire reculer le risque à court terme de notre extinction. Mais les risques et les limitations inhérents à ce que nous a légué l'évolution demeurent. Même si nous parvenions à établir des colonies sur Mars, il faudra peut-être se faire à l'idée que jamais nous ne nous aventurerons au-delà du système solaire.

Nous disposons toutefois d'autres options, qui supposent de poser un regard objectif sur nous-mêmes en nous demandant : que souhaitons-nous préserver au juste de l'humanité ? Avant d'évoquer deux autres manières d'assurer notre avenir, je m'attarderai sur cette question.

Choisir notre avenir

Depuis la fin du XVIIIe siècle et les Lumières, nous accumulons les preuves que l'Univers suit son cours sans être guidé par une main invisible. L'apparition de la vie élémentaire, puis d'organismes complexes et enfin de l'intelligence n'a pas été planifiée, pas plus qu'elle n'était inévitable. De même, l'avenir de la vie sur Terre et celui de l'intelligence ne sont pas prédéterminés. Tout indique que la seule chose qui s'inquiète de notre sort, c'est nous. Le seul avenir souhaitable est celui que *nous* souhaitons.

Peut-être trouverez-vous cet argument discutable. Vous direz qu'il existe sur Terre de nombreuses autres espèces, certaines intelligentes aussi et que nous avons causé du tort à beaucoup d'entre elles, provoquant même l'extinction de certaines. Ne devrions-nous pas prendre en considération ce que « souhaitent » d'autres espèces ? Oui, mais ce n'est pas si simple.

La Terre est dynamique. Les plaques tectoniques qui en composent la surface sont en mouvement permanent, elles créent de nouvelles montagnes, de nouveaux continents et de nouveaux océans et envoient le relief existant s'abîmer au centre de la Terre. La vie est dynamique elle aussi. Les espèces sont en constant changement. Génétiquement, nous ne sommes pas les mêmes que nos ancêtres d'il y a cent mille ans. Le changement survient lentement, mais il ne s'arrête jamais. Dès lors que l'on regarde la Terre sous cet angle, il ne rime à rien de chercher à préserver des espèces ou même la Terre. Nous ne pouvons empêcher les plus profonds soubassements géologiques de notre planète de changer, pas plus que nous ne pouvons empêcher les espèces d'évoluer ou de s'éteindre.

La randonnée sauvage fait partie de mes activités préférées, et je me considère comme écologiste. Mais je ne prétends pas que l'écologie consiste à préserver la nature. N'importe quel écologiste se réjouira de voir s'éteindre certaines choses vivantes – le poliovirus, par exemple –, mais il fera pourtant des pieds et des mains pour protéger telle ou telle fleur sauvage menacée. Du point de vue de l'Univers, la distinction est arbitraire ; le poliovirus et la fleur sauvage ne valent pas plus ou moins l'un que l'autre. Nous choisissons ce que nous voulons protéger en fonction de nos intérêts.

L'écologie n'est pas une affaire de préservation de la nature, mais de choix. Les écologistes font par principe des choix profitables aux humains de demain. Nous cherchons à ralentir le changement des choses que nous apprécions, comme les zones naturelles, pour que nos descendants puissent en jouir eux aussi. D'autres préféreront transformer ces zones naturelles en mines à ciel ouvert pour en profiter tout de suite, ce qui est un choix plus caractéristique du cerveau ancien. L'Univers se fiche pas mal de l'option que nous choisissons. Le choix d'aider les humains d'aujourd'hui ou ceux de demain n'appartient qu'à nous.

Nous n'avons pas l'option de ne rien faire du tout. En tant qu'humains, nous avons à choisir, et nos choix nous orienteront vers un avenir ou un autre. Quant aux autres animaux sur la Terre, nous pouvons choisir de les aider ou pas. Mais tant que nous sommes là, laisser les choses suivre leur cours « naturel » n'est pas une option. Nous faisons partie de la nature et nous devons faire des choix qui auront un impact sur l'avenir.

Nous sommes selon moi face à un choix profond. Il consiste à favoriser le cerveau ancien ou le cerveau nouveau. Plus concrètement, voulons-nous un avenir régi par les processus qui nous ont amenés jusqu'ici, à savoir la sélection naturelle, la concurrence et la conduite de gènes égoïstes ? Ou souhaitons-nous un avenir où règnent l'intelligence et la volonté de comprendre le monde ? Nous avons à choisir entre un avenir piloté avant tout par la création et la diffusion du savoir, ou par la copie et la diffusion de gènes.

Pour pleinement exercer ce choix, il faut que nous ayons la capacité de modifier le cours de l'évolution par la manipulation des gènes et celle de créer de l'intelligence sous forme non biologique. Nous possédons déjà la première et la seconde ne saurait tarder. L'emploi de ces technologies a soulevé des débats éthiques. Devons-nous manipuler les gènes d'autres espèces pour améliorer notre approvisionnement alimentaire ? Devons-nous manipuler nos propres gènes pour « améliorer » notre progéniture ? Devons-nous créer des machines à l'intelligence et aux capacités dépassant les nôtres ?

Peut-être votre avis sur ces questions est-il déjà arrêté. Peut-être pensez-vous que tout cela ne pose aucun problème ou inversement que c'est contraire à l'éthique. Quoi qu'il en soit, je ne vois pas quel mal il peut y avoir à discuter des choix qui s'offrent à nous. La considération attentive de nos options nous permettra de prendre des décisions éclairées, quelles qu'elles soient.

Devenir une espèce multiplanétaire serait un moyen d'essayer d'empêcher notre extinction, mais cela reste un avenir dicté par les gènes. Quels choix pourrions-nous faire pour faire prévaloir la diffusion du savoir sur celle des gènes ?

Modifier nos gènes

Nous avons récemment mis au point la technologie permettant l'édition précise des molécules d'ADN. Bientôt nous saurons créer de nouveaux génomes et modifier ceux qui existent avec la précision et la facilité de l'édition de textes écrits. L'édition génomique pourrait offrir d'immenses bienfaits. Nous pourrions par exemple supprimer des maladies héréditaires dont souffrent des millions d'individus dans le monde. Mais cette même technologie pourrait aussi servir à concevoir de nouvelles formes de vie ou à modifier l'ADN de nos enfants – pour en faire de meilleurs athlètes ou les rendre plus attrayants. Selon les circonstances, on trouvera que cela ne pose aucun problème ou au contraire que c'est une abomination. Il peut sembler vain de modifier nos gènes pour avoir une apparence plus attrayante, mais si l'édition génomique évite l'extinction à notre espèce tout entière, elle devient un impératif.

Admettons par exemple que l'implantation d'une colonie sur Mars finisse par être perçue comme une bonne assurance pour la survie à long terme de notre espèce et que beaucoup de monde s'inscrive pour le voyage. Voilà pourtant qu'on découvre que les humains ne peuvent vivre très longtemps sur Mars à cause de la faible gravitation. On sait aujourd'hui qu'un séjour de plusieurs mois à gravité zéro sur la Station spatiale internationale entraîne des problèmes médicaux. Peut-être qu'après dix ans sur Mars, notre corps finira par défaillir et mourir. L'établissement définitif d'une population sur Mars serait alors compromis. Admettons toutefois que ce problème puisse se résoudre par l'édition du génome humain et que les gens dont l'ADN a ainsi été modifié puissent rester indéfiniment sur Mars. Faudra-t-il autoriser les gens à modifier leurs gènes et ceux de leurs enfants pour vivre sur Mars ? Quiconque souhaite aller vivre sur Mars accepte déjà de risquer sa vie. Et les gènes de ceux qui vivent sur Mars sont de toute façon appelés à changer lentement, alors pourquoi interdire ce choix ? Si vous pensez que ce type d'édition génomique doit être interdit, changeriez-vous d'avis si la Terre devenait inhabitable et si votre seule chance de survie consistait à vous installer sur Mars ?

Imaginons à présent qu'on apprenne à modifier les gènes de façon à supprimer les comportements agressifs et à rendre l'individu plus altruiste. Faudrait-il l'autoriser ? N'oublions pas que lors de la sélection des astronautes, par exemple, on choisit des individus possédant naturellement ces attributs, et ce pour une bonne raison : cela augmente les chances de réussite d'une mission spatiale. S'il nous arrive un jour d'envoyer des gens habiter sur Mars, ce sera sans doute après le même type de sélection. N'accorderions-nous pas notre préférence aux individus émotionnellement stables plutôt qu'à des individus colériques ayant des antécédents d'agression ? Dans les situations où le moindre acte de négligence ou de violence mettrait en péril la vie d'une communauté entière, les personnes déjà établies sur Mars n'exigeraient-elles pas que les nouveaux arrivants passent un genre de test de stabilité émotionnelle ? Si l'on pouvait produire de meilleurs citoyens par l'édition de l'ADN, les habitants installés sur Mars pourraient tout à fait insister en ce sens.

Prenons encore un scénario hypothétique. Certains poissons survivent à la congélation dans la glace. Et si nous pouvions modifier notre ADN pour qu'un humain puisse être ainsi congelé aujourd'hui et décongelé dans l'avenir ? J'imagine aisément que beaucoup souhaiteraient geler leur corps pour se réveiller dans cent ans. Il serait sans doute exaltant de passer les dix ou vingt dernières années de sa vie dans l'avenir. Le permettrions-nous ? Et si cette modification permettait aux humains de voyager jusqu'à d'autres étoiles ? Le voyage pourrait alors durer des milliers d'années, nos voyageurs seraient congelés au départ et dégelés une fois arrivés à destination. Pour un voyage de ce type, les volontaires ne manqueraient pas. Y a-t-il quelque raison d'interdire les modifications de l'ADN qui rendraient possible un tel voyage ?

Je peux facilement imaginer une foule de scénarios invitant à estimer qu'il est dans son intérêt individuel de procéder à une modification significative de son ADN. Il n'y a pas de bien ni de mal absolu ; seulement des choix qui s'offrent à nous. Quand quelqu'un dit qu'il ne faut jamais autoriser l'édition génomique par principe, qu'il en ait ou non conscience, il choisit un avenir obéissant aux intérêts de nos gènes existants ou, bien souvent, à de fausses croyances virales. Ce parti pris élimine d'office des choix conformes aux intérêts de la survie à long terme de l'humanité et de la survie à long terme du savoir.

Il ne s'agit nullement ici de plaider pour l'édition génomique sans surveillance ni délibération. Et rien de ce que j'écris ne suppose de coercition. Nul ne doit jamais être forcé d'accomplir aucune de ces choses. Je signale seulement que l'édition génomique est possible, et que cela nous offre des choix. À titre personnel, je ne vois pas pourquoi la voie de l'évolution sans pilote serait préférable à une voie choisie par nous. On peut remercier le processus de l'évolution de nous avoir menés jusqu'ici. Mais à présent que nous y sommes, la possibilité s'offre à nous d'user de notre intelligence pour prendre le contrôle de l'avenir. Notre survie en tant qu'espèce et celle de notre savoir pourraient s'en trouver mieux garanties.

Un avenir tracé par l'édition de notre ADN n'en est pas moins un avenir biologique, et cela pose des limites à ce qu'il est possible de faire. On ne sait pas encore très bien jusqu'où peut aller l'édition génomique. Pourrons-nous un jour éditer notre génome pour que les humains de demain voyagent dans les étoiles ? Pourrons-nous fabriquer des humains qui ne s'entredétruiront pas sur quelque poste avancé d'une lointaine planète ? Nul ne le sait. Nous ne connaissons pas assez bien l'ADN aujourd'hui pour jouer au jeu des prédictions. Mais je ne serais pas étonné que certaines des choses que nous pourrions souhaiter s'avèrent impossibles par principe.

Venons-en à présent à notre dernière option. Elle offre peut-être les meilleures garanties de préservation de notre savoir et de survie de l'intelligence, mais c'est peut-être aussi la plus difficile de toutes.

Quitter l'orbite de Darwin

Le moyen suprême de délivrer notre intelligence de l'emprise de notre cerveau ancien et de notre biologie consiste à créer des machines aussi intelligentes que nous, et qui ne dépendent pas de nous. Ce seraient des agents intelligents qui franchiraient les confins de notre système solaire et survivraient plus longtemps que nous. Ces machines partageraient avec nous notre savoir, mais pas nos gènes. Si les humains venaient à subir une régression culturelle – une nouvelle phase d'obscurantisme – ou s'ils venaient à s'éteindre, notre progéniture de machines intelligentes continuerait sans nous.

J'hésite ici à employer le terme « machine », car il risque d'invoquer l'image d'un ordinateur posé sur un bureau, un robot humanoïde ou quelque personnage maléfique d'un roman de science-fiction. On l'a vu, il n'y a pas moyen de prévoir à quoi ressembleront les machines intelligentes de demain, tout comme les pionniers de l'informatique ne pouvaient imaginer l'allure de nos ordinateurs actuels. Personne dans les années 1940 n'aurait osé imaginer un ordinateur plus petit qu'un grain de riz, pouvant s'intégrer dans à peu près tout. Pas plus qu'on ne pouvait concevoir de puissants ordinateurs flottant dans le cloud, accessibles de partout, mais précisément localisés nulle part.

Comme eux, nous ne pouvons savoir à quoi ressembleront les machines intelligentes du futur ni de quoi elles seront faites, alors ne jouons pas à ce petit jeu qui risquerait de limiter notre réflexion sur le possible. Parlons plutôt des deux raisons susceptibles de nous inciter à créer des machines intelligentes capables de sillonner les étoiles sans nous.

Objectif numéro un : préserver le savoir

J'ai évoqué au chapitre précédent la possibilité de préserver nos connaissances dans un entrepôt en orbite autour du Soleil. J'ai appelé cette solution Wiki Earth. L'entrepôt que j'ai décrit était statique. Comme une bibliothèque d'ouvrages imprimés, en suspension dans l'espace. Notre objectif serait de préserver le savoir, dans l'espoir qu'un agent intelligent découvre un jour l'entrepôt et trouve le moyen d'en lire le contenu. Mais en l'absence d'humains s'occupant activement de son entretien, notre entrepôt est voué à lentement se dégrader. Wiki Earth ne fait pas de copie de lui-même, il ne se répare pas, il est donc provisoire. Nous aurions beau le concevoir pour qu'il dure le plus longtemps possible, il finirait par devenir un jour illisible.

Le néocortex humain ressemble aussi à une bibliothèque. Il contient des connaissances à propos du monde. Mais contrairement à Wiki Earth, le néocortex fait des copies de ce qu'il sait en transmettant ses connaissances à d'autres humains. Ce livre est par exemple une tentative de ma part de transmettre certaines choses que je sais à d'autres personnes, comme vous. C'est une façon de garantir la distribution du savoir. La perte d'un individu n'entraînera pas la perte définitive de connaissances. Le moyen le plus sûr de préserver le savoir est d'en faire constamment des copies.

L'un des objectifs de la création de machines intelligentes doit donc consister à reproduire ce que les humains font déjà : préserver des connaissances en faisant des copies et en les distribuant. Il sera souhaitable d'utiliser des machines intelligentes à cette fin parce qu'elles perpétueront cette préservation bien après notre disparition et distribueront le savoir là où ne pouvons nous rendre, sur d'autres étoiles par exemple. À la différence des humains, les machines intelligentes pourront lentement se propager dans toute la galaxie. L'espoir serait qu'elles parviennent à communiquer ce savoir à des êtres intelligents ailleurs dans l'Univers. Imaginez notre emballement si nous découvrions un entrepôt de savoir et d'histoire galactique qui aurait fait le trajet jusqu'à notre système solaire.

J'ai décrit au chapitre précédent sur la planification successorale l'idée de Wiki Earth et celle de création d'un signal durable indiquant que nous, espèce intelligente, avons un jour existé dans notre système solaire. Ensemble, ces deux dispositifs pourraient attirer d'autres êtres intelligents jusqu'à notre système solaire pour y découvrir notre entrepôt de connaissances. Ce que je propose dans celui-ci, c'est un autre moyen d'obtenir un résultat similaire. Au lieu d'attirer une intelligence extraterrestre jusqu'à notre entrepôt de connaissances dans le système solaire, envoyons des copies de notre savoir et de notre histoire dans toute la galaxie. Dans les deux cas, une chose intelligente est appelée à effectuer un long voyage dans l'espace.

Tout finit par s'user. Dans leur traversée de l'espace, certaines machines intelligentes s'abîmeront, d'autres se perdront ou seront malencontreusement détruites. Il faut donc que notre progéniture sous forme de machines intelligentes soit capable de se réparer et, au besoin, de produire une copie d'elle-même. J'ai conscience que cela effraiera ceux qui redoutent de voir les machines intelligentes prendre le contrôle du monde. On l'a vu, je ne pense pas qu'il faille s'en inquiéter, car la plupart des machines intelligentes ne sauront pas faire de copies d'elles-mêmes. Mais dans ce scénario précis, c'est une exigence. Précisons que l'autoréplication d'une machine intelligente est tellement difficile que cela pourrait constituer la première raison de l'impossibilité d'un tel scénario. Imaginons une poignée de machines intelligentes voyageant dans l'espace. Après quelques millénaires, elles atteignent un autre système solaire, où elles rencontrent essentiellement des planètes désertes, mais aussi une planète primitive abritant de la vie unicellulaire. C'est ce qu'aurait rencontré un visiteur dans notre système solaire il y a quelques milliards d'années. Admettons à présent que nos machines intelligentes décident qu'elles doivent remplacer deux d'entre elles et créer quelques autres machines intelligentes pour les envoyer vers une autre étoile. Comment pourraient-elles s'y prendre? Si ces machines contenaient par exemple des puces électroniques comme celles qu'on trouve dans nos ordinateurs actuels, faudrait-il qu'elles construisent une usine à puces électroniques, avec toutes les chaînes d'approvisionnement nécessaires? Il y a des chances que cela soit irréalisable. Mais peut-être apprendrons-nous un jour à créer des machines intelligentes capables de se répliquer à l'aide d'éléments communs, comme l'a fait sur Terre la vie à base de carbone.

Je ne possède aucune solution à un grand nombre des problèmes pratiques que pose le voyage interstellaire. Mais là encore, il me semble que nous ne devons pas nous focaliser sur les manifestations physiques des machines intelligentes du futur. Peut-être existe-t-il des manières de construire des machines intelligentes à base de matériaux et de méthodes qui restent à inventer. Pour l'heure, l'essentiel est de discuter des objectifs et des concepts pour mieux décider s'il s'agit d'une chose que nous choisirions de faire si nous le pouvions. Si l'envoi de machines intelligentes en exploration dans la galaxie pour répandre le savoir est un objectif que nous souhaitons viser, alors il se peut que nous trouvions des façons de surmonter les obstacles.

Objectif numéro deux : acquérir de nouvelles connaissances
Si nous parvenons à créer des machines intelligentes autonomes qui sillonnent les galaxies, elles découvriront de nouvelles choses. Elles découvriront forcément de nouveaux types de planètes et d'étoiles, et d'autres choses que nous sommes incapables d'imaginer. Peut-être trouveront-elles la réponse à certains mystères profonds concernant l'Univers, comme ses origines ou son destin. C'est la nature même de l'exploration : on ignore ce qu'on y apprendra, mais on apprendra quelque chose. Si l'on envoyait des humains explorer

la galaxie, on s'attendrait à ce qu'ils fassent des découvertes. À bien des égards, les machines intelligentes seront plus capables d'en faire que les humains. Ce qui leur tiendra lieu de cerveau possèdera plus de mémoire, travaillera plus vite et sera doté de capteurs d'un nouveau genre. Elles seront des chercheuses plus accomplies que nous. Si des machines intelligentes sillonnaient notre galaxie de part en part, elles ne cesseraient d'enrichir nos connaissances sur l'Univers.

Un avenir avec un propos et une direction

Les humains rêvent du voyage interstellaire depuis longtemps. Pourquoi ?

Il y a d'une part la volonté de propager nos gènes et de les préserver. Cela repose sur l'idée qu'une espèce est destinée à continuellement explorer de nouvelles terres et y établir des colonies à chaque fois que c'est possible. Nous l'avons toujours fait dans le passé, franchissant montagnes et océans pour établir de nouvelles sociétés. Comme cela sert les intérêts de nos gènes, nous sommes programmés pour l'exploration. La curiosité fait partie du répertoire des fonctions du cerveau ancien. Il est difficile de résister à l'exploration, même lorsqu'il est plus sûr de s'en abstenir. Le voyage des humains vers les étoiles ne serait que le prolongement de ce que nous avons toujours fait, propager nos gènes aussi vastement que possible.

La deuxième raison, celle que j'ai proposée dans ce chapitre, consiste à développer et à préserver notre savoir. Ce raisonnement se fonde sur la supposition que notre espèce tire son importance de l'intelligence, pas de ses gènes particuliers. C'est donc afin d'en apprendre davantage et de sauvegarder ce qu'on sait pour l'avenir que nous devons voyager vers les étoiles.

Mais s'agit-il vraiment d'un meilleur choix ? Pourquoi ne pas continuer comme depuis toujours ? On pourrait simplement oublier toutes ces histoires de préservation du savoir ou de création de machines intelligentes. La vie sur Terre a plutôt été bonne jusqu'ici. Qu'importe que nous puissions ou pas aller vers d'autres étoiles ? Pourquoi ne pas nous contenter de ce que nous avons et en profiter tant que ça dure ?

C'est un choix raisonnable, et peut-être d'ailleurs n'en aurons-nous pas d'autre en fin de compte. Mais j'aimerais plaider ici en faveur du savoir plutôt que des gènes. Il y a entre les deux une différence fondamentale, une différence qui, selon moi, fait de la préservation et de la propagation du savoir un objectif préférable à celui de la préservation et de la propagation de nos gènes.

Les gènes ne sont que des molécules qui se répliquent. Leur évolution ne suit aucune direction particulière, pas plus qu'un gène n'est intrinsèquement meilleur qu'un autre ni qu'une molécule est intrinsèquement meilleure qu'une autre. Certains gènes peuvent être plus efficaces dans la réplication, mais à mesure que change le milieu, ce sont d'autres qui y excellent. Surtout, tous ces changements n'ont pas de direction générale. La vie fondée sur les gènes n'a ni direction ni objectif. La vie peut se manifester sous forme de virus, de bactérie unicellulaire ou d'arbre. Mais au-delà de la capacité à se répliquer, rien ne semble justifier qu'on juge une forme de vie meilleure qu'une autre.

Il en va autrement du savoir. Le savoir possède à la fois une direction et un objectif final. Prenons le cas de la gravitation. Il n'y a pas si longtemps de cela, nul ne savait pourquoi les choses tombaient vers le bas et non le haut. Newton a apporté la première théorie aboutie de la gravitation. Il s'agissait d'une force universelle dont il a montré qu'elle obéissait à un ensemble de lois simples pouvant s'exprimer sous forme mathématique. Jamais après Newton nous ne reviendrions à l'absence de toute théorie de la gravitation. L'explication d'Einstein est meilleure que celle de Newton, et jamais nous ne reviendrons à la théorie de Newton. Ce n'est pas que Newton avait tort. Ses équations continuent de décrire avec justesse la gravité dont nous faisons chaque jour l'expérience. La théorie d'Einstein englobe celle de Newton, mais elle décrit mieux la gravitation dans des conditions inhabituelles. Le savoir a un sens. Celui concernant la gravitation peut aller de l'absence de savoir à Newton, puis à Einstein, mais il ne peut aller dans l'autre sens.

Outre sa direction, le savoir possède un objectif final. Les premiers explorateurs humains ignoraient la taille de la Terre. Ils avaient beau voyager loin, ça ne finissait jamais. La Terre était-elle infinie ? Possédait-elle un bord au-delà duquel on tombait ? Personne ne le savait. Mais il y avait un objectif final. On supposait qu'il existait une réponse à la question « quelle est la taille de la Terre ? » On a fini par atteindre cet objectif sous la forme d'une réponse surprenante. La Terre est une sphère, et nous savons aujourd'hui combien elle mesure.

Les mystères auxquels nous sommes aujourd'hui confrontés sont du même type. Quelle est la taille de l'Univers ? S'étire-t-il à l'infini ? A-t-il un bord ? Est-il enroulé sur lui-même, comme la Terre ? Y en a-t-il plusieurs ? Tant de choses nous échappent : qu'est-ce que le temps ? Comment la vie est-elle apparue ? La vie intelligente est-elle commune ? La réponse à ces questions est un objectif, et l'histoire nous souffle qu'il est à notre portée.

Un avenir mû par les gènes n'a pas vraiment de direction et seulement des objectifs à court terme : rester en bonne santé, faire des enfants, profiter de la vie. Un avenir conçu dans l'intérêt du savoir possède à la fois une direction et des objectifs finaux.

L'avantage, c'est que nous n'avons pas à choisir un avenir au détriment de l'autre. Les deux sont possibles. Nous pouvons continuer d'habiter la Terre, en faisant de notre mieux pour qu'elle reste habitable et en cherchant à nous protéger de nos propres comportements néfastes. Et nous pouvons simultanément consacrer des moyens à garantir la préservation du savoir et la perpétuation de l'intelligence pour les temps futurs où nous ne serons plus là.

J'ai écrit la troisième partie de cet ouvrage, les cinq derniers chapitres, pour prendre la défense du savoir contre les gènes. Je vous ai demandé de contempler l'être humain avec objectivité. Je vous ai demandé de voir que nous prenons de mauvaises décisions et pourquoi notre cerveau est sujet aux fausses croyances. Je vous ai demandé de considérer que le savoir et l'intelligence sont plus précieux que les gènes et la biologie et, par conséquent, qu'ils méritent d'être préservés au-delà de leur habitacle actuel dans notre cerveau biologique. Je vous ai demandé d'admettre la possibilité d'une progéniture fondée sur l'intelligence et le savoir et que ces descendants pourraient avoir autant de valeur que ceux fondés sur les gènes.

Je tiens à souligner une fois encore que je ne suis nullement en train de prescrire la marche à suivre. Mon objectif est de susciter le débat, de souligner que certaines choses que nous tenons pour des certitudes éthiques sont en vérité des choix, et d'amener au premier plan certaines idées en déshérence.

Je voudrais maintenant revenir au présent.

Dernières réflexions

Une idée me hante sans jamais cesser de me fasciner. J'imagine le vaste Univers, avec ses centaines de milliards de galaxies. Chaque galaxie contient elle-même des centaines de milliards d'étoiles. Autour de chacune de ces étoiles, je vois des planètes d'une variété infinie. J'imagine ces billions d'objets aux dimensions monstrueuses gravitant lentement les uns autour des autres dans le vide sidéral pendant des milliards d'années. Ce qui me fascine, c'est que la seule chose dans l'Univers qui ait connaissance de tout cela – la seule à être au courant de l'existence de l'Univers – est notre cerveau. N'était-ce le cerveau, rien ne saurait que quoi que ce soit existe. Ce qui soulève la question que j'ai évoquée au début de ce livre : s'il n'y a pas de connaissance d'une chose, peut-on dire que cette chose existe ? Le fait que notre cerveau joue un rôle singulier à ce point m'émerveille. Il se peut bien sûr que d'autres êtres intelligents habitent quelque part dans l'Univers, mais cela ne fait que rendre cette idée plus attrayante.

Ces pensées sur l'Univers et le caractère unique de l'intelligence sont parmi les raisons qui m'ont donné envie d'étudier le cerveau. Mais il y en a aussi beaucoup d'autres concernant la Terre. Connaître le fonctionnement du cerveau aura d'innombrables implications pour la médecine et la santé mentale, par exemple. Lever les mystères du cerveau conduira à la véritable intelligence machine, qui profitera à la société dans tous ses aspects comme l'a fait l'ordinateur, et débouchera sur de meilleures méthodes d'éducation de nos enfants. Mais au fond, on en revient toujours à l'unicité de notre intelligence. Nous sommes la plus intelligente des espèces. Pour comprendre qui nous sommes, nous devons comprendre comment le cerveau crée l'intelligence. Pratiquer la rétro-ingénierie du cerveau et comprendre l'intelligence demeurera selon moi la plus importante des quêtes scientifiques jamais entreprises par les humains.

Quand je m'y suis engagé, je ne savais que peu de choses du rôle du néocortex. Comme d'autres chercheurs en neurosciences, j'avais bien quelques notions sur l'apprentissage par le cerveau d'un modèle du monde, mais cela restait vague. Nous ignorions à quoi pouvait ressembler ce modèle et comment les neurones pouvaient le créer. Nous croulions sous des données expérimentales qu'il nous était difficile d'interpréter en l'absence d'un cadre théorique.

Depuis, les neurosciences ont considérablement progressé partout dans le monde. Cet ouvrage s'articule autour de ce qu'a appris mon équipe. Il y a eu beaucoup de surprises, comme la révélation que le néocortex ne contient pas un modèle du monde, mais quelque 150 000 systèmes sensori-moteurs de modélisation. Ou la découverte que tout ce que fait le néocortex s'appuie sur des référentiels.

J'ai décrit dans la première partie la nouvelle théorie du fonctionnement du néocortex et de son apprentissage d'un modèle du monde. Nous l'appelons théorie de l'intelligence des mille cerveaux. J'espère que ma présentation a été claire et mes arguments convaincants. Je me suis demandé un temps s'il ne fallait pas mettre le point final à cet endroit. Un cadre de travail permettant de comprendre le néocortex est largement assez ambitieux pour un seul livre. Mais la compréhension du cerveau débouche naturellement sur d'autres questions d'importance, alors j'ai continué.

Dans la deuxième partie, j'ai affirmé que l'IA telle que nous la connaissons aujourd'hui n'est pas intelligente. L'intelligence véritable exige que des machines apprennent un modèle du monde comme le fait le néocortex. J'ai aussi expliqué pourquoi l'intelligence machine ne pose à mon sens aucun risque existentiel, contrairement à ce que beaucoup semblent croire. L'intelligence machine sera l'une des technologies les plus bénéfiques que nous aurons jamais créées. Comme toutes les technologies, certains en feront un usage abusif. Cela m'inquiète davantage que l'IA proprement dite. En soi, l'intelligence machine ne pose aucun risque existentiel et ses avantages seront à mes yeux très largement supérieurs à ses inconvénients.

Enfin, dans la troisième partie, j'ai observé la condition humaine sous le prisme de la théorie de l'intelligence et du cerveau. Il ne vous aura pas échappé que le futur est pour moi source d'inquiétude. Je me fais du souci pour le bien-être de la société humaine et même pour la survie à long terme de notre espèce. L'un de mes objectifs est de sensibiliser les gens au fait que l'association du cerveau ancien et des fausses croyances constitue un risque existentiel bien réel, très supérieur à la menace présumée de l'IA. J'ai évoqué plusieurs façons dont nous pourrions réduire les risques qui planent sur nous. Plusieurs d'entre elles réclament la création de machines intelligentes.

J'ai écrit ce livre pour communiquer ce que mes collègues et moi avons appris de l'intelligence et du cerveau. Mais au-delà de cette communication, j'espère convaincre certains parmi vous de passer à l'action. Si vous êtes jeune, ou si vous avez envie d'une reconversion professionnelle, n'hésitez pas à envisager d'entrer dans le domaine des neurosciences et de l'intelligence machine. Peu de sujets sont aussi intéressants, aussi ardus et aussi importants. Mais je dois vous avertir : si c'est pour suivre le fil des idées énoncées dans ce livre, ce ne sera pas une partie de plaisir. Les neurosciences et l'intelligence machine sont des secteurs où l'inertie est de mise. Je n'ai aucun doute quant au fait que les principes ici décrits sont appelés à jouer un rôle central dans les deux champs d'études, mais cela pourrait mettre des années. En attendant, il faudra faire preuve de détermination et d'ingéniosité.

J'ai encore un vœu, qui concerne tout le monde. Je souhaite qu'un jour chacun sur Terre puisse apprendre comment fonctionne son cerveau. Cela devrait à mes yeux figurer parmi les attentes ordinaires : « Ah ! vous avez un cerveau ? Voici ce qu'il faut savoir à son sujet. » La liste de ce que tout le monde devrait savoir n'est pas longue. J'y inscrirais le fait que le cerveau comporte des parties anciennes et nouvelles. J'y inscrirais aussi que le néocortex apprend un modèle du monde, alors que les parties anciennes génèrent nos émotions et nos comportements plus primitifs. J'y inscrirais encore que le cerveau ancien peut prendre les commandes et nous faire agir de manière que nous savons déraisonnable. J'y inscrirais enfin que nous sommes tous susceptibles de céder aux fausses croyances et que certaines croyances sont virales.

Je crois que tout le monde devrait savoir ces choses, comme chacun sait que la Terre tourne autour du Soleil, que les molécules d'ADN codent nos gènes et que les dinosaures ont peuplé la Terre pendant des millions d'années avant de s'éteindre. C'est important. Un grand nombre des problèmes que nous rencontrons – des guerres au réchauffement climatique – naissent de fausses croyances, des désirs égoïstes du cerveau ancien, ou des deux. Si chaque être humain savait ce qui se joue dans sa tête, je crois que nous connaîtrions moins de conflits et que le pronostic concernant notre avenir serait plus radieux.

Chacun de nous peut contribuer à cet effort. Si vous avez des enfants, parlez-leur du cerveau comme vous pourriez le faire du système solaire, en jouant avec des pommes et des oranges. Si vous êtes un auteur pour enfants, envisagez d'écrire au sujet du cerveau et des croyances. Si vous êtes enseignant, demandez-vous comment inscrire la théorie du cerveau au tronc commun du programme scolaire. Dans beaucoup de communautés, la génétique et les technologies de l'ADN sont désormais inscrites au programme ordinaire de l'enseignement secondaire. Il me semble que la théorie du cerveau est aussi importante, si ce n'est plus.

**

Que sommes-nous ?
Comment sommes-nous arrivés là ?
Quel est notre destin ?

Nos ancêtres se sont posé ces questions fondamentales pendant des millénaires. Rien de plus naturel. On s'éveille et on se trouve dans un monde complexe et mystérieux. Il n'y a pas de mode d'emploi à la vie et pas d'histoire ni d'antécédents pour expliquer quoi que ce soit. On fait de son mieux pour donner du sens à sa situation, mais pour l'essentiel de l'histoire humaine, nous sommes restés dans l'ignorance. Voilà que depuis quelques centaines d'années, nous commençons à répondre à certaines de ces grandes questions. Nous connaissons à présent la chimie sur laquelle repose toute chose vivante. Nous connaissons les processus d'évolution qui ont abouti à notre espèce. Et nous savons que celle-ci va continuer d'évoluer et finira probablement par s'éteindre un jour.

On peut se poser le même type de questions en tant qu'êtres mentaux.

Qu'est-ce qui nous rend intelligents et conscients de nous-mêmes ?
Comment notre espèce est-elle devenue intelligente ?
Quel est le destin de l'intelligence et du savoir ?

J'espère vous avoir convaincus que non seulement une réponse à ces questions est possible, mais que nous avançons à grands pas sur cette voie. J'espère aussi vous avoir convaincus qu'il faut s'inquiéter de l'avenir de l'intelligence et du savoir, indépendamment de l'inquiétude pour l'avenir de notre espèce. Notre intelligence supérieure est unique et, sauf preuve du contraire, le cerveau humain est la seule chose de l'Univers qui sache que l'Univers existe. C'est la seule chose qui en connaisse la taille, l'âge et les lois auxquelles il obéit. Pour cela, notre intelligence et notre savoir méritent d'être préservés. Et cela nous donne l'espoir de tirer un jour le fin mot de l'histoire tout entière.

Nous sommes *Homo sapiens*, les humains qui savent. Espérons être assez sages pour reconnaître notre grande spécificité, assez sages pour faire les choix qui garantiront la survie de notre espèce ici sur Terre aussi longtemps que possible et assez sages pour faire les choix qui assureront que l'intelligence et le savoir survivront encore au-delà, ici sur Terre et partout dans l'Univers.

Suggestions de lectures

Il arrive souvent que des gens ayant entendu parler de nos travaux me demandent quelles lectures je leur recommanderais pour en savoir plus au sujet de la théorie des mille cerveaux et des neurosciences afférentes. Cela me fait généralement soupirer parce qu'il n'y a pas de réponse simple et que les articles de neurosciences, pour être franc, ne sont pas des lectures faciles. Avant de vous livrer quelques recommandations spécifiques, permettez-moi certaines suggestions générales.

Les neurosciences sont un champ d'études si vaste que même les professionnels qui maîtrisent un sous-domaine donné peuvent avoir du mal à lire un article traitant d'un autre. Et si l'on est totalement novice dans la discipline, les premiers pas peuvent s'avérer vraiment difficiles.

Si vous souhaitez vous informer sur un sujet précis – les colonnes corticales ou les cellules grilles, par exemple – et qu'il ne vous est pas déjà familier, je recommande de commencer par une source de type Wikipédia. On y trouve généralement plusieurs articles sur un même sujet, et il est facile de sauter de l'un à l'autre en suivant les liens. C'est à mes yeux le meilleur moyen de s'imprégner de la terminologie, des idées, des thèmes, etc. Vous constaterez souvent qu'il y a entre différents articles des désaccords ou des discordances terminologiques. On en trouve aussi dans les articles scientifiques revus par des pairs. De manière générale, mieux vaut s'abreuver à plusieurs sources pour se faire une idée de ce que nous savons d'un sujet donné.

Pour creuser un peu, je recommande ensuite les *reviews* ou articles de synthèse. Ils paraissent après évaluation par les pairs dans des revues académiques mais, comme leur nom l'indique, présentent un tour d'horizon d'un sujet, traitant notamment des points sur lesquels les scientifiques divergent. Les citations aussi sont précieuses, parce qu'elles présentent la plupart des articles relatifs à un sujet donné sous la forme d'une liste. On trouvera ces articles de synthèse en tapant par exemple « article de synthèse sur les cellules grilles » dans un moteur de recherche comme Google Scholar.

Ce n'est qu'après avoir appris la nomenclature, l'histoire et les concepts d'un sujet que je vous recommanderais la lecture d'articles scientifiques individuels. Le titre et le résumé d'un article ne permettent que rarement de savoir s'il contient les informations que vous recherchez. Pour ma part, je lis généralement le résumé. Puis je passe en revue les images qui, dans un article bien composé, doivent raconter la même histoire que le texte. Je saute ensuite directement à la section « discussion », à la fin. C'est souvent le seul endroit où l'auteur décrit clairement de quoi parle son article. Ce n'est qu'après ces étapes préliminaires que j'envisage ou non de lire l'article du début à la fin.

Vous trouverez ci-dessous des suggestions classées par sujet. Considérant qu'il existe des centaines, voire des milliers d'articles sur chaque sujet, je ne puis vous donner que quelques suggestions pour commencer.

Les colonnes corticales

La théorie des mille cerveaux s'appuie sur la proposition de Vernon Mountcastle, qui soutient que les colonnes corticales possèderaient une architecture et rempliraient des fonctions similaires. La première référence que je vous propose est l'essai d'origine de Mountcastle, où il avance l'idée d'un algorithme cortical commun. La deuxième est un article plus récent de Mountcastle où il énumère les nombreuses découvertes expérimentales appuyant son propos. La troisième, signée Buxhoeveden et Casanova, est un tour d'horizon dont la lecture est relativement simple. L'article traite essentiellement des mini colonnes, mais évoque divers arguments et indices liés à l'hypothèse de Mountcastle. La quatrième référence, de Thomson et Lamy, présente un examen minutieux des couches de cellules et des connexions prototypiques entre elles. Malgré sa complexité, c'est l'un de mes articles préférés.

Mountcastle, Vernon. « An Organizing Principle for Cerebral Function : The Unit Model and the Distributed System. » Dans *The Mindful Brain*, sous la dir. de Gerald M. Edelman et Vernon B. Mountcastle, 7-50. Cambridge, MA : MIT Press, 1978.
Mountcastle, Vernon. « The Columnar Organization of the Neocortex. » *Brain* 120 (1997) : 701-722.
Buxhoeveden, Daniel P. et Casanova, Manuel F. « The Minicolumn Hypothesis in Neuroscience. » *Brain* 125, n° 5 (mai 2002) : 935-951.
Thomson, Alex M. et Lamy, Christophe. « Functional Maps of Neocortical Local Circuitry. » *Frontiers in Neuroscience* 1 (octobre 2007) : 19-42.

La hiérarchie corticale

Signé Felleman et Van Essen, le premier article ci-dessous est celui que j'ai évoqué au chapitre 1, qui a décrit pour la première fois la hiérarchie des régions dans le néocortex du macaque. Sa présence ici tient essentiellement à son intérêt historique. Il n'est malheureusement pas en accès libre.

La deuxième référence, de Hilgetag et Goulas, pose un regard plus actuel sur les questions de hiérarchie au sein du néocortex. Les auteurs énumèrent plusieurs problèmes que pose l'interprétation d'un néocortex strictement hiérarchisé.

La troisième référence, signée Murray Sherman et Ray Guillery, avance que deux régions corticales se parlent essentiellement par le biais d'une partie du cerveau nommée thalamus. La figure 3 de l'article illustre cette idée à merveille. La proposition de Sherman et Guillery est souvent ignorée par les autres chercheurs en neurosciences. Aucune de mes deux premières références ne fait par exemple mention de ces connexions à travers le thalamus. Je n'en ai moi-même pas parlé dans ce livre, mais le thalamus est si intimement lié au néocortex que je considère que c'en est un prolongement. Nous discutons avec mes collègues d'une explication possible des voies thalamiques dans notre article de 2019 intitulé « Frameworks », dont il est question plus bas.

Felleman, Daniel J. et Van Essen, David C. « Distributed Hierarchical Processing in the Primate Cerebral Cortex. » *Cerebral Cortex* 1, n° 1 (janvier-février 1991) : 1.

Hilgetag, Claus C. et Goulas, Alexandros. « 'Hierarchy' in the Organization of Brain Networks. » *Philosophical Transactions of the Royal Society B : Biological Sciences* 375, n° 1796 (avril 2020).

Sherman, S. Murray et R. W. Guillery. « Distinct Functions for Direct and Transthalamic Corticocortical Connections. » *Journal of Neurophysiology* 106, n° 3 (septembre 2011) : 1068-1077.

Les systèmes du quoi et du où

J'ai décrit au chapitre 6 la façon dont les colonnes corticales fondées sur des référentiels peuvent s'appliquer à des systèmes du quoi et du où dans le néocortex. Le premier article, signé Ungerleider et Haxby, est l'un des articles originaux sur la question. Le deuxième, celui de Goodale et Milner, est une description plus moderne. Ils y affirment notamment qu'il serait préférable de parler de « perception » et d'« action » plutôt que de systèmes du quoi et du où. Cet article n'est pas libre d'accès. Le troisième, celui de Rauschecker, est peut-être le plus facile à lire.

Ungerleider, Leslie G. et Haxby, James V. « 'What' and 'Where' in the Human Brain. » *Current Opinion in Neurobiology* 4 (1994) : 157-165. Goodale, Melvyn A. et Milner, A. David. « Two Visual Pathways – Where Have They Taken Us and Where Will They Lead in Future ? » *Cortex* 98 (janvier 2018) : 283-292.

Rauschecker, Josef P. « Where, When, and How : Are They All Sensorimotor ? Towards a Unified View of the Dorsal Pathway in Vision and Audition. » *Cortex* 98 (janvier 2018) : 262-268.

Les impulsions de dendrite

J'ai évoqué au chapitre 4 notre théorie selon laquelle les neurones du néocortex font des prédictions en utilisant les impulsions de dendrites. Voici trois articles de synthèse consacrés à ce sujet. Le premier, de London et Häusser, est peut-être le plus abordable. Le deuxième, signé Antic et al., est plus directement concerné par notre théorie, tout comme le troisième, de Major, Larkum et Schiller.

London, Michael et Häusser, Michael. « Dendritic Computation. » *Annual Review of Neuroscience* 28, n° 1 (juillet 2005) : 503-532.
Antic, Srdjan D., Zhou, Wen-Liang, Moore, Anna R., Short Shaina M. et Ikonomu, Katerina D. « The Decade of the Dendritic NMDA Spike. » *Journal of Neuroscience Research* 88 (novembre 2010) : 2991-3001.
Major, Guy, Larkum, Matthew E. et Schiller, Jackie. « Active Properties of Neocortical Pyramidal Neuron Dendrites. » *Annual Review of Neuroscience* 36 (juillet 2013) : 1-24.

Cellules grilles et cellules de lieu

Un élément essentiel de la théorie des mille cerveaux veut que chaque colonne corticale apprenne des modèles du monde à l'aide de référentiels. Nous proposons que le néocortex procède à l'aide de mécanismes similaires à ceux qu'utilisent les cellules grilles et de lieu du cortex entorhinal et de l'hippocampe. On trouvera un excellent tour d'horizon des cellules grilles et de lieu dans les discours de remise du prix Nobel de O'Keefe et des Moser, dans l'ordre où ils ont été prononcés. Les trois lauréats se sont concertés pour coordonner leurs discours.

O'Keefe, John. « Spatial Cells in the Hippocampal Formation. » Discours de remise du prix Nobel. Filmé le 7 décembre 2014, à l'Aula Medica, Institut Karolinska, Stockholm. Vidéo, 45 :17. www.nobelprize.org/prizes/medicine/2014/okeefe/lecture/.
Moser, Edvard I. « Grid Cells and the Enthorinal Map of Space. » Discours de remise du prix Nobel. Filmé le 7 décembre 2014, à l'Aula Medica, Karolinska Institutet, Stockholm. Vidéo, 49 :23. www.nobelprize.org/prizes/medicine/2014/edvard-moser/lecture/.
Moser, May-Britt. « Grid Cells, Place Cells and Memory. » Discours de remise du prix Nobel. Filmé le 7 décembre 2014, à l'Aula Medica,

Karolinska Institutet, Stockholm. Vidéo, 49:48. www.nobelprize.
org/prizes/medicine/2014/may-britt-moser/lecture/.

Les cellules grilles dans le néocortex

On commence à peine à voir apparaître des indices de mécanismes de type cellule grilles dans le néocortex. J'ai décrit au chapitre 6 deux expériences menées avec l'IRMf ayant révélé la présence chez les humains de cellules grilles accomplissant des tâches cognitives. Les deux premiers articles, l'un de Doeller, Barry et Burgess, l'autre de Constantinescu, O'Reilly et Behrens, sont la description de ces expériences. Le troisième, de Jacobs *et al.*, dresse le même type de constat chez des humains soumis à une intervention chirurgicale à cerveau ouvert.

Doeller, Christian F., Barry, Caswell et Burgess, Neil. « Evidence for Grid Cells in a Human Memory Network. » *Nature* 463, n° 7281 (février 2010) : 657-661.
Constantinescu, Alexandra O., O'Reilly, Jill X. et Behrens, Timothy E. J. « Organizing Conceptual Knowledge in Humans with a Gridlike Code. » *Science* 352, n° 6292 (juin 2016) : 1464-1468.
Jacobs, Joshua, Weidemann, Christoph T., Miller, Jonathan F., Solway, Alec, Burke, John F., Wei, Xue-Xin, Suthana, Nanthia, Sperling, Michael R. Sharan, Ashwini D., Fried, Itzhak et Kahana, Michael J. « Direct Recordings of Grid-Like Neuronal Activity in Human Spatial Navigation. » *Nature Neuroscience* 16, n° 9 (septembre 2013) : 1188-1190.

Les articles de Numenta sur la théorie des mille cerveaux

Ce livre offre une description générale de la théorie des mille cerveaux, mais n'entre pas trop dans les détails. Ceux qui souhaitent en savoir plus pourront lire les articles de mon laboratoire, examinés par des pairs. Ils y trouveront la description détaillée d'éléments précis, souvent accompagnée de simulations et de codes sources.

Tous nos articles sont en accès libre. Voici les plus parlants, brièvement décrits.

Le premier est notre article le plus récent, et aussi le plus facile à lire. C'est le meilleur point de départ pour ceux qui souhaitent une description plus profonde de la théorie dans son ensemble et de certaines de ses implications.

Hawkins, Jeff, Lewis, Marcus, Klukas, Mirko, Purdy, Scott et Ahmad, Subutai. « A Framework for Intelligence and Cortical Function Based on Grid Cells in the Neocortex. » *Frontiers in Neural Circuits* 12 (janvier 2019) : 121.

Le suivant est celui qui a introduit notre proposition que la plupart des impulsions de dendrite agissent comme des prédictions et que 90 % des synapses des neurones pyramidaux sont consacrés à la reconnaissance du contexte pour les prédictions. Cet article décrit aussi la façon dont une couche de neurones disposée en mini colonnes crée un souvenir de séquence prédictive. Il explique de nombreux aspects des neurones biologiques que les autres théories n'expliquent pas. C'est un article détaillé qui comprend des simulations, une description mathématique de notre algorithme et l'indication du code source.

Hawkins, Jeff et Ahmad, Subutai. « Why Neurons Have Thousands of Synapses, a Theory of Sequence Memory in Neocortex. » *Frontiers in Neural Circuits* 10, n° 23 (mars 2016) : 1-13.

Voici l'article dans lequel nous avons introduit l'idée que chaque colonne corticale est capable d'apprendre le modèle d'objets entiers. Nous y introduisons aussi le concept de vote des colonnes. Les mécanismes qu'il décrit sont un prolongement des mécanismes prédictifs présentés dans notre article de 2016. Nous y postulons en outre que les représentations des cellules grilles pourraient constituer le fondement du signal d'emplacement, mais nous n'en avions pas alors creusé les détails. L'article comprend des simulations, des calculs de capacité et une description mathématique de notre algorithme.

Hawkins, Jeff, Ahmad, Subutai et Cui, Yuwei. « A Theory of How Columns in the Neocortex Enable Learning the Structure of the World. » *Frontiers in Neural Circuits* 11 (octobre 2017) : 81.

L'article suivant prolonge celui de 2017 en se penchant en détail sur la façon dont les cellules grilles forment une représentation d'un lieu. Il explique pourquoi ces lieux peuvent prédire les intrants sensoriels à venir. L'article propose une cartographie entre le modèle et trois des six couches du néocortex. Il comprend des simulations, des calculs de capacité et une description mathématique de notre algorithme.

Lewis, Marcus, Purdy, Scott, Ahmad, Subutai et Hawkins, Jeff. « Locations in the Neocortex : A Theory of Sensorimotor Object Recognition Using Cortical Grid Cells. » *Frontiers in Neural Circuits* 13 (avril 2019) : 22.

Remerciements

Bien que mon nom y figure en tant qu'auteur, cet ouvrage et la théorie des mille cerveaux ont été créés par beaucoup de monde. Permettez-moi de vous les présenter et de vous dire quel rôle chacun a joué.

La théorie des mille cerveaux

Depuis sa conception, plus de cent employés, postdoctorants, internes et professeurs invités ont travaillé chez Numenta. Chacun a d'une façon ou d'une autre contribué aux travaux de recherche et aux articles que nous avons produits. Si vous faites partie de ce groupe, recevez mes remerciements.

Certains méritent une mention spéciale. Le Dr Subutai Ahmad est mon partenaire en sciences depuis plus de quinze ans. Il dirige notre équipe de chercheurs, mais contribue aussi à nos théories, crée des simulations et en tire l'essentiel des mathématiques qui sous-tendent nos travaux. Jamais Numenta n'aurait accompli de tels progrès sans Subutai. On doit aussi à Marcus Lewis d'importantes contributions à la théorie. Marcus s'est souvent emparé d'une tâche scientifique difficile pour en extraire des idées surprenantes et de profondes perspectives. Luiz Scheinkman est un ingénieur logiciel au talent extraordinaire. Sa contribution a été déterminante dans tout ce que nous avons fait. Scott Purdy et le Dr Yuwei Cui ont aussi apporté d'importantes contributions à la théorie et aux simulations.

Teri Fry et moi-même avons travaillé ensemble au Redwood Neuroscience Institute et à Numenta. Teri assure magistralement la gestion de notre agence, ainsi que tout ce dont une entreprise scientifique a besoin pour fonctionner. Matt Taylor a géré notre communauté en ligne, plaidant inlassablement pour une science ouverte et pour l'éducation scientifique. Il a fait progresser nos travaux scientifiques de manière surprenante. Il nous a par exemple poussés à diffuser en direct les réunions internes de nos chercheurs, ce qui, à ma connaissance, constituait une première. L'accès à la recherche scientifique doit être libre. Je souhaite remercier ici SciHub.org, une organisation qui permet à ceux qui n'en ont pas les moyens d'accéder aux travaux de recherche publiés.

Donna Dubinsky n'est ni chercheuse ni ingénieure, mais sa contribution est sans égale. Nous travaillons ensemble depuis plus de trente ans. Donna a été PDG de Palm, PDG de Handspring, présidente du Redwood Neuroscience Institute et elle est aujourd'hui la PDG de Numenta. Dès notre première rencontre, j'ai cherché à la convaincre de prendre le rôle de PDG chez Palm. Avant d'y parvenir, je lui ai dit que la théorie du cerveau était ce qui me passionnait plus que tout, et que Palm n'était qu'un moyen d'arriver à une fin. Et qu'après quelques années je chercherais donc forcément à quitter Palm. N'importe qui d'autre aurait alors battu en retraite ou exigé que je m'engage indéfiniment. Mais Donna a fait de ma mission la sienne. Lorsqu'elle dirigeait Palm, elle disait souvent aux employés qu'il fallait que l'entreprise marche bien pour que je puisse assouvir ma passion pour la théorie du cerveau. Il n'est pas exagéré de dire que ni les succès que nous avons rencontrés dans l'informatique de poche ni les progrès scientifiques accomplis à Numenta n'auraient eu lieu si Donna n'avait accepté ma mission neuroscientifique dès notre première rencontre.

Le livre

L'écriture de ce livre a pris dix-huit mois. J'arrivais chaque jour au bureau vers 7 heures et j'écrivais jusqu'à 10 heures. L'écriture est en soi un exercice solitaire, mais j'ai bénéficié tout du long de la présence d'une compagne et d'une coach en la personne de Christy Maver, notre vice-présidente marketing. Malgré son absence totale d'expérience de l'écriture d'un livre, elle a appris sur le tas et s'est rendue indispensable. Elle a développé un vrai talent pour repérer où il fallait que j'en dise moins et où il fallait que j'en dise davantage. Elle m'a aidé à organiser le processus d'écriture et a dirigé des séances de relecture avec nos employés. Je suis l'auteur de ce livre, mais elle y est omniprésente. Eric Henney, mon éditeur chez Basic Books, et Elizabeth Dana, la préparatrice de copie, ont émis de nombreuses suggestions qui ont rendu l'ouvrage plus clair et plus lisible. James Levine est mon agent littéraire. Je ne saurais faire plus haute recommandation.

Je tiens à remercier le Dr Richard Dawkins pour son avant-propos délectable et généreux. Ses idées au sujet des gènes et des mèmes ont profondément influencé ma vision du monde et je lui en suis reconnaissant. Si l'on m'avait donné à choisir une personne pour écrire cet avant-propos, ç'aurait été lui. Je suis honoré qu'il l'ait fait.

Janet Strauss, mon épouse, a lu chacun des chapitres au fil de leur écriture. Ses suggestions m'ont conduit à effectuer plusieurs changements de structure. Surtout, elle a été la partenaire idéale de mon parcours dans la vie. Ensemble, nous avons décidé de propager nos gènes. Le résultat, nos filles Kate et Anne, ont fait de notre bref séjour dans ce monde une joie indicible.

Crédit des illustrations

p. 32 : Bill Fehr / stock.adobe.com

p. 34 : Adapté de « Distributed Hierarchical Processing in the Primate Cerebral Cortex », de Daniel J. Felleman et David C. Van Essen, 1991, *Cerebral Cortex*, 1, n° 1 : 1

p. 36 : Santiago Ramón y Cajal

p. 129 : Edward H. Adelson

p. 205 : Bryan Derksen, réimpression autorisée selon les termes de la licence de documentation libre GNU : https://fr.wikipedia.org/wiki/Licence_de_documentation_libre_GNU

Imprimé en France par CPI
en mars 2023

Dépôt légal : avril 2023
N° d'impression : 174343